Wilhelm Kobelt

Fauna der Nassauischon Mollusken

Wilhelm Kobelt

Fauna der Nassauischon Mollusken

ISBN/EAN: 9783337267049

Hergestellt in Europa, USA, Kanada, Australien, Japan

Cover: Foto ©berggeist007 / pixelio.de

Weitere Bücher finden Sie auf **www.hansebooks.com**

FAUNA

DER

NASSAUISCHEN MOLLUSKEN

VON

Dr. WILHELM KOBELT,

ARZT IN SCHWANHEIM AM MAIN.

Mit IX lithographirten Tafeln.

Aus den Jahrbüchern des Nassauischen Vereins für Naturkunde, Jahrg. XXV u. XXVI.

Wiesbaden.
Julius Niedner,
Verlagshandlung.
1871.

Vorrede.

Die Weichthierfauna unseres Vereinsgebietes, obwohl literarisch besser bedacht, als die vieler anderer deutschen Bezirke, ist noch weit davon entfernt, ganz erforscht zu sein; vielmehr ist der grösste Theil von Nassau in malacologischer Beziehung noch eine vollständige terra incognita. Es muss dies Wunder nehmen, wenn man bedenkt, dass in keinem Zweige der Naturgeschichte die Ausbeutung einer bestimmten Gegend so verhältnissmässig rasch und leicht möglich ist, wie in der Conchyliologie, während dieselbe doch andererseits auch nach Jahre langem Studium immer Neues und Interessantes bietet und nie zum vollständigen Abschluss kommen lässt, also für den Dilettanten, der sich wissenschaftlich beschäftigen will, ganz besonders geeignet ist. Der Hauptgrund für die Vernachlässigung dieses Zweigs der Naturgeschichte scheint mir in dem Mangel billiger und dabei doch ausreichender literarischer Hilfsmittel zu liegen. Während es genug gute Bücher über die deutschen Pflanzen, Käfer und Schmetterlinge gibt, fehlt es noch ganz an einer Molluskenfauna von Mitteldeutschland mit guten Abbildungen und Berücksichtigung der anatomischen Verhältnisse; wer die Conchylien seiner nächsten Umgebung studiren will, ist auf dieselben kostspieligen Hilfsmittel angewiesen, wie der, welcher die Mollusken von ganz Europa und selbst des Auslandes zu seinem Studium macht.

Diese Erwägung veranlasste mich, nicht, wie es ursprünglich mein Plan war, nur die über verschiedene Gegenden unseres Vereinsgebietes veröffentlichten Arbeiten, durch meine eigenen mehrjährigen Beobachtungen und die Fundortsangaben zuverlässiger Freunde vermehrt zu einem Verzeichniss der Conchylien des gesammten Nassau zu verschmelzen, sondern auch durch Beigabe ausführlicher Beschreibungen und eine möglichst vollständige Zusammenstellung alles dessen, was über inneren Bau, Entwicklung und Lebensweise bekannt ist, eine Grundlage zu bieten, von der aus der Anfänger die Fauna seiner Gegend studiren und sich die Fähigkeit zu eigenen Beobachtungen und Untersuchungen erwerben kann.

Der Vorstand des nassauischen Vereins für Naturkunde billigte meinen Plan und machte es mir möglich, auf neun Tafeln Abbildungen unserer sämmtlichen Schnecken, mit Ausnahme der Nacktschnecken, zu geben.

Für die Form des Werkes im Grossen und Ganzen diente mir die zweite Auflage der Fauna von Siebenbürgen von E. A. Bielz zum Vorbild; doch glaubte ich die lateinischen Diagnosen, deren Inhalt ja doch in den deutschen Beschreibungen wiederholt wird, füglich weglassen zu können und habe lieber den anatomischen Verhältnissen und der Lebensweise mehr Raum gegönnt. Die Beschreibungen sind in der Regel fast wörtlich die Rossmässlers; es kann eben nur eine richtige Beschreibung geben, und da es unmöglich ist, bessere als die Rossmässler'schen zu geben, so hätte der Versuch dazu nur zu einer Verschlechterung oder im günstigsten Falle zu einer mühsamen Umschreibung führen können. Auch eine

Anzahl Abbildungen sind aus der Iconographie oder aus den Clausiliengruppen von Schmidt copirt; doch sind dies nur Arten, die überall gleich sind und deren Abbildungen ganz unseren nassauischen Formen entsprechen, oder solche, deren Ausführung meine technische Fertigkeit überstieg, wie bei den Clausilien und Pupen. Die sämmtlichen Wassermollusken mit Ausnahme einiger Planorben und der nach Baudon copirten Pisidien, sowie der grössere Theil der Heliceen, sind Originalabbildungen, theils von meiner Frau, theils von mir gezeichnet. Die Abbildungen der Vitrinen verdanke ich meinem Freunde Dr. Carl Koch.

Ich verkenne nicht, dass meine Arbeit nur mit Unrecht eine Fauna von Nassau genannt werden kann, während sie doch nur einzelne Theile desselben umfasst; ich hoffe aber, dass sie den Anstoss zu einer regeren Beschäftigung mit unseren Mollusken gibt, und dass es dadurch in nicht zu ferner Zeit möglich sein wird, an eine wirklich umfassende und erschöpfende Fauna von Nassau zu gehen. Ich bitte desshalb diejenigen Mitglieder unseres Vereins, welche Lust haben, sich mit der Fauna ihrer Umgegend zu beschäftigen, dringend, sich mit mir in Verbindung zu setzen; ich bin gern bereit, ihnen durch Mittheilung von Exemplaren unserer nassauischen Arten und durch Bestimmung der gefundenen Arten das Studium zu erleichtern.

Es liegt mir noch die angenehme Pflicht ob, den zahlreichen Freunden, welche mich bei meiner Arbeit unterstützt haben, meinen herzlichsten Dank abzustatten, besonders den Herrn Professor Kirschbaum, Hofrath Lehr und Conservator Römer in Wiesbaden, D. F. Heynemann, Dr. Carl Koch, Dickin und Dr. Noll in Frankfurt, Trapp auf der Obermühle bei Giessen und Ickrath in Schwanheim, die mir ihre Beobachtungen freundlichst zur Veröffentlichung mittheilten, und den Herrn Professor Dunker in Marburg, Professor Sandberger in Würzburg und Ed. von Martens in Berlin, welche mich in anderer Weise mit Rath und That unterstützten. Herrn Dr. Carl Koch bin ich noch ganz besonders verbunden für die Freundlichkeit, mit welcher er mir die auf Nassau bezüglichen Theile seiner noch ungedruckten Arbeit über die Vitrinen, nebst den dazu gehörigen Originalabbildungen überliess.

Schwanheim a/Main, 12. Juni 1870.

Dr. W. Kobelt.

ALLGEMEINER THEIL.

Erstes Capitel.
Umgränzung, Literatur und Vorarbeiten.

Wenn wir die vorliegende Arbeit eine Fauna von Nassau nennen, wollen wir damit durchaus nicht sagen, dass wir gesonnen sind, uns ängstlich innerhalb der Gränzen des ehemaligen Herzogthums Nassau zu halten; auch die etwas weiteren des Regierungsbezirks Wiesbaden respectiren wir nicht überall, obschon sie sich besser den natürlichen Verhältnissen anpassen; wir nehmen vor allem das linke Rheinufer mit der reichen Fauna der Sümpfe und Haiden von Mombach, das Lahnthal von Marburg bis Wetzlar und den oberen Theil der Mainebene bis nach Hanau hinauf hinzu, und wo sichere Fundorte seltener Arten aus nicht zu weiter Entfernung bekannt sind, stehen wir nicht an, auch diese anzuführen.

Unser Gebiet enthält somit ein ziemliches Stück Rheingebiet, das Rheinthal mit seinen kleinen Seitenthälchen zwischen Mainz und Coblenz, das untere Mainthal nebst der Wetterau, dem Gebiete der Nidda, und ganz besonders das Thal der Lahn bis zu ihrer Quelle hinauf. Der Taunus, der Westerwald, die letzten Ausläufer des rheinisch-westphälischen Schiefergebirges und der südliche Theil des Vogelsberges machen seinen grössten Theil zu einem reich abwechselnden Hügellande, in dem alle Arten von Boden vertreten sind. Dem entsprechend ist auch die Weichthierfauna eine sehr reiche, und nur wenige der bis jetzt in Mitteldeutschland aufgefundenen Arten werden bei uns vermisst. Ueber ihre Vertheilung im Verhältniss zur Bodenbeschaffenheit reden wir ausführlich später.

Der erste Naturforscher, welcher die einheimischen Conchylien des Herzogthums Nassau einer genaueren Beachtung würdigte, war der auch sonst in vielfacher Beziehung um die Erforschung von Nassau hochverdiente Dr. C. Thomae; im Jahre 1841 veröffentlichte er mit einem Doublettencatalog des Landesmuseums ein Verzeichniss der in der Umgegend von Wiesbaden gefundenen Binnenconchylien, und 1849 liess er im vierten Bande der Jahrbücher des nassauischen Vereins für Naturkunde S. 206—226 ein ausführliches „**Verzeichniss der im Herzogthum Nassau, insbesondere in der Umgegend von Wiesbaden lebenden Weichthiere**" erscheinen, welches besonders die Gegenden des Rheinthals, des unteren Lahnthals und den Südabhang des Taunus umfasst und sehr zahlreiche, meist sehr genaue Fundortsangaben enthält. Es werden darin **64 Land-**, **30 Süsswasserschnecken** und **16 Muscheln** angeführt.

Zwei Jahre später veröffentlichten die Herren Fridolin **Sandberger** in Weilburg und Carl **Koch** in Dillenburg in dem siebenten Band der Jahrbücher S. 276—282 „Beiträge zur Kenntniss der Mollusken des oberen Lahn- und Dillgebietes". Es berücksichtigt diese Arbeit besonders die Umgebungen von Weilburg und von Dillenburg und enthält 55 Arten Landschnecken, 17 Süsswasserschnecken und 9 Muscheln; 8 davon sind bei Thomae nicht angeführt. In unmittelbarem Anschluss daran folgt dann noch ein Nachtrag zu dem Thomae'schen Verzeichniss von Dr. Frid. **Sandberger**, meist auf die genauen Nachsuchungen des Conservators **Römer** gegründet und einige Berichtigungen, zahlreiche neue Fundorte und acht für Nassau neue Arten enthaltend. Einen ferneren Nachtrag lieferte derselbe für die Jahre 1851—52 im achten Heft der nassauischen Jahrbücher, Abth. II. pag. 163, ebenfalls wieder neue Fundorte und 12 für Nassau neue Arten enthaltend, von denen freilich die meisten auf Najadeen entfallen und wohl wieder zu streichen sind.

Die Angaben dieser beiden Verzeichnisse, mit einigen neuen Fundorten vermehrt und revidirt von dem Herrn Apotheker **Scholtz** aus Jatroschin in Russland, finden wir wieder in der 1861 in Wetzlar erschienenen Badeschrift von Dr. L. Spengler: „Der Kurgast in Ems"; es werden daselbst im Ganzen 45 Arten aus der Umgegend von Ems erwähnt und einige davon durch Holzschnitte, die freilich sehr viel zu wünschen übrig lassen, veranschaulicht.

Endlich ist noch eine neueste Arbeit von Dr. G. **Servain** zu nennen: *Malacologie des Environs d'Ems et de la vallée de la Lahn*, eine Aufzählung der von ihm im August 1869 in der Umgebung von Ems gesammelten Conchylien. Ausser den von Spengler angeführten Arten finden wir noch vier Bourguignat'sche Arten oder besser Un-Arten: *Limax xanthius, Zonites subnitens, Dutaillyanus, Balia Rayana* und *Ancylus gibbosus*, sowie *Anodonta Rossmässleriana Dupuy*. Der Autor möge uns verzeihen, wenn wir diese, nur einem Franzosen *de la nouvelle école* unterscheidbaren Species vorläufig auf sich beruhen lassen.

Getrennt von der Literatur über die nassauische Fauna war bisher die über die Gegend von Frankfurt und Hanau. Hier begegnen wir schon früher conchyliologischen Forschungen. Schon 1814 veröffentlichte der um die Erforschung der Wetterau hochverdiente G. Gärtner in Hanau einen „Versuch einer systematischen Beschreibung der in der Wetterau bis jetzt entdeckten Conchylien" in den Annalen der Wetterauischen Gesellschaft III. Heft 2. pag. 281—318; es enthält diese Arbeit bereits 60 Species.

Eine Aufzählung der im Gebiete von Frankfurt vorkommenden Mollusken veröffentlichte 1827 Herr Römer-Büchner in seinem „Verzeichniss der Steine und Thiere, welche in dem Gebiet der freien Stadt Frankfurt und deren nächsten Umgebung gefunden werden", S. 63—67. Es enthält dasselbe 39 Land- und 38 Süsswassermollusken, ist aber sehr flüchtig und ungenau und ohne alle Kritik geschrieben, so dass seine Angaben nur mit Vorsicht aufzunehmen sind.

Zuverlässiger und reichhaltiger ist die im Jahresbericht der Wetterauischen Gesellschaft für die gesammte Naturkunde 1847—50 auf Seite 41—73 enthaltene Arbeit von Oscar Speyer „Systematisches Verzeichniss der in der Provinz Hanau und nächster Umgebung vorkommenden Land- und Süsswasserconchylien". Die Frankfurter Angaben beruhen darin grossentheils auf den Beobachtungen des verstorbenen Schöffen C. von Heyden. Daran schliessen sich als Anhang neue Fundortsangaben aus der Wetterau, der Umgebung von Gelnhausen etc. von D. F. Heynemann.

Seit dem Anfange dieses Decenniums herrscht ein regeres Leben in der naturwissenschaftlichen Ausbeutung der Umgegend von Frankfurt, an dem die Malacologie nicht wenig Antheil nimmt. Insbesondere sind es die Arbeiten von D. F. Heynemann über die Nacktschnecken, veröffentlicht in verschiedenen Jahrgängen der Malacozoologischen Blätter, durch welche zuerst die unbeschalten Weichthiere Nassaus, die bis dahin nur ganz oberflächlich behandelt worden waren, einer genaueren Untersuchung unterzogen wurden, welche unsere Fauna nicht unerheblich bereicherte.

Fernere Mittheilungen über die Mollusken des unteren Maingebietes finden wir in der Inauguraldissertation von Dr. C. Noll, „Der Main in seinem unteren Laufe", Frankfurt 1866. Es werden darin besonders die im Main und an seinen Ufern lebenden Arten besprochen, sowie die im Geniste angeschwemmt vorkommenden, zusammen 24 Arten Land- und 22 Süsswassermollusken.

Die neueste hierher gehörende Arbeit ist der von D. F. Heynemann in dem neunten Jahresberichte des Offenbacher Vereins für Naturkunde veröffentlichte Vortrag „Die Molluskenfauna Frankfurts", weniger eine Aufzählung der einzelnen Arten und ihrer Fundorte, als eine Schilderung des Gesammtbildes der Fauna mit zahlreichen interessanten Beobachtungen und Bemerkungen. Im Ganzen werden 110 Arten aufgeführt, nämlich 69 Landschnecken, 26 Süsswasserschnecken und 15 Muscheln.

Zerstreute Fundortsangaben finden sich ausserdem noch an verschiedenen Stellen, bei Schröter, Carl Pfeiffer, Rossmässler, in den Malacozoologischen Blättern, im Zoologischen Garten etc. Eine Zusammenstellung derselben durch Ed. von Martens findet sich im ersten Jahrgang des Nachrichtsblattes der deutschen malacozoologischen Gesellschaft Nro. 8 und 9, und ein Nachtrag dazu von Heynemann in Nro. 13.

Die übrigen Punkte unseres Gebietes sind in der Literatur noch gar nicht vertreten und noch sehr mangelhaft untersucht; es gilt diess besonders auch von den Umgebungen der Universitäten Giessen und Marburg. Auch das Gränzgebiet nach Süden hin, die in der Provinz Starkenburg gelegenen Theile der Rheinebene und der Odenwald, sind noch kaum untersucht. Nur über die nächste Umgebung von Darmstadt finden wir in Nro. 3 des Nachrichtsblattes von 1870 eine Aufzählung der dort gesammelten Arten von Hugo Ickrath.

Ausser den genannten Conchyliologen haben noch die Herren Hofrath Lehr und Conservator Römer in Wiesbaden, Dickin in Frankfurt und Trapp in Biedenkopf, jetzt auf der Obermühle am Dünsberg, die Faunen einzelner Gebiete von Nassau gesammelt und

mir mündlich oder schriftlich zur Benutzung gütigst mitgetheilt.
Auch den Herren Professor Dunker in Marburg und Leuckart
in Giessen, jetzt in Leipzig, bin ich für manche Beobachtung verpflichtet.

Zweites Capitel.
Stellung der Weichthiere im Thierreich, allgemeiner Bau, Eintheilung.

Die Weichthiere, *Mollusca* oder *Malacozoa*, bilden eine
der grossen Unterabtheilungen im Reiche der Thiere ohne inneres
Scelett, eine Stellung, die ihnen schon Aristoteles anwies. Freilich galt im Mittelalter mehr das System des Plinius, der alles,
was im Wasser lebt, Fische, Muscheln, Krebse etc., als Wasserthiere, *Aquatilia*, zusammenfasste und demgemäss wurden die Landschnecken entweder bei den Würmern oder mit diesen als Anhang
bei den Insecten abgehandelt. Nur Gesner unterscheidet die *Pisces*
und die *Aquatilia* und handelt auch die Landnacktschnecken bei den
Wasserthieren ab. — Schon Wotten 1552, Aldrovandi 1605,
Jonston 1632 und Ray 1693 kehren aber darin zu Aristoteles
zurück, dass sie die Thiere in blutführende und blutleere, unseren
Wirbelthieren und Wirbellosen entsprechend, eintheilen und die Mollusca als eigene Abtheilung behandeln.

Linné rechnete sie zu seiner sechsten, so viel Ungleichartiges
umfassenden Classe, den Würmern. Durch Cuvier erhielten sie
endlich die ihnen gebührende Stellung als gleichberechtigte Abtheilung neben den Gliederthieren und Strahlthieren, und in dieser Stellung sind sie seitdem auch geblieben.

Im Allgemeinen finden wir bei allen Mollusken, mögen sie nun
einen vom übrigen Körper abgesetzten Kopf mit Sinnesorganen besitzen oder nicht, ein mehr oder minder vollständig entwickeltes
Gefässsystem, das aus Schlag- und Blutadern besteht, zwischen
denen aber fast immer Lücken in Gestalt wandungsloser Räume,
Lacunen, sich finden, und das ein Herz — bei einer Abtheilung
auch mehrere — zur Bewegung des Blutes besitzt; — ein Nervensystem aus einzelnen Nervenknoten bestehend, die durch Fäden verbunden, aber nirgends zu einem Rückenstrang zusammengereiht sind;

— Athmungsorgane, je nach der Lebensweise für Luft- oder Wasserathmung eingerichtet; — stark entwickelte Verdauungsorgane, die bei allen Kopfträgern mehr oder minder entwickelte Fresswerkzeuge, bei allen Mund, Magen, Darmcanal und After zeigen; — einen sehr complicirt gebauten Fortpflanzungsapparat, der meistens beide Geschlechter in einem Individuum vereinigt, doch so, dass zur Befruchtung Begattung mit anderen Individuen nöthig ist; — mehr oder minder entwickelte Sinnesorgane, die sich allerdings bei unseren Kopflosen auf Tastapparate und Gehörorgane reduciren, während bei den Kopfträgern noch Augen und sehr wahrscheinlich auch Organe für Geruch und Geschmack hinzukommen; — und endlich Fortbewegungsorgane, welche, meist in der Mittellinie, selten paarig seitlich angebracht, nur einigen der niedersten, nur im Meere lebenden Formen, und auch diesen nur in ihren späteren Entwicklungsstadien, fehlen, aber bei vielen Muscheln stark verkümmert sind.

Die Körperbedeckung besteht bei allen Weichthieren aus einer musculösen Haut, welche den ganzen Körper einschliesst; sie zeigt meistens eine faltenförmige Verlängerung, welche einen grösseren oder kleineren Theil des Körpers mantelartig einschliesst und desshalb auch Mantel *(Pallium)* genannt wird. In dem Raum zwischen Mantel und Körper liegen bei vielen Mollusken die Athmungsorgane. Bei fast allen Arten sondert der Mantel, zuweilen in seiner Substanz, noch häufiger auf der äusseren Fläche, einen kalkhaltigen Schleim ab, aus dem sich das Gehäuse bildet. Dieses Gehäuse (*Cochlea* oder *Concha*) besteht aus kohlensaurem Kalk in Form von Arragonit oder Kalkspath, mit einer, freilich geringen Beimengung einer organischen Substanz, Muschelleim oder Conchiolin, die bei den Schnecken 1%, bei den Muscheln etwa 2—4% der Masse ausmacht. Bei den sogenannten nackten Schnecken liegt das Gehäuse, oder wenigstens ein aus Kalkkörnern gebildetes Rudiment desselben innerhalb des Mantels, bei den Gehäuseschnecken dagegen wird es, wenigstens sobald sie das Ei verlassen haben, frei getragen; einige Arten umhüllen es aber auch später noch mit einem Fortsatz des Mantels. Die äussere Schale ist dann mit einer organischen Oberhaut (*Epidermis*) überzogen, welche vor Ablagerung der Schale gebildet wird und diese vor dem Einfluss von Luft und Wasser schützt.

Da man im Anfang nur die Gehäuse, als den am meisten in die Augen fallenden und am leichtesten aufzubewahrenden Theil der

Weichthiere, beachtete, ist es natürlich, dass auch die ersten Eintheilungsversuche nur die Gehäuse berücksichtigten. Bis auf Cuvier galt im Allgemeinen die alte Eintheilung des Aristoteles in einschalige und zweischalige, oder Schnecken und Muscheln, denen man meist noch die unnatürliche dritte Categorie der vielschaligen beifügte, welche Aristoteles nicht hat und bessere Systematiker schon frühe verwarfen. Poli und Cuvier dagegen gründeten auf die Thiere und besonders auf deren Fortbewegungsorgane die noch jetzt geltende Eintheilung. Andere fügten noch fernere Untergattungen hinzu, und jetzt nimmt man ziemlich allgemein sechs, mitunter auch sieben Gruppen an, die Cephalopoden, Pteropoden, Heteropoden, Gastropoden, Pelecypoden und Brachiopoden, zu denen dann noch in neuester Zeit als siebente Unterabtheilung die Meerzähne als *Solenoconchae* kommen. Von diesen Gruppen leben die drei ersten, die sechste und die siebente nur im Meer, und es kommen für uns also nur zwei in Betracht, die Bauchfüsser, Gastropoden, mit einschaligem Gehäuse oder nackt, und die Beilfüsser, Pelecypoden, auch Blattkiemer, *Lamellibranchiata* (Cuvier), oder Muschelthiere, *Conchifera* (Lamarck) genannt, mit zweischaligem Gehäuse. Erstere nennen wir Schnecken, letztere Muscheln.

Der Bau dieser beiden Gruppen ist so durchaus verschieden, dass wir jede für sich allein betrachten müssen. Der Hauptunterschied der Thiere besteht darin, dass die Schnecken einen mehr oder weniger deutlich abgesetzten Kopf mit Sinnesorganen und einen Fuss mit breiter, zum Kriechen eingerichteter Sohle haben, während den Muscheln der Kopf als formell gesonderter Abschnitt ganz fehlt und ihr Fuss beilförmig zusammengedrückt oder cylindrisch oder ganz verkümmert ist.

Drittes Capitel.

Sammeln, Reinigen, Aufbewahren und Ordnen.

Wo finden wir Mollusken?

Die Mollusken des süssen Wassers sind so ziemlich überall verbreitet; es dürfte kaum ein Bach zu finden sein, in dem nicht

Schnecken oder Muscheln vorkämen, selbst in warmen Quellen finden sich hier und da Schnecken, z. B. *Bithynia thermalis* in den Bädern von Lucca, *Hydrobia aponensis* in den Quellen von Abano. Im Allgemeinen sind schnellfliessende, kalte Gebirgsbäche mit steinigem Grund viel ärmer, als langsam fliessende oder gar die reich mit Pflanzen bewachsenen stehenden Gewässer der Ebene. Während jene nur einige Unionen und 2—3 Limnäen und Ancylus enthalten, liefern uns die Gewässer der norddeutschen Ebene 78 Arten; manche Gattungen, z. B. *Physa* und *Paludina*, und die grossen Planorben, scheinen sich, wenigstens in unserem Gebiete, nie in's Gebirge zu versteigen, während *Hydrobia* nur dem gebirgigen Theile desselben angehört.

Die ergiebigsten Fundorte für Süsswasserconchylien sind stehende Gewässer mit schlammigem, aber nicht moorigem Grund, Gräben, Flussbuchten, verwachsene Teiche und ganz besonders die durch Stromregulirungen abgeschnittenen Altwasser, **die oft förmlich von** *Limnaea*, *Planorbis*, *Physa*, *Valvata*, *Bithynia*, *Paludina*, *Cyclas*, *Pisidium*, *Anodonta*, *Unio* wimmeln. Auch in Tümpeln, die von allen anderen isolirt ohne äusseren Ab- und Zufluss mitten im Felde liegen, findet man nicht selten Schnecken; wie sie dorthin gekommen, ist mitunter schwer begreiflich. Früher nahm man zur Entstehung durch Urzeugung seine Zuflucht, aber in neuerer Zeit, wo man lieber beobachtet als philosophirt, hat man gelernt, es auf andere Weise zu erklären. Heynemann hat an einer aus Mexico stammenden Wasserwanze ein Pisidium fest anhängend gefunden; hier ist also die Möglichkeit einer Uebertragung auf weite Strecken hin durch Insecten direct nachgewiesen. In ähnlicher Weise kann es jedenfalls auch durch Vögel geschehen, besonders durch die oft stundenlang unbeweglich im Wasser stehenden Reiher. Endlich ist es mir durchaus nicht unwahrscheinlich, dass kleine Muscheln und selbst gedeckelte Wasserschnecken mitunter, wenn lebendig verschluckt, den Darmcanal unverdaut passiren und so verpflanzt werden können.

In solchen Gewässern sucht man am besten, wenn der Sonnenschein die seichten Uferstrecken recht durchwärmt hat; es sammeln sich dann die Weichthiere oft in grossen Mengen an der Sonnenseite, um die Wärme zu geniessen. Ausserdem sucht man die Wasserpflanzen ab und fischt den Schlamm des Bodens mit einem feinmaschigen, an einen Stock geschraubten Netz aus. Kleine Arten erhält man mitunter in grosser Menge durch die Larven der Köcherfliegen, Phryganeen, die, im Wasser lebend, sich aus Steinen, Holzstückchen u. dergl., an schneckenreichen Localitäten aber auch aus den Gehäusen kleiner Planorben, Limnäen, Valvaten, Pisidien und *Ancylus lacustris* Röhren bauen, was dem Sammler natürlich viele Mühe spart. Mitunter findet man sogar noch lebende Schnecken an den Röhren. Wo man keine Schnecken an den Phryganeengehäusen findet, braucht man auf Ausbeute an kleineren Schnecken nicht zu hoffen.

Muscheln sucht man am besten im seichten Wasser mit der Hand vom Ufer oder von einem Kahn aus. Als Anhalt dienen dabei die Furchen, welche sie im Schlamm des Bodens ziehen: am einen Ende derselben steckt die Muschel. Will man in tieferem, undurchsichtigem Wasser fischen, so thut man gut, den Boden erst tüchtig mit einem Rechen aufzulockern, ehe man mit dem Netz sucht, da die Muscheln sonst zu fest stecken. Reiche Ausbeute macht man, wenn ein Teich oder ein Mühlgraben abgelassen wird; es sind das Festtage für den Schneckensammler wie für den Käfersammler, der dabei seine Ernte an Wasserkäfern hält.

Die Mainmuscheln kann man sehr bequem erhalten, da die Thiere an vielen Orten zum Mästen der Schweine verwandt werden. Besonders in der Umgegend von Schwanheim findet man ganze Haufen frischer, vollkommen sauber ausgeleerter und unversehrter Schalen, und kann sich in aller Bequemlichkeit die interessantesten Formen herauslesen.

Auch am Rande der Gewässer ist eine reiche Ausbeute zu machen. Auf dem Boden und an Wasserpflanzen kriechen die Bernsteinschnecken umher, unter Steinen, Holz u. dergl. finden sich viele Hyalinen, kleine Helices, Pupen und Carychien; auch eine Nacktschnecke, der kleine *Limax brunneus*, entfernt sich nicht weit vom Wasser. Man kann sich, wie an allen schneckenreichen Localitäten, das Sammeln sehr erleichtern, wenn man an passenden Stellen alte halbfaule Holzstücke, Steine u. dergl. auslegt; bei trockenem Wetter sammeln sich die Schnecken der ganzen Umgegend darunter und können dann einfach in die Schachtel gekehrt werden. Auch Rohrhalme und selbst Glasröhrchen kann man mit Erfolg auslegen. Nach Dumont und Mortillet kann man namentlich den *Limax* durch Auslegen von Knochen, deren Gelatine ihn anzieht, leicht bekommen.

Viele kleine Arten, die man sonst nur mit Mühe einzeln erhält, kann man bequem und in Menge, aber freilich immer nur leer finden, wenn man im Frühjahr unmittelbar nach der ersten Fluth das von den Bächen und Flüssen angeschwemmte Geniste durchsucht. Man nimmt sich eine grössere Quantität mit nach Hause, wobei man berücksichtigen muss, dass die grösste Anzahl der leeren, schwimmenden Gehäuse sich immer auf der Oberfläche der Genisthaufen findet; dann sucht man zunächst die grösseren Arten aus und entfernt gleichzeitig die grösseren Holzstückchen, Rohrhalme u. dergl., den feineren Rest siebt man dann durch und durchsucht das Durchgesiebte in kleinen Portionen auf weissem Papier. Die kleinen *Vertigo*, *Pupa muscorum*, *Hel. costata* und ganz besonders *Cionella acicula*, die sonst nicht leicht zu bekommen ist, erhält man dann in grosser Menge. Genaueres über die im Geniste vorkommenden Schneckenarten folgt am Schlusse.

Beim Sammeln von **Landschnecken** müssen wir vor Allem bedenken, dass alle Schnecken mehr oder weniger die Feuchtigkeit lieben. Nur wenige Arten leben an trockenen Stellen und dann meist gesellig, z. B. *Helix ericetorum, candidula, costulata, Bulimus detritus* und *tridens*, *Pupa frumentum*; aber auch diese sind bei Regen munterer und sitzen bei trocknem Wetter wenigstens den Tag über unbeweglich. Im Uebrigen ist es schwer, hier bestimmte Regeln aufzustellen; ich muss für das Genauere auf den speciellen Theil verweisen. Immer ist unter sonst gleichen Bedingungen Kalkboden reicher an Schnecken, als kalkarmer, weil es den Thieren dort viel leichter ist, den zum Bau ihrer Schalen nöthigen Kalk aufzunehmen.

Wo man in kalkarmen Gegenden auffallend viel Schnecken beisammen findet, ist fast immer Kalk in der Nähe, sei es als unterirdisches Kalklager, das den Quellen einen grösseren Kalkgehalt mittheilt, sei es als Mörtel an alten Mauern und Ruinen. Besonders die Ruinen sind immer reiche Fundgruben für Schnecken, die hier ausser dem Kalk in den Trümmerhaufen auch sichere Verstecke und genügenden Schutz vor Sommerhitze und Winterkälte finden. Sehr häufig findet man an solchen Punkten Schnecken, die auf weit und breit in der Gegend nicht mehr vorkommen, z. B. *Claus. lineolata* und *Pupa doliolum* auf den Schlossruinen des Taunus, *Amalia marginata* auf denen des rheinischen Schiefergebirgs Ja, man kann behaupten, dass fast ohne Ausnahme alle isolirt vorkommenden, in der

Fauna einer Gegend wie fremd dastehenden Arten an solche Fundorte gebunden sind. *)

Andere reiche Localitäten sind Hecken und bewachsene Raine. Unsere grösseren Helixarten, *pomatia, hortensis, nemoralis, fruticum* finden sich mit Vorliebe an solchen Stellen.

Der Hauptfundort für den Sammler bleibt immer der Laubwald, besonders der Buchenwald, wenn er nicht zu trocken ist und genug Unterholz hat. Auf den Randgebüschen und unter denselben, im feuchten Moos und auf und unter der Bodendecke treiben sich eine Menge kleiner Arten herum, und stundenlang kann man, an einer Stelle liegend, Laub und Moos durchwühlen und immer neue Beute machen. Auch an den Stämmen sind Arten von *Helix, Bulimus, Clausilia* und *Limax* mitunter in Menge zu finden. Waldreiche Gegenden sind nie ganz arm an Schnecken, wenn sie nicht rein aus Nadelholz bestehen, das, ausser vielleicht an den Küsten des Mittelmeeres (*Hel. Homeyeri*) von den Schnecken fast ganz gemieden wird. — Feuchte quellige Stellen in Buchenwäldern, besonders die Anfänge der Waldthälchen, sind fast immer sehr reich an Schnecken. Man sucht hier zunächst die Unterseite der Steine und das Gras in deren nächster Umgebung ab und nimmt dann von dem feuchten Laub am besten eine tüchtige Portion mit nach Hause, um es dort zu trocknen und bequem auszulesen. Auslegen von faulem Holz und Steinen rentirt auch hier sehr gut. — Ueberhaupt muss man es sich zum Gesetz machen, auf Excursionen jeden halbwegs grossen Stein umzudrehen, da man unter ihnen meistens die reichste Ausbeute macht.

Seibert in Eberbach empfiehlt in Nro. 6 des Nachrichtsblattes für 1870 mit Recht, den Boden der halb ausgetrockneten Wiesengräben zur Zeit der Heuernte zu untersuchen. Auch hier kann man das Moos ausstechen und mit nach Hause nehmen, um es dort in aller Bequemlichkeit zu durchsuchen.

Was nun die Tageszeit anbelangt, so sind bei trockenem Wetter die Schnecken fast nur zu finden, so lange der Thau im Grase liegt, und wenn man eine reiche Ernte von Nacktschnecken halten will, muss man Abends nach Sonnenuntergang oder in den ersten Tagesstunden gehen. Man findet dann oft Schnecken in Masse an Stellen, an denen man sonst nie eine einzige gesehen hat. Bei

---

*) Genaueres über die Fauna einiger Ruinen siehe im Anhang.

feuchtem, regnerischem Wetter und bedecktem Himmel bleiben die Schnecken auch bei Tag ausser ihrem Versteck. Im Allgemeinen kann man mit Rossmässler annehmen, dass, je trockner das Wetter, desto näher am Boden oder desto tiefer unter der Bodendecke die Schnecken sich aufhalten.

Noch viel grösser ist natürlich der Einfluss der Jahreszeit. Man findet freilich Schnecken zu allen Jahreszeiten, wenn nicht der Boden ganz fest gefroren ist, und die Daudebardien, Vitrinen und *Cionella acicula* findet man sogar vorzugsweise im Herbst und im ersten Frühjahr, selbst unter dem schmelzenden Schnee. Die meisten Schnecken aber lieben die Wärme, und wenn man sie nicht in ihren Winterquartieren aufsuchen will, muss man mit dem Sammeln warten bis nach dem ersten tüchtigen warmen Frühlingsregen, der sie aus dem Winterschlafe weckt. Die Wasserschnecken erscheinen nur, wenn das Wasser nicht zu kalt ist; sonst verbergen sie sich, wie auch die Muscheln, im Schlamm. — Im Frühjahr findet man sehr häufig unausgewachsene Gehäuse, oder solche, welche bei der Ueberwinterung gelitten haben, denn auch am lebenden Thiere verwittern die Gehäuse, wie man sich besonders an den Campyläen und Clausilien des Hochgebirgs, aber auch schon an unseren Schnecken überzeugen kann. Ich erinnere mich z. B. kaum jemals im Frühjahr ein glänzendes, unverwittertes Exemplar von *Clausilia laminata* in der Umgegend von Biedenkopf gefunden zu haben, während sie doch im Herbst vollständig durchsichtig und rein waren, und auch an den überwinterten *Helix nemoralis* sah man meistens Spuren des Winters. Die beste Zeit zum Sammeln ist desshalb im Nachsommer und im ersten Herbst; auch die Wasserschnecken findet man dann meistens ausgewachsen.

Die zum Sammeln nöthigen Instrumente sind äusserst einfach. Ein paar Schachteln von Holz oder Blech, ein paar Gläser mit weiter Oeffnung oder starke Glasröhren genügen zur Aufbewahrung. Ich führe gewöhnlich ein blechernes, zum Umhängen eingerichtetes Gefäss, in das oben im Deckel eine 1" weite, durch einen Kork verschliessbare und nach beiden Seiten vorragende Blechröhre eingesetzt ist. Zweckmässig sind auch eine Anzahl flacher Blechschachteln von gleicher Grösse, die man zu einer Rolle zusammenpacken kann, so dass sie in der Umhängetasche nur wenig Raum einnehmen. Complicirtere Apparate sind durchaus unnöthig. Nur einige sehr zarte Arten, wie *Daudebardia*, *Vitrina* und die Nacktschnecken müssen vorsichtiger behandelt werden, wenn man sie lebend nach Hause bringen will, besonders bei trockenem Wetter. Man thut dann die kleinen Arten am besten in Glasröhren, die man oben und unten gut verkorkt, die grösseren in eine gut schliessende Blechschachtel mit etwas lebendem Moos, das aber nicht zu feucht sein darf. Wasserschnecken bleiben in Gläsern ohne Wasser sehr lange am Leben, während sie im Wasser rasch absterben; man nimmt sie also am besten trocken mit. Nur bei den gedeckelten Kiemenathmern thut man gut, eine Portion feuchter Wasserlinsen beizugeben.

Um die ganz kleinen Schnecken, die in Moder und Mulm leben und mit den Fingern nicht gut erfasst werden können, zu sammeln, nimmt man am zweckmässigsten ein weithalsiges Glas, dessen Kork mit einer Federspule durchbohrt ist; mit dem freien Ende derselben kann man dann die Schneckchen aufschöpfen und sie gleich in das Glas hinabrollen lassen.

Was man nicht lebend nach Hause bringen will, kann man gleich lebend in ein Glas mit Spiritus werfen, das man um den Hals hängt, wie Käfersammler zu thun pflegen.

Zum Suchen auf dem Lande gebraucht man zweckmässig einen kleinen, starken Handrechen, den man des bequemen Unterbringens halber auch zum Anschrauben einrichtet; es schont die Finger sehr, wenn man damit, statt mit ihnen, die Bodendecke aufkratzt. Auch ein paar gute Handschuhe sind an dicht mit Brennesseln bewachsenen Stellen von entschiedenem Werthe.

Für die Wasserjagd braucht man ein starkes Netz aus einem dichtmaschigen Zeug, das man an einen starken Stock anschrauben kann; des Rostes wegen ist eine Vorrichtung zum Anstecken auch durchaus nicht unpraktisch. E. A. Bielz empfiehlt statt des Netzes ein Drahtsieb mit 2" hohem Rande aus starkem Leinen, mit dem es an dem Draht befestigt ist; man kann es dann in trockenem Zustande wie einen Klapphut zusammenlegen und in die Tasche stecken.

Derbe, möglichst wasserdichte Stiefeln und Kleider, auf deren Reinerhaltung man nicht zu sehr zu sehen braucht, erklärt Rossmässler nicht mit Unrecht für Haupterfordernisse zu einer erfolgreichen Excursion.

Hat man nun seine Ausbeute von einer Excursion glücklich nach Hause gebracht, so beginnt die Hauptarbeit, das Reinigen der

Gehäuse und das Entfernen der Thiere aus denselben. Nur die mit den Thieren gesammelten Gehäuse haben noch den vollständigen Glanz; leere sind schon nach wenigen Tagen verwittert und verblichen, was besonders hervortritt, sobald sie trocken werden. Man muss desshalb, wo es möglich ist, immer nur lebende sammeln. Die Schnecken sind in ihrem Gehäuse durch einen sehnigen Bandstreifen angewachsen; um denselben abzulösen und zugleich die Schnecken zu tödten, wirft man sie in siedendes Wasser und lässt sie darin, bis es sich soweit abgekühlt hat, dass man die Schnecken bequem mit den Fingern herausholen kann. Dann fasst man das Thier mit einer gekrümmten Nadel oder einem Drahthäckchen und zieht es vorsichtig heraus. Bei vielen Arten reisst sehr gerne der hintere Theil des Thieres, welcher die Leber enthält, ab, besonders wenn man es zu früh aus dem Wasser genommen hat. Solche Exemplare legt man an einen kühlen, schattigen Ort in's Freie; Käfer und Fliegenlarven besorgen die Reinigung dann sehr rasch und gründlich, und der Speckkäfer mit seinen Verwandten, der Schrecken der Insectensammler, wird in den Conchyliensammlungen gern geduldet. Bei vielen Helices mit gezahnter Mündung und bei den Pupen ist man von vornherein auf dieses Verfahren angewiesen, Clausilien lassen sich fast gar nicht aus dem Gehäuse entfernen, und der Schliessapparat sperrt auch nach dem Tode noch den Insecten den Zugang; diese lässt man einfach eintrocknen. Die Wasserschnecken sind alle sehr leicht zu reinigen, selbst die dünnen, vielgewundenen Planorben und die zerbrechlichen Physen.

Die Muscheln sind nicht durch ein Band, sondern durch ihre Schliessmuskel an den Schalen befestigt. Man tödtet sie durch siedendes Wasser, muss sie aber darin kochen lassen, damit das Wasser im Innern der Schalen auch genügend erhitzt wird. Sobald das Thier todt ist, klaffen die Schalen; man löst dann mit einem stumpfen Falzbein die Muskeln von ihren Ansatzstellen und nimmt das Thier heraus.

Die ungedeckelten Schnecken sind dann zum Aufbewahren fertig; bei den gedeckelten löst man den Deckel, der meist für die Bestimmung sehr wichtig ist, vom Fusse ab, bestreicht seine Unterseite mit etwas Gummi und klebt ihn auf ein Bäuschchen Baumwolle, das man in die Mündung gesteckt hat.

Viele Wasserschnecken sind mit einer mehr oder weniger fest aufsitzenden Schmutzkruste überzogen, die sich nur durch scharfes

Bürsten mit einer weichen Zahnbürste und Seifenwasser entfernen lässt. Bei den sehr zerbrechlichen Arten, besonders den Limnäen, thut man gut, die Reinigung noch am lebenden Thiere vorzunehmen, da dann das Gehäuse weniger leicht zerbricht. Immer kann es aber nichts schaden, wenn man auch ein ungereinigtes Exemplar von jedem Fundort in die Sammlung legt, denn die Schmutzkruste zeigt nicht selten charakteristische Eigenthümlichkeiten.

Auch die Muscheln bedürfen stets einer sehr gründlichen Reinigung und ihre wahre Farbe kommt nicht selten erst heraus, wenn man sie mit starkem Essig oder einer schwachen Mineralsäure überstreicht. Um den charakteristischen Ueberzug zu erhalten, kann man sich begnügen, eine Schale zu putzen. Nach dem Reinigen drückt man die beiden Schalen zusammen und wickelt einen Faden darum, um sie in dieser Lage zu halten, bis sie trocken sind. Um auch das Innere jederzeit betrachten zu können, durchschneidet man das Schlossband mit einem scharfen Messer. Der Sicherheit halber pflege ich dann beide Klappen am Vorderrande mit einem Papierstreifen zu verbinden und Namen und Fundort in's Innere zu schreiben.

Ueber die Art der Aufstellung und Aufbewahrung in der Sammlung kann man keine Vorschriften machen; es muss sich da Jeder selbst seinen Weg suchen und die für ihn zweckmässigste Art der Aufstellung selbst herausprobiren. Man thut gut, alle kleineren Arten aufzukleben, und Namen und Fundort auf die Rückseite des Streifens zu schreiben; passirt dann einmal ein Unglück und wird eine Schublade voll durcheinander geworfen, so kann man sie leicht wieder auseinander lesen. — Eins kann man aber dem angehenden Sammler nicht dringend genug an's Herz legen, nämlich von Anfang an gleich seine Conchylien sorgfältig nach den Fundorten getrennt zu halten, denn es ist sehr unangenehm, wenn man bei einer Revision einmal eine interessante Varietät oder selbst eine neue Art unter anderen findet und dann nicht mehr weiss, woher sie stammt. Ich glaube kaum, dass ich der Einzige bin, der schliesslich im Aerger seine früher gesammelten Sachen sämmtlich wegwarf und von Neuem anfing.

Es ist nicht zu verkennen, dass das Aufbewahren der Gehäuse nur ein Nothbehelf ist, da es leider noch kein Mittel gibt, die für unsre Wissenschaft viel wichtigeren Thiere bequem und mit Beibehaltung ihrer Form aufzubewahren. Sie halten sich nur in Weingeist und schrumpfen darin schnell zu einer formlosen Masse ein oder ziehen sich ganz in ihr Gehäuse zurück. Will man die Thiere aufbewahren, — und für unsre Nacktschnecken gibt es ja kein anderes Mittel, sie unseren Sammlungen einzuverleiben, so muss man sie in kaltem Wasser ersticken, allerdings ein etwas grausames Verfahren. Die Thiere kriechen dann möglichst weit aus dem Gehäuse, aber sie schwellen unnatürlich an und ziehen die Fühler halb ein. Doch habe ich im Museum zu Leipzig Präparate, von Herrn Nitsche angefertigt, gesehen, die ganz die natürliche Gestalt bewahrten; dieselben wurden alsbald nach dem Tode mit Nadeln auf einer Wachsplatte in natürlicher Stellung befestigt, die Fühler ausgestreckt etc., und dann in starkem Weingeist gehärtet. Ich muss gestehen, dass mich diese Präparate, die sich in Nichts von dem Thiere im lebenden Zustande unterschieden, im höchsten Grade überraschten. Immerhin bleibt es aber für einen Privatmann eine ziemlich kostspielige Sache. — Man darf hier nicht vergessen, die Thiere nach einigen Tagen aus dem Spiritus herauszunehmen, von dem anklebenden Schleim zu reinigen und dann in frischen Spiritus zu legen; versäumt man es, so sehen die Schnecken schmutzig aus und der Spiritus wird rasch trüb.

Viertes Capitel.

Zucht lebender Mollusken.

Um die Lebensweise der Mollusken beobachten zu können, muss man dieselben lebend aufbewahren und züchten, was bei einiger Aufmerksamkeit durchaus nicht schwierig ist. Am einfachsten ist die Zucht der Wasserschnecken und Muscheln: die jetzt als Zimmerzierde so beliebten Aquarien sind das bequemste Mittel, um sie lebend zu beobachten; sie verlangen darin gar keine weitere Pflege und vermehren sich sehr stark, vorausgesetzt, dass man nicht gleichzeitig auch Fische darin hält. Als Futter scheinen die meisten Arten Wasserschnecken Wasserlinsen, *Ceratophyllum* und *Hydrocharis* zu lieben; doch sind es eigentlich nur *Limnaea stagnalis*, *Planorbis corneus* und *marginatus*, welche frische Pflanzen abfressen; die anderen halten sich mehr an die abgestorbenen Blattreste und an

Algen und die sogen. Priestley'sche Materie; bringt man eine mit Algen bedeckte Limnäe aus der Freiheit in's Aquarium, so kommen die übrigen Schnecken sofort herbei und weiden sie förmlich ab. Im Winter kann man auch Brodkrumen und selbst Fleischstückchen füttern. — Die Muscheln bedürfen ausser den im Wasser suspendirten organischen Theilchen und vielleicht den microscopischen Algen gar keiner Nahrung; ich habe alle unsere Arten, *Unio, Anodonta, Cyclas, Pisidium* und selbst *Tichogonia* Jahre lang im Aquarium gehabt, ohne mich weiter um sie zu kümmern. Doch darf man die Pflanzen darin nicht zu üppig werden lassen; im Frühjahr 1870 brachte ich einige Exemplare *Hottonia palustris* in mein Aquarium, die sich sehr rasch vermehrten und einen dichten Rasen bildeten; in Folge davon gingen sämmtliche Muscheln, die zum Theil schon 1½ Jahre darin gelebt, binnen wenigen Tagen zu Grunde. Uebereinstimmend damit findet man in stark bewachsenen Gewässern selten Muscheln.

Etwas vorsichtiger muss man bei der Zucht der Landschnecken sein, da man hier einerseits zu grosse Nässe, andererseits zu grosse Trockenheit zu vermeiden hat. Rossmässler empfiehlt zur Zucht grosse Gläser, die man unten abschneidet und mit einem groben Drahtsieb zubindet; man füllt sie bis zu einem Drittel mit Erde und Laub, unter die man ein paar Kalksteine legt, und stellt das Ganze in einen irdenen Untersatz, von welchem aus man die Feuchtigkeit regulirt. Ebenso gut kann man aber auch eine irdene Blumenscherbe nehmen, die man mit einer Glasplatte zudeckt. Auch in Terrarien und, wie Seibert im Nachrichtsblatt 1870 bemerkt, auf dem Felsen von Aquarien, kann man mit dem besten Erfolg Schnecken züchten. Man muss nur immer besonders darauf achten, dass kein Schimmel entsteht.

Als Futter verwendet man am besten dünne Scheibchen Obst, Gemüse, Rüben, Salat, Bohnen und Gurken; namentlich die letzteren werden sehr begierig von ihnen gefressen und *Cyclostoma elegans* wollte in der Gefangenschaft gar kein anderes Futter anrühren. Die Daudebardien, Vitrinen und mehrere Nacktschnecken muss man mit lebenden Schnecken oder rohem Fleisch füttern. Im Winter stellt man sie in ein frostfreies Zimmer und gibt ihnen durchaus kein Wasser; im Sommer stellt man sie am besten an einen schattigen Ort im Garten.

Sorgt man dafür, dass der Untersatz immer etwas Wasser bekommt, dass die Zahl der Exemplare in einem Topf nicht zu gross wird, und dass kein schimmeliges Futter liegen bleibt, so kann man Jahre hindurch immer neue Generationen züchten, wie es die Herren Mühlenpfordt in Hannover, Sporleder in Rheden, Sterr in Donaustauf u. andere mit dem besten Erfolge gethan haben.

Auch im Freien kann man ganz gut Schnecken züchten, indem man durch einen Drahtkorb ihr Entweichen verhindert; man muss aber vorsichtig sein, denn manche Arten, namentlich Nacktschnecken, graben sich mit grosser Geschicklichkeit unter der Wand durch und entfliehen. Dagegen hat es seine Schwierigkeit, sie im Freien an Orten, wo sie sonst nicht vorkommen, zu acclimatisiren, auch wenn man in der Wahl der Localitäten und der Zeit noch so vorsichtig ist und grosse Massen aussetzt. Andererseits kommen wieder Verschleppungen unter den anscheinend ungünstigsten Umständen nicht selten vor.

Fünftes Capitel.
Terminologie, Kunstsprache.

Um ein Conchyl mit wenig Worten genau und treffend zu beschreiben, ist es nöthig, jeden einzelnen Theil des Gehäuses mit einem bestimmten Namen zu belegen und auch für die verschiedenen Formen bestimmte Ausdrücke ein für allemal zu wählen. Es ist diess natürlich von allem Anfang an geschehen und so ist nach und nach eine bestimmte Kunstsprache entstanden, welche namentlich von Rossmässler, L. Pfeiffer u. A. ausgebildet worden ist. Wir wollen, um Anfängern das Verständniss der späteren Beschreibungen zu erleichtern, die wichtigsten Kunstausdrücke hier kurz mittheilen. Doch können wir, da wir die Beschreibungen nur deutsch, ohne die gebräuchlichsten lateinischen Diagnosen geben, die lateinischen Kunstausdrücke in den meisten Fällen füglich übergehen.

Man unterscheidet zunächst das einschalige Schneckenhaus, *Testa*, von der zweischaligen Muschel, *Concha*. An dem Schneckenhaus haben wir die Spitze, die verschiedenen Windungen oder Umgänge, und die untere Oeffnung oder Mündung. Die feine Haut, welche die Aussenfläche des Gehäuses überkleidet und hauptsächlich die Farben enthält, nennt man die Oberhaut, *Epidermis*. Die Linie, in welcher die einzelnen Windungen zusammenstossen, nennt man die Naht, *Sutura*; die gerade Linie dagegen, um welche die Windungen herum gewunden sind, bezeichnet man als Spindel, *Columella*. An der Unterseite des Gehäuses sehen wir oft ein Loch, dadurch entstanden, dass die verschiedenen Windungen sich hier nicht berühren, die Spindel also gewissermassen einen hohlen Kegel bildet, in den man hineinsehen kann; man nennt dieses Loch den Nabel, *Umbilicus*, und unterscheidet, da seine Beschaffenheit für die Bestimmung sehr wichtig ist, verschiedene Abstufungen in der Weite desselben; man nennt ein Gehäuse genabelt, wenn die Oeffnung ziemlich weit ist, wie bei *Helix obvoluta*, durchbohrt, wenn sie eng ist, wie bei *Helix sericea*, geritzt, wenn sie nur in einem mehr oder weniger vertieften Ritz besteht, wie bei den Clausilien. Wird der Nabel von dem der Spindel zunächst liegenden Theile des Mündungsrandes ganz oder zum Theil überdeckt, so nennt man das Gehäuse bedeckt — genabelt, oder — durchbohrt. Der Nabel kann ausserdem noch ganz- oder halbdurchgängig, weit, perspectivisch u. dergl. sein.

An der Mündung unterscheidet man den freien Rand des Gehäuses, den Mundsaum, und den zwischen beiden Enden desselben befindlichen Theil des letzten oder vorletzten Umganges, die Mündungswand. Auf beiden stehen nicht selten Vorsprünge, die man, je nach der Gestalt, als Zähne, Falten und Lamellen bezeichnet; häufig ist der Mundsaum auch innen mit einer Wulst, der Lippe, belegt. — Der Mundsaum besteht aus einem Innen - oder Spindelrand und einem Aussenrand, ersterer die von der Spindel, letzterer die von der Naht entspringende Hälfte, die in der Mitte ohne Gränze in einander übergehen. Je nachdem die Ansatzstellen mehr oder weniger entfernt von einander liegen, nennt man sie entfernt oder genähert, und verbunden, wenn sie durch eine linienförmige Lippe auf der Mündungswand mit einander verbunden sind. Tritt der Mundsaum ringsum deutlich vom Gehäuse los, wie bei *Helix lapicida*, so nennt man ihn gelöst.

Den von aussen sichtbaren inneren Theil des Gehäuses nennt man den Schlund, den weiter nach oben gelegenen Theil desselben speciell den Gaumen; ihnen entspricht auf der Aussenseite der Nacken. Diese Gegenden sind besonders bei der Beschreibung der Clausilien und Pupen von Wichtigkeit.

Die **Windungen** können stielrund, niedergedrückt, d. h. breiter als hoch, und umgekehrt zusammengedrückt, d. h. höher als breit, sein, oder bauchig, aufgetrieben oder kantig; sind sie so niedergedrückt, dass sie einen scharfen Rand bilden, so nennt man sie **gekielt** und den **Rand** selbst den **Kiel**, *Carina*.

Viele Schnecken haben einen an ihrem Fusse befestigten **Deckel**, *Operculum*, mit welchem sie das Gehäuse schliessen können; derselbe ist kalkig, hornartig oder knorpelig, spiralig oder concentrisch gestreift, und entweder **endständig**, wenn er gerade an den Mündungsrand anschliesst, oder **eingesenkt**, wenn er erst weiter innen die Oeffnung verschliesst.

Die Schnecken, welche keinen solchen Deckel besitzen, verschliessen ihr Gehäuse, wenigstens im Winter, mitunter auch im Sommer bei grosser Trockenheit, durch einen zeitweiligen Deckel, den **Winterdeckel**, *Epiphragma*; manche auch durch mehrere hintereinander; derselbe kann kalkig, lederartig oder häutig sein.

Was die Richtung der Windungen anbelangt, so unterscheidet man **rechts gewundene** und **links gewundene** Gehäuse. Man erkennt die Windungsrichtung am bequemsten, wenn man das Gehäuse aufrecht, mit der Spitze nach oben und der Mündung nach dem Beschauer zu betrachtet; bei den links gewundenen steht dann die Mündung nach links, bei den rechts gewundenen nach rechts von der Spindel.

Bei den Muscheln unterscheidet man zunächst eine **rechte** und eine **linke Schale**. Welches die rechte und welches die linke Schale sei, darüber ist früher sehr viel gestritten worden; in neuerer Zeit ist man aber nach dem Vorgang von **Nilsson** und **Rossmässler** so ziemlich darüber einig, die Schale die rechte zu nennen, welche zur Rechten liegt, wenn man die Muschel mit den Wirbeln nach oben so aufstellt, dass das Schlossband nach dem Beschauer zu gerichtet ist. Den Schalenumfang zerfällt man in vier Theile, den **Ober-** oder **Rückenrand**, an welchem die Wirbel und das Schlossband liegen, und gegenüber den **Unterrand**, den **Hinterrand**, der von den Wirbeln aus auf derselben Seite liegt, wie das Schlossband, und gegenüber den **Vorderrand**.

Auf jeder Schale sehen wir einen vorgetriebenen Punkt, den **Wirbel** oder **Buckel**; die beiden Wirbel liegen immer einander genau gegenüber und nahe am Oberrand. Theilt eine durch sie hindurch gehende Linie die Muschel in zwei ganz oder doch annähernd gleiche Theile, so nennt man dieselbe gleichseitig, im anderen Falle, der bei unseren meisten Muscheln vorkommt, ungleichseitig. Den Raum unmittelbar vor und zwischen den Wirbeln nennt man das Schildchen (*Areola, Lunula*), den hinter den Wirbeln bis zum Anfange des Hinterrandes den Schild (*Area*). In diesem Raume liegt ein starkes, zähes Band, das die beiden Schalen verbindet und durch seine Elasticität ihr Aufklappen bewirkt, das Schlossband. Der unmittelbar unter demselben liegende Theil des Oberrandes ist meist mit ineinandergreifenden Zähnen oder Leisten versehen, die beim Oeffnen der Schalen ein Auseinanderweichen verhindern; man nennt die ganze Vorrichtung das Schloss.

Im Innern der Schale sieht man zwei mehr oder minder deutliche Gruben oder Eindrücke, in welchen beim lebenden Thiere die Schliessmuskeln angeheftet sind; man nennt sie den vorderen und den hinteren Muskeleindruck. Von dem einen zum anderen läuft parallel mit dem Unterrande eine vertiefte Linie, der Manteleindruck.

Was sonst noch in den Beschreibungen von Kunstausdrücken vorkommt, bedarf keiner weiteren Erklärung. Nur noch ein paar Worte über die Benennung der Schnecken und Muscheln. Wie es bei den kleinen, dem Volke nicht auffallenden Thieren natürlich ist, haben nur wenige einen gebräuchlichen deutschen Namen und die deutschen Namen, die man ihnen in den Büchern gibt, sind zum Theil geradezu komisch, z. B. Schnirkelschnecke für *Helix*, Frassschnecke für *Bulimus*. Die wichtigsten sind desshalb die wissenschaftlichen, lateinischen Namen. Nach dem System des grossen Schweden Linné bestehen dieselben immer aus zwei Namen, der erste bezeichnet die Gattung, der zweite die Art. Dazu kommt aber noch ein dritter Name; es sind nämlich unter denselben Namen nicht selten ganz verschiedene Sachen beschrieben worden; was z. B. O. F. Müller *Helix sericea* nennt, ist etwas ganz Anderes, als was Draparnaud mit diesem Namen bezeichnet. Um nun die Irrthümer zu verhüten, setzt man hinter den Namen der Art noch den des Schriftstellers, der dieselbe zuerst beschrieben, wie z. B. *Helix sericea* Draparnaud, *Bulimus obscurus* Müller.

Sechstes Capitel.
Die wichtigsten conchyliologischen Werke.

Wir haben zwar schon im ersten Capitel die speciell auf die nassauische Fauna bezüglichen Arbeiten aufgeführt; da aber die wenigsten Sammler sich ganz auf Nassau beschränken werden und beim Conchyliensammlen ebensogut und vielleicht mehr als von anderen Zweigen der Naturwissenschaft das Wort gilt: „Beim Essen kommt der Appetit", so dürfte es nicht überflüssig sein, die wichtigsten, auf Deutschlands Conchylienfauna bezüglichen Arbeiten hier anzuführen. Es sind:

O. F. Müller, *Vermium terrestrium et fluviatilium seu Animalium infusoriorum, helminthicorum et testaceorum non marinorum succincta historia. Havniae et Lipsiae* 1773 und 1774. Zwei Bände. Die Mollusken werden im zweiten Bande abgehandelt.

Carl Pfeiffer, Naturgeschichte deutscher Land- und Süsswassermollusken. Weimar 1821—28. Drei Abtheilungen, jede mit 8 colorirten Tafeln, gute Abbildungen deutscher Binnenconchylien enthaltend, aber im Text etwas veraltet.

E. A. Rossmässler, Iconographie der Land- und Süsswassermollusken Europas. Leipzig 1835—59. Drei Bände mit ausgezeichneten Abbildungen fast aller europäischen Binnenconchylien, für jeden Conchyliologen unentbehrlich, aber leider sehr theuer (col. 25 Thlr.) und vergriffen.

Dr. L. Pfeiffer, *Monographia Heliceorum viventium.* Leipzig 1847—69. Mit den Supplementen bis jetzt 6 Bände, die kurze lateinische Beschreibung aller bekannten Heliceen enthaltend, aber ohne Abbildungen.

Albers, Johann Christian, die Heliceen nach natürlicher Verwandschaft systematisch geordnet. Zweite Ausgabe, besorgt von Ed. von Martens. Berlin 1860. Enthält ein natürliches System der Heliceen mit Beschreibung der Gattungen und Untergattungen und Aufzählung der Arten und ihres Vaterlandes. Zum Ordnen der Sammlung unentbehrlich.

Adolf Schmidt, Die kritischen Gruppen der europäischen Clausilien. Abth. 1. Leipzig 1857.

Adolf Schmidt, System der europäischen Clausilien und ihrer nächsten Verwandten. Cassel 1868.

Bronn, Die Classen und Ordnungen des Thierreichs. Bd. III, die Weichthiere, fortgesetzt von Keferstein. Leipzig und Heidelberg 1862—66. Eine äusserst reichhaltige und sorgfältige Zusammenstellung alles dessen, was über Bau, Entwicklung und Lebensweise der Weichthiere bekannt ist, zum genaueren Studium der anatomischen Verhältnisse unentbehrlich.

Hartmann, Erd- und Süsswassergasteropoden der Schweiz, St. Gallen 1840—44; nicht systematisch und unvollständig, aber gute Abbildungen und zahlreiche interessante Bemerkungen auch über deutsche Arten, ihre Abänderungen, Missbildungen etc. enthaltend.

Sturm, Deutschlands Fauna in Abbildungen nach der Natur mit Beschreibung. Abtheilung VI, die Würmer. 8 Hefte, 1803—1829. Enthält die meisten deutschen Mollusken in oft sehr guten Abbildungen und ist antiquarisch mitunter sehr billig zu haben.

Fr. H. Troschel, *de Limnaeaceis seu de Gasteropodis pulmonatis, quae nostris in aquis vivunt. Berolini* 1834. Eine kleine gute Monographie von *Limnaeus*, *Physa* und *Planorbis*, namentlich auch auf Anatomie und Lebensweise eingehend.

Ein billiges, blos die deutschen Mollusken umfassendes Handbuch zum Gebrauch für den Anfänger fehlt leider noch immer, und ebenso mangelt es noch sehr an gründlichen deutschen Arbeiten über die Süsswasserschnecken, insbesondere die Limnäen, Planorben, Valvaten, Cyclas und Pisidien. Doch ist bei dem regen, wissenschaftlichen Leben, das gegenwärtig unter den deutschen Malacologen herrscht, eine baldige gründliche Bearbeitung dieser Gattungen mit Sicherheit zu hoffen.

Von Zeitschriften kommen für den deutschen Sammler noch in Betracht:

Zeitschrift für Malacozoologie, herausgegeben von Menke und Pfeiffer, 10 Jahrgänge von 1844—53, Cassel bei Theodor Fischer, und deren Fortsetzung

Malacozoologische Blätter, herausgegeben von Dr. L. Pfeiffer, in demselben Verlage erscheinend. Endlich das

Nachrichtsblatt der deutschen malacozoologischen

Gesellschaft, begonnen 1869, unter Mitwirkung von D. F. Heynemann redigirt von Dr. W. Kobelt. In Commission bei Sauerländer in Frankfurt.

Siebentes Capitel.
Verhältniss der Weichthiere zur übrigen Natur.

In unseren Gegenden erreicht die Anzahl der Schnecken nicht leicht jenen hohen Grad, der sie dem Ackerbau und der Gärtnerei lästig oder selbst verderblich macht. Nur die gemeine nackte Ackerschnecke, *Limax agrestis*, wird in warmen, nassen Jahren durch ihre Gefrässigkeit und ihre starke Vermehrung schädlich, und hier und da hört man die Besitzer von Treibhäusern klagen, dass ihnen Schnecken die Blumenblätter zerfressen. Unsere Schnecken ziehen mit geringen Ausnahmen modernde Pflanzenstoffe den frischen und unbebaute Stellen den angebauten vor. Die Wasserschnecken thun selbstverständlich keinen Schaden, nutzen vielmehr durch raschere Beseitigung der verwesenden Vegetabilien.

Auch der directe Nutzen für den Menschen ist bei uns sehr unbedeutend. Unsere einzige essbare Schnecke, die Weinbergsschnecke, wird, soviel mir bekannt, in Nassau höchstens hier und da von einzelnen Individuen gegessen; Schneckengärten und Mästereien, wie auf der schwäbischen Alp und in der Schweiz, existiren in Nassau nicht. Auch von der früher viel häufigeren Benutzung der grossen Nacktschnecken zu arzneilichen Zwecken kommen höchstens noch einzelne Fälle vor. Wichtiger dagegen sind für die Anwohner des Mains die Anodonten und Unionen, die in zahlloser Menge seine seichten Stellen bewohnen. Sie werden, sobald das Wasser hinreichend gefallen und nicht mehr zu kalt ist, in Masse gesammelt und die Thiere gekocht zum Mästen der Schweine verwendet; diese werden davon sehr fett, nehmen aber bei ausschliesslicher Muschelnahrung leicht einen thranigen Geschmack an.

Vielen Thieren dienen die Schnecken als willkommene Nahrung; Dachs, Fuchs und Igel verschmähen sie durchaus nicht; ebenso die meisten Vögel; Krähen, Dohlen und Raubvögel stellen besonders den Muscheln nach, tragen sie oft weit vom Wasser hinweg und öffnen sie mit einem tüchtigen Schnabelhieb auf oder vor den einen Wirbel; doch glaube ich, dass die Krähen sich mehr an die halb-

todten oder frisch gestorbenen Muscheln halten, die man nach den
Frühjahrsfluthen sehr häufig am Ufer und zwischen den Steinen der
Strombauten findet, denn sehr viele Schalen, die ich im Grase 20—
30 Schritt vom Ufer fand, waren vollkommen unverletzt. Auch
Reiher, Enten u. s. w. verzehren sehr viele Schnecken und Muscheln;
Brot fand im Magen einer Ente Anodonten von 3 Ctm. Länge. —
Die Amphibien sind den Schnecken gegenüber auch keine Kostver-
ächter; Frösche und Kröten stellen namentlich den Nacktschnecken
nach, und die Kröten werden ja in manchen Gärtnereien ausschliesslich zu diesem Zweck gehalten. Eine Eidechse, die ich im Terrarium
hielt, frass binnen sehr kurzer Zeit eine ganze Anzahl frisch ausge-
krochener *Helix nemoralis*. Die Wassersalamander fressen mit Vorliebe Hydrobien und Pisidien; ich habe bei Biedenkopf mehrmals
ihren Darmcanal ganz mit der dort sehr häufigen *Hydrobia Dunkeri*
angefüllt gefunden.

Auch unter den Insecten haben die Schnecken manche Feinde.
Die grossen Laufkäfer verzehren manche Nacktschnecke, scheinen
aber den Gehäuseschnecken nicht viel anhaben zu können. Die Larve
eines anderen Käfers, des *Drilus flavescens*, tödtet dagegen das Thier
und verpuppt sich, nachdem sie es aufgefressen, in seinem Gehäuse;
namentlich *Helix incarnata* scheint ihren Angriffen ausgesetzt zu
sein. — Den Wasserraubkäfern habe ich oft zugesehen, wie sie, auf
dem Gehäuse einer Limnäe sitzend, dem Thiere auflauerten und es
angriffen, sobald sein Kopf ausserhalb des Gehäuses erschien, und
aus der Anzahl der leeren Gehäuse, die ich um diese Zeit im Aquarium fand, konnte ich ersehen, dass die Angriffe nicht immer resul-
tatlos blieben.

Auch verschiedene Blutegel, namentlich die der Gattung *Clep-
sine* angehörigen flachen Arten, tödten manche Schnecke.

Gefährliche Feinde sind auch die Schnecken selbst. Die Daudebardien leben ganz, die Vitrinen und manche Limacinen grossentheils von anderen Schnecken, aber auch Pflanzenfresser scheuen sich
gar nicht, gelegentlich eine kleinere Schnecke zu verschlucken. So
habe ich *Limnaea stagnalis* ihre eigenen Jungen sammt und son-
ders aufzehren sehen, und an Landschnecken hat man ähnliche
Beobachtungen gemacht.

Die Schnecken dienen einer ganzen Anzahl von Schmarotzern
zur Wohnung. Auf der Aussenseite leben einige Milben; auf den
Nacktschnecken, besonders den Arionarten, lebt *Acarus Limacum*;

sie läuft sehr rasch auf dem Körper herum und zur Athemöffnung aus und ein. Heynemann beobachtete sie nur selten auf den Nacktschnecken des Frankfurter Gebiets, dagegen in Menge auf Westerwälder Exemplaren von *Arion empiricorum*, bis zu 100 auf einem. In ähnlicher Weise schmarotzt eine andere Milbe, *Limnochares Anodontae*, auf und in den Muscheln.

Weit zahlreicher als diese äusseren Schmarotzer sind die Eingeweidewürmer der Weichthiere. Viele Parasiten der Wasservögel leben in ihrem Jugendzustand in den Paludinen und Limnäen, vor allen die Distomen und deren Larven, die Cercarien. Die grosse Sumpfschnecke, *Paludina vivipara*, beherbergt allein 4 Arten Distomum und sämmtliche übrigen Wasserschnecken enthalten mindestens einzelne Species. Werden solche Schnecken von Vögeln oder anderen Thieren gefressen, so entwickelt sich die Cercarie zum vollständigen Distomum. Auch das für die Schafe mitunter so verderbliche *Distomum hepaticum*, der Leberegel, wohnt als Larve in Schnecken; die ausgebildete Cercarie scheint dann das Thier zu verlassen und eine Zeit lang im Wasser oder selbst im feuchten Grase lebend zu bleiben, bis sie endlich mit dem Futter oder Wasser in den Darmcanal der Schafe gelangt. Doch kann sie am Ende auch mit der Schnecke von den Schafen gefressen werden; wenigstens hat man in England beobachtet, dass die Schafe auf den Dünen sehr gern die lebende *Helix variabilis* fressen und davon fett werden.

Auch Würmer aus der Classe der Nematoden findet man in den Nieren einiger Schneckenarten und selbst im Blute von *Helix pomatia* beobachtete Keferstein einen Fadenwurm. Ein durch seine schöne grüne Farbe ausgezeichneter, ziemlich grosser Wurm, *Leucochloridium paradoxum*, wurde von Carus in den Fühlern von *Succinea* entdeckt.

Alle diese Parasiten scheinen das Wohlbefinden der Schnecken durchaus nicht zu beeinträchtigen.

Ein ganz eigenthümliches Verhältniss, vielleicht Wechselverhältniss, findet sich zwischen unseren Flussmuscheln und einem kleinen, karpfenartigen Fisch, dem Bitterling, *Rhodeus amarus*; die Embryonen des Fisches entwickeln sich nämlich in den Kiemenfächern der Muscheln, und wahrscheinlich machen die Muschelembryonen ihre Verwandlung auf diesem oder einem anderen Fische durch. Genaueres hierüber im speciellen Theil.

Achtes Capitel.
System der Mollusken.

Für die Eintheilung der Binnenconchylien hat man die verschiedenartigsten Systeme in Vorschlag gebracht, je nachdem man das Gehäuse, oder die Fresswerkzeuge des Thieres oder das Fehlen oder Vorhandensein einer Schleimpore am Ende des Fusses zum wichtigsten Criterium gemacht hat. Wir befolgen im Ganzen die auf Cuvier's System beruhende Anordnung von Ad. Schmidt, weil dieselbe für die Betrachtung der Binnenconchylien allein als die einfachste und klarste erscheint. Sie ist wesentlich auf das Vorhandensein oder Fehlen des Deckels und die Stellung der Augen begründet. Mit den dadurch bedingten Verschiedenheiten gehen nämlich so durchgreifende Unterschiede im gesammten Bau Hand in Hand, dass das System als ein durchaus naturgemässes erscheint; die Unterschiede lassen sich auch ohne mühsame Präparation schon mit blossem Auge erkennen. Nur bei den Heliceen haben wir uns einige Abänderungen im Anschluss an die Eintheilung von Albers-Martens, die wenigstens für die europäischen Conchylien durchaus mustergültig ist, erlaubt.

Wir theilen demgemäss, wie schon oben erwähnt, die gesammten Mollusken ein in Kopftragende, *Cephalophora*, auch Bauchfüsser, *Gastropoda*, genannt, und Kopflose, *Acephala*. Die Kopftragenden zerfallen wieder in solche ohne bleibenden Deckel, *Inoperculata*, und solche mit bleibendem Deckel, *Operculata*. Die Deckellosen tragen ihre Augen entweder auf der Spitze der Fühler, *Stylommatophora*, oder an der Basis derselben, *Basommatophora*; einige Untergruppen werden dann durch das Fehlen oder Vorhandensein eines äusseren Gehäuses und durch das Gebiss bedingt. Die Basommatophoren zerfallen nach ihrer Lebensweise in Land- und Wasserschnecken, *Terrestria* und *Aquatilia*, und ebenso die Deckelschnecken. Die Muscheln theilen wir in solche mit und solche ohne Athemröhre.

Das ganze System stellt sich folgendermassen dar:

    A. Cephalophora, Schnecken.
        I. Inoperculata, Deckellose.
  1. *Stylommatophora.*
    a. Ohne Kiefer, *Testacellea.*
      1. *Daudebardia.*

    b. Mit Kiefer, ohne äussere Schale, *Limacea.*
        2. *Arion.* 3. *Amalia.* 4. *Limax.*
    c. Mit Kiefer und äusserer Schale, *Helicea.*
        5. *Vitrina.* 6. *Hyalina.* 7. *Helix.* 8. *Cionella.*
        9. *Buliminus.* 10. *Pupa.* 11. *Balea.* 12. *Clausilia.* 13. *Succinea.*

2. *Basommatophora.*
    d. *Terrestria, Auriculacea.*
        14. *Carychium.*
    e. *Aquatilia, Limnaeacea.*
        15. *Limnaea.* 16. *Physa.* 17. *Planorbis*
        18. *Ancylus.*

II. Operculata, Deckelschnecken.

    a. *Terrestria, Neurobranchia.*
        19. *Acme.* 20. *Cyclostoma.*
    b. *Aquatilia, Prosobranchia.*
        α. Bandzüngler, *Taenioglossa.*
            21. *Paludina.* 22. *Bithynia.* 23. *Hydrobia.*
            24. *Valvata.*
        β. Fächerzüngler, *Rhipidoglossa.*
            25. *Neritina.*

B. Acephala, Muscheln.

1. Thier ohne Athemröhre, *Najadea.*
        26. *Unio.* 27. *Anodonta.*
2. Thier mit Athemröhre.
    a. Schale rundlich, *Cycladea.*
        28. *Cyclas.* 29. *Pisidium.*
    b. Schale dreiseitig, *Tichogoniacea.*
        30. *Tichogonia.*

SPECIELLER THEIL.

A. Cephalophora, Schnecken.

Erstes Capitel.
Anatomische Verhältnisse.

Den allgemeinen Bau der Schnecken kann man am besten an den nackten Schnecken, z. B. den schwarzen Wegschnecken, studiren. Wir sehen das Thier in Gestalt eines länglichen Schlauches, unten zu einer flachen, muskulösen Sohle verbreitert. Die umhüllende Haut ist an einer, hier nur einen kleinen Theil des Rückens bedeckenden Stelle besonders glatt und muskulös. Dieser Theil ist der Mantel. Er tritt an den Seiten als eine Falte los und unter diesem Mantelrande, zwischen ihm und dem Körper, bleibt eine Höhle, die Athemhöhle, die durch einen lochförmigen, verschliessbaren, nahe dem Mantelrande befindlichen Schlitz mit der äusseren Luft zusammenhängt. Am vorderen Theile des Körpers sehen wir einen deutlich abgesetzten Kopf mit den Fühlern und der Mundöffnung. Die Afteröffnung liegt ebenfalls vornen am Eingang der Athemhöhle. Die Schale ist nur durch einzelne Kalkkörner oder ein flaches Kalkschild innerhalb des Mantels angedeutet.

Complicirter ist der Bau bei den Gehäuseschnecken. Hier hebt sich der hintere Theil des Körpers von der Sohle los und windet sich spiralig in die Höhe. Wir müssen also hier einen Vorderkörper, aus Kopf und Fuss bestehend, und einen Hinterkörper unterscheiden, dessen Hautbedeckung der Mantel ist, welcher gegen den Fuss hin eine kragenartige Falte, den Mantelrand, bildet. Ein eigentlicher Unterschied zwischen der Hautbedeckung von Kopf und Fuss und dem Mantel existirt jedoch nicht und noch weniger ist dieser, wie man aus manchen Definitionen annehmen sollte, noch eine weitere Bedeckung ausser der Haut. Der Hinterkörper ist bei allen so gebauten Schnecken mit einer Schale bedeckt, die von dem Mantel abgesondert wird. Bei allen ungedeckelten Schnecken bildet sich der erste Anfang der Schale beim Embryo innerhalb des Mantels, wie bei den Nacktschnecken, aber noch ehe sie das Ei verlassen, geht der äussere Mantellappen verloren. Bei den Kiemenathmern dagegen liegt die Schale zu allen Zeiten ausserhalb des Mantels. Wie es sich bei *Cyclostoma* verhält, ist meines Wissens noch nicht untersucht worden.

Der Körper der Schnecken, der nackten sowohl als der Gehäuseschnecken, ist von einer Haut bedeckt, die aus einer dicken muskulösen **Lederhaut**, *Cutis*, und einer dünnen Zellenschicht, dem **Epithel**, besteht. In ihr liegen eine Menge Drüsen, die theils Schleim, theils Farbstoff absondern. Der Mantelrand zeigt, da er nur eine Falte der Haut darstellt, denselben Bau; nur sind die Drüsen auffallend stärker entwickelt und oft zu einzelnen Häufchen zusammengruppirt. Er steht am Rücken weiter vor, wie am Bauche und bildet so einen taschenartigen Raum, die **Mantel- oder Athemhöhle**, welche durch einen kräftigen Schliessmuskel geschlossen werden kann. Ihr Innenrand ist reich mit Gefässen versehen und bildet das Athmungsorgan; Niere, Herz und **Mastdarm** liegen in ihrer nächsten Nähe und der letztere mündet unmittelbar neben ihrem Eingang. An der rechten Seite bildet der Mantelrand eine Oeffnung, das **Athemloch**, welches durch eigene Muskeln geöffnet und geschlossen werden kann; bei den Kiemenathmern verlängert sich dieses Loch mitunter zu einem Halbrohr, dem **Athemrohr**, *Sipho*.

Die Schnecke ist im Gehäuse durch die Sehne eines starken symmetrisch aus zwei Hälften zusammengesetzten Muskels, des **Spindelmuskels**, befestigt. Derselbe nimmt seinen Ursprung in der Nähe der Mundmasse und durchsetzt die Haut in der Achse der ersten Windung, um sich dort mit einem sehnigen Streifen an der Spindel zu befestigen. Bei seiner Zusammenziehung wird natürlich der Theil des Körpers zuerst nach hinten gezogen, an welchem er befestigt ist; der Körper knickt bei den Deckellosen in der Mitte der Sohle der Länge nach zusammen, die beiden Hälften legen sich aneinander und der Fuss verschwindet von vorn nach hinten in der

Oeffnung des Gehäuses und dem diese auskleidenden Ringmuskel des Mantelrandes, der dann allein sichtbar bleibt. Bei den Deckelschnecken dagegen knickt die Sohle der Quere nach ein, die beiden Querhälften legen sich aneinander und dadurch kommt die Rückenseite der hinteren Hälfte, welche den Deckel trägt, schliesslich in der Mündung nach aussen gerichtet zu liegen und schliesst dieselbe. Von dem Spindelmuskel entspringen noch eine Anzahl kleinerer Muskeln zur Bewegung einzelner Theile.

Die Verdauungsorgane sind bei allen Gastropoden sehr entwickelt. Immer finden wir einen Mund, Schlundkopf, Speiseröhre, Magen und Darmcanal nebst anhängenden Drüsen, von denen namentlich die Leber sehr gross ist. Der Mund ist bei allen ungedeckelten Schnecken eine einfache Einstülpung der Haut, die unmittelbar in die Höhle des Schlundkopfes führt; bei manchen Wasserschnecken aber, besonders den Kiemenathmern, und bei den gedeckelten Landschnecken steht er auf der Spitze einer Schnauze; ein einstülpbarer Rüssel, wie ihn viele Seeschnecken haben, kommt bei unseren Binnenconchylien nicht vor. Hinter der Mundöffnung kommen wir in die Höhle des Schlundkopfes, die von einer starken, birnförmigen Muskelmasse umgeben ist und die Fresswerkzeuge enthält. Diese bestehen aus Zunge und Kiefer. Der Kiefer fehlt nur wenigen Gattungen aus der Gruppe der Testacelliden, die bei uns nur durch die Gattung *Daudebardia* vertreten werden; alle anderen haben einen oder mehrere, von so verschiedener Form, dass man sie mit dem besten Erfolg zur Eintheilung der Schnecken benutzen kann. Er liegt an der oberen Wand des Schlundkopfes, unmittelbar hinter der Mundöffnung und besteht aus einer hornigen Verdickung der Epithelzellen, meist von brauner Farbe, und in Aetzkali nur bei längerem Kochen löslich. Bei den ungedeckelten Landschnecken finden wir immer nur einen ziemlich langen, nach vorn convexen Kiefer, der quer an der oberen Wand des Schlundkopfes liegt; die Limnäen und Planorben dagegen haben drei Kiefer, von denen einer in der Mitte, die beiden anderen an den Seitenwänden liegen; *Physa* hat nur ein Mittelstück, *Ancylus* einen Halbring von kleinen Hornstückchen. Die Deckelschnecken haben zwei seitliche, meist nur kleine Plättchen. Aber auch im Einzelnen ist die Form sehr verschieden. Alle Arten der Gattung *Helix* haben z. B. vorspringende Leisten auf dem Kiefer, die nahe verwandten Hyalinen dagegen haben einen ganz platten Kiefer mit einem zahnartigen Vorsprung in der Mitte, und dieser

Unterschied gibt den Hauptgrund zur Trennung beider Gattungen. Von den Nacktschnecken hat *Arion* den Kiefer wie *Helix*, *Limax* wie *Hyalina*. Im Allgemeinen hängt dies auch direct mit der Lebensweise zusammen; die Pflanzenfresser haben die stärksten Rippen auf dem Kiefer, die von faulenden Substanzen, Mulm und Moder lebenden haben einen schwächeren, die Fleischfresser gar keinen Kiefer; die Benutzung des Kiefers zur systematischen Eintheilung ist demnach durchaus gerechtfertigt. Ein System freilich, das nur auf den Kiefer ohne Berücksichtigung anderer Verhältnisse begründet ist, wie das von Mörch, ist ebensowenig ein natürliches, wie Linné's Eintheilung der Pflanzen.

Auch zur Unterscheidung der Untergruppen, und selbst einzelner Species, kann man mitunter die Kiefer benutzen, wie z. B. bei *Succinea putris* L. und *Pfeifferi Rossm.*, doch muss man hier sehr vorsichtig sein, da bei einer und derselben Art die Form des Kiefers mitunter sehr schwankt. So fand ich bei *Hel. nemoralis* die Anzahl der Kieferleisten von 2—9 schwankend. *)

Die untere Seite der Schlundhöhle nimmt das andere Fresswerkzeug, die Zunge, ein, eine längliche, dicke Masse aus Muskeln und Knorpeln, mit einer feinen Membran, der Reibplatte, überzogen. Die Muskeln bestehen aus zwei starken Bündeln, die einen dreieckigen Raum zwischen sich lassen; in diesem liegen die Knorpel, und das Ganze ist von einer dünnen, aus faserigem Bindegewebe und Muskelfasern bestehenden Haut, der Zungenhaut, bedeckt, welche dann die Reibplatte, den wichtigsten Theil des Schneckengebisses, trägt.

Diese Reibmembran, *Radula*, besteht aus einer dünnen Grundmembran, auf der eine Menge von Zähnen, in Längs- und Querreihen angeordnet, sitzen. Sie überzieht die ganze Zunge, auch an den Seitenflächen, wo allerdings die Zähne wenig oder gar nicht entwickelt sind, und verliert sich nach hinten in eine knorpelige Um-

---

*) Mörch sagt in seiner neuen Arbeit über die Mollusken Islands, er habe eine grössere Menge von Spiritus-Exemplaren der *Succinea Grönlandica* untersucht, einige davon haben Seitenzähnchen am Kiefer wie *S. putris*, andere nicht, obgleich die Schale ganz gleich sei. Entweder müssten also doch 2 Arten darunter sein, oder das Vorhandensein der Seitenzähnchen hänge vielleicht vom Alter des Thiers ab. Auch ich habe Kiefer von Succineen untersucht, die zwischen beiden Formen in der Mitte standen.

hüllung, die Zungenscheide. In chemischer Beziehung besteht sie aus Chitin; sie ist in concentrirtem Kali nur nach sehr langem Kochen löslich; durch concentrirte Säuren wird sie braun gefärbt, und man kann die anorganischen Bestandtheile, die freilich nur 5—6 % ausmachen, dadurch ausziehen. Eine Behauptung, dass die Zähne aus Kieselsäure beständen, hat bis jetzt noch keine Bestätigung gefunden.

Die Zungenzähne sind in äusserst regelmässige Längs- und Querreihen angeordnet. Immer kann man an den Querreihen die Mittellinie erkennen, indem der mittelste Zahn kleiner oder doch strenger symmetrisch ist, als die fast immer etwas schiefen Seitenzähne. Am wenigsten deutlich ist dies bei den *Helices*, am deutlichsten bei den Kiemenschnecken, wo man Mittel- und Seitenplatten unterscheiden muss. Die Querreihen verlaufen nur bei wenigen Arten, z. B. bei manchen Planorben, vollständig horizontal über die Radula; meistens bilden sie einen nach hinten, seltener nach vorn offenen Winkel, oder es ist ein gerader Mitteltheil, an den sich die beiden Seitentheile in schräger Richtung anschliessen.

Die Form und Grösse der Zungenzähne scheint äusserst constant; wenigstens fand ich bei meinen Zählungen derselben, die ich bei *Hel. nemoralis, hortensis* und *sylvatica* an einer grösseren Anzahl von Zungen vornahm, für jede Art innerhalb eines und desselben Gesichtsfeldes immer dieselbe Zahl Längs- und Querreihen. Doch muss ich hier erwähnen, dass man kaum eine Schneckenzunge genauer untersuchen kann, ohne Abnormitäten der Zähne zu finden. Bald schmelzen zwei Längsreihen zu einer zusammen, bald schiebt sich zwischen zwei Längs- oder Querreihen an einem beliebigen Punkte eins dritte ein; man muss also auch hier äusserst vorsichtig mit der Verwerthung für die Artunterscheidung sein.

Die Zahl der Längsreihen ist sehr verschieden; bei den Deckelschnecken beläuft sie sich im Allgemeinen nur auf sieben, aber die einzelnen Zähne sind sehr gross und mit mehreren, mitunter mit sehr vielen Spitzen versehen. Bei den Pulmonaten dagegen sind die einzelnen Spitzen alle selbstständig, höchstens findet man an einem Zahn noch eine oder zwei kleine Nebenspitzen, und die Zahl der Längsreihen ist viel bedeutender. Dem entsprechend ist auch die Zunge der Deckelschnecken bandförmig, lang und schmal, bei den Pulmonaten kürzer und bedeutend breiter. Die grössten Schnecken haben auch die meisten Zähne. Nachstehend gebe ich einige, auf eigenen Zählungen beruhende Zahlen, die natürlich nur annähernde

Werthe geben, da man sich leicht verzählt und die abgenutzten Zahnreihen der Zungenspitze gar nicht zu zählen sind.

	Längsreihen.	Querreihen.	Summe.
Neritina fluviatilis	7	90—96	650
Paludina vivipara	7	100—112	750—800
Cyclostoma elegans	7	120—130	8—900
Hyalina cellaria	58	60—65	3700
Limnaea peregra	72—75	120—125	8800
Succinea putris	96	90—92	8700
Helix rufescens	80—82	124—126	10000
Helix sylvatica	76—80	150—155	12000
Helix nemoralis	88—90	180	16000
Helix pomatia	140	195—200	27—28000

Wie schon angedeutet, werden die Zungenzähne, besonders die am meisten gebrauchten, am vorderen Ende stark abgenutzt und müssen von Zeit zu Zeit erneuert werden. Ueber die Art und Weise dieser Erneuerung sind die Ansichten noch verschieden. Nach Keferstein rücken Radula und Zungenhaut gleichmässig zusammen vor, und es kommen so immer neue Zähne an den vorderen Rand, während die Neubildung nur am hintern Ende in der Zungenscheide stattfindet. Semper dagegen (Zum feinern Bau der Molluskenzunge. Zeitschr. für wissensch. Zoologie IX, 1858) nimmt an, dass von Zeit zu Zeit die Radula abgestossen werde und sich eine neue darunter bilde, also eine vollständige Häutung stattfinde. Im letzteren Falle wäre es aber auffallend, dass man nie eine Radula findet, die nicht vornen abgenutzt wäre.

Wie bei dem Kiefer lässt sich auch bei der Radula ein Zusammenhang zwischen der Form der Zungenzähne und der Lebensweise der Schnecken nachweisen. Die Pflanzenfresser haben viereckige Zähne mit starken, umgeschlagenen Haken, bei den Fleischfressern sind sie spitz, nadel- oder dolchförmig, und die von Mulm und faulenden Vegetabilien lebenden Arten stehen in der Mitte.

Bei der Wichtigkeit, die Zunge und Kiefer für die Systematik haben, scheint mir eine genauere Angabe über die Art der Präparation nicht unwichtig. Die des Kiefers ist am einfachsten. Man isolirt den Schlundkopf und zieht mit einer Nadel den Kiefer davon ab, was bei allen grösseren Arten keine Schwierigkeit hat; auch bei kleinen gelingt es unter der Stativloupe unschwer. Ich halte die mechanische Isolirung immer für besser, als das Kochen in Aetzkali, obwohl man dann den Kiefer weit weniger rein bekommt, denn das Aetzkali greift die Hornsubstanz doch immer mehr oder weniger an. Den isolirten Kiefer reinigt man erst auf dem Finger oder unter der Loupe von dem anhängenden Bindegewebe, bringt ihn einen Augenblick in möglichst starken Weingeist, um das Wasser auszuziehen, und legt ihn dann in einen Tropfen rectificirtes Terpentinöl, um den Alcohol zu verdrängen. In diesem lässt man ihn einige Augenblicke liegen und reinigt mittlerweile den Objectträger. Dann erwärmt man diesen etwas, bringt einen Tropfen Canadabalsam darauf und legt den Kiefer vorsichtig in denselben. Das Präparat bedeckt man mit einem Deckgläschen und kann es dann aufheben, so lange man will. Damit keine Luftbläschen bleiben, die das Bild unter dem Microscope stören, erwärmt man auch das Deckgläschen etwas oder bestreicht es mit Terpentinöl. Bleiben doch einige Bläschen im Balsam, so legt man das Präparat, vor Staub geschützt, einige Stunden auf den Herd oder den warmen Ofen, doch so, dass es nicht zu stark erhitzt wird, denn sonst beginnt der Balsam zu kochen und das Uebel wird ärger.

Umständlicher ist die Präparation der Zunge, besonders wenn man das Präparat aufbewahren will. Man isolirt sie am bessten, indem man den ganzen Schlundkopf in Aetzkali kocht; ich benutze dazu einen Reagenzcylinder, aber nicht zu kurz, damit die Lauge nicht überkocht und das Glas für die Finger nicht zu heiss wird. Sobald die Radula allein herumschwimmt, schütte ich die gesammte Flüssigkeit in eine weisse Untertasse, fische die Zunge heraus, neutralisire das Kali durch einen Tropfen Salpetersäure und wasche dann die Radula in Wasser aus. Zum Untersuchen ist sie dann fertig; will man aber das Präparat aufbewahren, so muss man sie in ein der Zersetzung nicht unterworfenes, nicht leicht austrocknendes Medium bringen und hermetisch von der Luft abschliessen. Zu ersterem Zwecke hat man die verschiedenartigsten Mischungen; ich benutze meistens eine Mischung von Arseniklösung oder von salpetersaurer Magnesia mit Glycerin; beide brechen das Licht weniger stark, als reines Glycerin, die Magnesia am schwächsten, aber dafür hat sie die unangenehme Eigenschaft, sehr rasch zu schimmeln und lässt sich nicht aufbewahren. Andere legen die Zungen in eine Gummilösung, dann halten sie sich eine Zeit lang ganz gut, bis das Gummi austrocknet und zu springen beginnt. In Canadabalsam, wie gleichfalls empfohlen wird, darf man die Zungen unserer Binnenconchylien durchaus nicht legen, da sie darin fast ganz unsichtbar werden.

Um eine Zunge zum Aufheben zu präpariren, bringt man auf den sorgfältig gereinigten Objectträger zunächst einen winzigen Tropfen der Farrand'schen Lösung, — ein Gemenge von Arseniklösung, Glycerin und Gummilösung —, und legt die Zunge möglichst trocken mit der rauhen Seite nach oben darauf. Die Lösung klebt etwas, und es ist desshalb nicht schwer, die Zunge unter der Stativ-Loupe auszubreiten und Unreinigkeiten zu entfernen. Dann bringt man vorsichtig einen Tropfen der Conservirflüssigkeit darauf und bedeckt ihn mit dem durch Weingeist vorsichtig gereinigten Deckgläschen. Bei einiger Uebung lernt man leicht die richtige Menge Flüssigkeit treffen, damit nichts an den Rändern überfliesst und das Ankleben des Lackes verhindert. Luftbläschen entfernt man durch vorsichtiges Klopfen oder Erhitzen über einer Spiritusflamme. Eine grosse Erleichterung gewähren Objecthalter, zwei Korkstopfen, der untere breit, der obere an der Unterfläche ziemlich spitz, die durch einen gebogenen, federnden Messingdraht gegeneinander gedrückt werden und **auf einem Brettchen** befestigt sind. Man bringt das Präparat dazwischen und kann dann in aller Ruhe die überschüssige Flüssigkeit mit einem Pinsel oder einem feinen Leinwandläppchen entfernen. Dann umzieht man den Rand des Deckgläschens mit einer Auflösung von Siegellack in Weingeist, und überstreicht diesen nach einigen Tagen mit schwarzem Militärlack. Solche Präparate halten sich viele Jahre lang ohne die geringste Veränderung.*)

Um die Präparate auf einander legen zu können, klebe ich an beide schmale Seiten des Objectträgers ein paar Cartonstreifen, auf die ich zugleich Namen etc. schreiben kann; zum Aufkleben bediene ich mich einer mit französischem Terpentin versetzten Schellaklösung; nimmt man reine Schellaklösung oder Gummi, so springen die Leisten alle Augenblicke ab.

Aus dem hinteren, oberen Theile der Mundmasse entspringt die Speiseröhre, ein enges, mitunter in Längsfalten liegendes Rohr,

---

*) Deckgläschen und Objectträger bezieht man billigst und in bester Qualität von dem Lieferanten des Giessener microscopischen Vereins, Glaser H. Vogel in Giessen; die Präparirflüssigkeiten und besonders Leistenkitt liefert ausgezeichnet rein und gut Herr Apotheker Mayer in der Hirschapotheke zu Frankfurt a. M.

das sich entweder schon nach kurzem Lauf allmählig, wie bei *Helix* und *Limax*, oder nach langem Lauf plötzlich, wie bei *Limnaea* und *Planorbis*, zu einem mehr oder minder geräumigen Magen erweitert. Meist der Einmündungsstelle des Schlundes gegenüber entspringt aus dem Magen dann der Darm; nur bei den Kiemenschnecken erscheint der Magen mehr zusammengebogen und die beiden Oeffnungen liegen nahe bei einander.

Der Darmcanal bildet meistens zwei starke Schlingen, die innerhalb der Lebermasse verlaufen, und geht dann in den kurzen, geraden Mastdarm über, der an der rechten Seite, zunächst an oder in der Athemhöhle, nach aussen mündet. Die Wand des Darmes besteht aus einer dicken Muskelhaut mit besonders starken Längsmuskeln, und einem inneren Ueberzug von cylindrischen Zellen; Drüsen finden sich in derselben nirgends.

Dagegen findet man einige starke Drüsen ausserhalb des Darms, aber in ihn einmündend. Immer sind zwei starke Speicheldrüsen vorhanden, die zu beiden Seiten des Schlundes liegen und in ihn einmünden. Den hintern Theil des Körpers füllt die Leber aus, aus mehreren Drüsen bestehend, die den Darm und die Fortpflanzungs-Organe umhüllen und in den Magen oder den obersten Theil des Darmcanals, jede mit einem eigenen Ausführungsgange, einmünden.

Das Nervensystem ist ziemlich einfach. Wir finden weder ein in ähnlicher Weise wie bei den Wirbelthieren die andern Nervencentren überwiegendes Gehirn, noch eine Längsreihe strangförmig vereinigter Nervenknoten, wie bei den Gliederthieren. Das Centralorgan ist ein Nervenring, der unmittelbar hinter der Mundhöhle, bei den Kiemenathmern hinter der Schnauze, den Anfang der Speiseröhre umgiebt. Er besteht aus drei Paar Nervenknoten oder Ganglien, die durch mehrere Nervenfäden unter einander verbunden sind. Ein Ganglienpaar liegt auf der Oberseite des Schlundes, es giebt die Nervenäste für den Kopf und die Sinnesorgane ab und wird das Hirnganglion genannt. Von den beiden auf der Unterseite liegenden Paaren versorgt das eine den Fuss und die Bewegungsorgane, Fussganglion, das andere die Eingeweide, Visceralganglion. Wo besonders starke Organe zu versorgen sind, finden wir meistens noch einzelne Nervenäste zu Knoten anschwellend, besonders im Mantel. Die Ganglien bestehen aus ziemlich grossen Zellen mit mehreren Ausläufern, sogenannten multipolaren Ganglienzellen; die Ausläufer gehen unmittelbar in die ziemlich breiten, blassen Nervenfasern über, die aber nicht, wie bei den höheren Thieren, aus Scheide und Inhalt, sondern nur aus einer gleichartigen Masse bestehen.

Die beiden unteren Ganglien sind bei den Lungenschnecken meist mit einander verschmolzen, doch kann man an den austretenden Nerven die Bedeutung der einzelnen Theile leicht erkennen. Bei den Kiemenathmern sind sie weiter von einander entfernt, bei manchen Seeschnecken liegen sie sogar, durch lange Nervenfäden verbunden, in ganz verschiedenen Körpertheilen. Die Farbe des Nervensystems ist meist ein blasses Weiss; bei *Limnaea* und *Planorbis* aber sind alle Theile gelb oder roth gefärbt.

Die Sinnesorgane finden wir bei den Gastropoden alle fünf mehr oder weniger entwickelt. Das Gefühl scheint seinen Hauptsitz in den Fühlern zu haben, doch sind auch die anderen Körpertheile mehr oder weniger empfindlich. Die Fühler oder Tentakel geben durch ihren sehr verschiedenen Bau wichtige Anhaltspuncte für die Eintheilung. Bei den lungenathmenden Landschnecken finden wir hohle, im Innern mit Blut erfüllte Fühler, die wie Handschuhfinger aus- und eingestülpt werden können. Das Einstülpen geschieht durch einen eigenen Muskel, der, von dem Spindelmuskel ausgehend, sich kurz vor der Spitze des Fühlers, aber noch unterhalb des Auges und des Tastorganes, ansetzt; der vorderste Theil des Fühlers wird also bei seiner Zusammenziehung nur in die Fühlerröhre hineingezogen, nicht in sich selbst eingestülpt; dadurch sind die Sinnesorgane vor Zerrung geschützt. Die Ausstülpung erfolgt ohne Muskelwirkung nur durch den Blutandrang. In die Fühler tritt von dem Hirnganglion aus ein starker Nervenast, der unmittelbar jenseits des Muskelansatzes zu einem Nervenknoten anschwillt, von dem aus feine Fädchen nach der Haut gehen. Moquin-Tandon will hierin das Geruchsorgan erkennen.

Die Landschnecken haben meistens vier Fühler, von denen aber die unteren kleiner und einfacher gebaut zu sein pflegen; bei der zu *Pupa* gehörigen Gattung *Vertigo* verkümmern dieselben sogar ganz. Die Wasserschnecken haben meistens nur zwei Fühler, und sind dieselben nur einfache, lappen- oder borstenförmige, inwendig solide Hautlappen, die nicht eingezogen, sondern nur zurückgezogen und unter den Mantelrand verborgen werden können; sie enthalten auch keinen besondern Nervenknoten. Die gedeckelten Landschnecken haben ebenfalls nur zwei, nicht einziehbare Fühler und gleichen hierin ganz den Kiemenschnecken.

Gesichtsorgane finden sich bei allen Gastropoden, mit Ausnahme einiger Arten, die in dem ewigen Dunkel grosser Tropfsteinhöhlen, fast nur im Krain, leben. Sie sind sehr vollkommen gebaut, ganz ähnlich denen der höheren Thiere. Zu äusserst liegt eine feste, bindegewebige Haut, die sich vornen zu einer durchsichtigen Hornhaut verdünnt; dahinter liegt eine ziemlich kugelige Linse, und den Rest des Auges füllt die Netzhaut aus, an der man aber wieder eine innere faserige und eine äussere körnige Schicht unterscheiden kann, zwischen denen eine dünne Schicht farbstoffhaltiger Zellen, der Aderhaut der höheren Thiere entsprechend liegt. Nur die unterirdisch lebende *Cionella acicula* hat auch keine ausgebildete Augen, mindestens keine Pigmentschicht darin. Genauere Untersuchungen an dieser Art sind mir nicht bekannt. Die Nerven kommen nicht von dem Ganglion des Tastnerven, obwohl das Auge der Landschnecken unmittelbar auf demselben aufsitzt, sondern von einem eigenen Nerven, der sich schon ziemlich nahe am Gehirnganglion von dem Tastnerven abzweigt. Ueber seine Endigungen in der Netzhaut ist man noch nicht einig, da die schwarzgefärbte Zellenschicht eine Untersuchung dieser Verhältnisse ausserordentlich erschwert.

Die Lage der Augen gibt für unser System einen sehr wichtigen Eintheilungsgrund ab. Bei allen lungenathmenden Landschnecken, mit Ausnahme der Auriculaceen und Cyclostomaceen, stehen die Augen auf der Spitze der oberen Fühler und der Schmidt'sche Name Stylommatophoren ist davon abgeleitet. Bei den lungenathmenden Wasserschnecken sitzen sie meistens innen neben der Fühlerbasis, bei den gedeckelten Wasserschnecken aussen, bei den gedeckelten Landschnecken ebenfalls aussen oder hinter der Fühlerwurzel.

Die Schärfe des Gesichtes scheint nicht sehr bedeutend zu sein; doch können sie immerhin einige Fuss weit sehen. Ich habe oft beobachtet, dass kriechende Schnecken ihre Fühler einzogen, sobald ich, mehrere Fuss von ihnen entfernt stillestehend, die Hand nach ihnen ausstreckte.

Auch das Gehörorgan findet sich bei allen Gastropoden; es besteht aus zwei kugeligen oder halbkugeligen Bläschen, die beiderseits auf der Hinterseite der Fussganglien aufsitzen und einen oder einige steinartige Körperchen, die Hörsteine oder Otolithen, enthalten, die beständig in schwingender, zitternder Bewegung sind. Sie wurden zuerst von John Hunter erkannt, und dann von v. Siebold, und besonders in neuerer Zeit von Ad. Schmidt*), genauer untersucht. Bei kleinen Schnecken kann man leicht die zitternde Bewegung der Otolithen beobachten, wenn man der lebenden Schnecke den Kopf abschneidet, ihn mit einem Tropfen Wasser zwischen zwei Objectträgern presst und dann unter das Microscop bringt; die Bewegung dauert dann $1/4 - 1/2$ Stunde. Form und Zahl der Gehörsteinchen sind sehr verschieden; *Cyclostoma*, *Hydrobia*, *Bithynia* haben nur einen, *Neritina* viele hunderte. Man nimmt meistens an, dass sie aus kohlensaurem Kalk (Arragonit) bestehen, da sie sich in Essigsäure ohne Rückstand auflösen; Schmidt macht aber darauf aufmerksam, dass auch in dem Glycerin microscopischer Präparate, welche längere Zeit der Wärme ausgesetzt waren, die Gehörsteinchen sich auflösen, was mit dem chemischen Verhalten des Kalkes nicht stimmt.

Bei einigen Schnecken, *Helix*, *Limax*, *Physa*, beobachtete Ad. Schmidt einen Gang, der von der Gehörblase nach der äusseren Haut verläuft und vermuthlich als äusserer Gehörgang die Zuleitung des Schalles vermittelt.

Der Geschmackssinn ist bei allen Schnecken vorhanden, denn sie wählen ihre Nahrung sehr sorgfältig aus, seinen Sitz hat man aber noch nicht ausmachen können. Ebenso ergeht es mit dem Geruch. Vorhanden ist er jedenfalls, denn die Thiere kriechen in ganz gerader Linie auf ihre Nahrung zu, auch wenn dieselbe so liegt, dass sie nicht gesehen werden kann; es scheint der Geruch sogar der schärfste Sinn bei den Schnecken zu sein und ihre Bewegungen vorzugsweise zu leiten; aber über seinen Sitz ist man durchaus noch nicht einig. Moquin-Tandon sucht, wie schon erwähnt, den Geruchsinn in dem Ganglion des Tastnerven, und bei den Wasserschnecken, denen dieser Knoten fehlt, in der gesammten Haut; aber seine Beweise dafür, Versuche an Thieren mit abgeschnittenen Fühlern, sind durchaus nicht beweisend. Wahrscheinlicher ist die Annahme von Semper, dass ein von ihm entdecktes, in der Haut unmittelbar hinter der Mundmasse gelegenes, sehr nervenreiches Organ, der Sitz des Geruches sei. Genauere Untersuchungen bleiben noch abzuwarten.

Das Gefässsystem zeigt bei allen Gastropoden die Eigenthümlichkeit, dass die Röhrenleitung an irgend einer Stelle unter-

---

*) Cfr. Ueber das Gehörorgan der Mollusken, in Giebels Zeitschr. für die gesammte Naturwissenschaft. 1856.

brochen ist und hier die Höhlungen des Körpers das freie Blut enthalten. Wir finden bei allen ein Herz, von dem Herzbeutel umhüllt, Arterien, die sich in feine Haargefässe auflösen, und Venen, die das Blut wieder in's Herz zurückführen. Aber diese Venen stehen überall, oder doch, wie die Untersuchungen von Wedl an *Helix pomatia* beweisen, an den meisten Stellen nicht in directem Zusammenhang mit den feinen Arterienverzweigungen, sondern bilden meist stärkere Stämme mit freien Endigungen. Das Blut ergiesst sich aus den freien Enden der Arterien in die Hohlräume zwischen den Eingeweiden und fliesst dort, nur durch die Bewegungen des gesammten Körpers getrieben, weiter, bis es an bestimmten Stellen durch die Venen aufgesogen und durch die Athmungsorgane hindurch in's Herz geführt wird.

Das Herz liegt meistens in nächster Nähe der Athemorgane, meistens an dem Rücken des Thiers in der hinteren Ecke der Mantelhöhle, unmittelbar am Mastdarm, nicht selten, z. B. bei *Neritina*, von demselben durchbohrt. Es ist immer von einem Herzbeutel umgeben und besteht aus einem dünnwandigen Vorhof und einer dickwandigen Kammer, beide sind kegelförmig und mit der Basis auf einander aufgewachsen. Die Oeffnung zwischen beiden wird durch Klappen geschlossen, die sich nach der Kammer hin öffnen und also ein Zurückströmen des Blutes nicht gestatten. Der Vorhof liegt bei allen unseren Schnecken nach vorn gerichtet.

Aus der Herzkammer entspringt an der kegelförmigen Spitze die grosse Körperschlagader, bei den Kiemenathmern finden wir hier auch zwei Klappen als Verschluss, bei den Lungenathmern fehlen sie, bei *Limax* sogar auch die an der Oeffnung zwischen Kammer und Vorhof; der Verschluss wird dann durch einen Ringmuskel bewirkt. Die Schlagader giebt zunächst einen starken Ast an die Leber und die Geschlechtsorgane, weiterhin an die Verdauungsorgane ab und verzweigt sich dann in Kopf und Fuss. Aus den freien Enden der feinsten Zweige tritt das Blut in die schon erwähnten Hohlräume, Lacunen oder Sinus genannt, und wird dann von den Venen theils mit ihren freien Enden, theils durch Oeffnungen in ihren Stämmen aufgesogen und den Athmungsorganen zugefügt. Bei den Lungenathmern bilden die Lungengefässe einen Ring um den Lungensack, aus dem zahlreiche Stämmchen entspringen und sich netzartig verzweigen, um sich dann wieder zu einem grossen Stamm zu sammeln, der in die Spitze des Vorhofes mündet. — Bei den Kiemenathmern dagegen strömt das Blut frei durch den Raum innerhalb der Kieme und wird am Ende derselben wieder von einem Stamme aufgenommen, der in's Herz führt. Daneben führen aber andere Stämme das Blut, ohne die Kiemen zu berühren, direct in's Herz. Es muss also bei den Lungenathmern das sämmtliche Blut die Athmungsorgane passiren, um wieder in's Herz zu gelangen, bei den Kiemenathmern nur ein Theil.

Bei den Kiemenathmern findet sich seltsamer Weise innerhalb der Nieren eine Oeffnung in einer Venenwand, durch die das Blut mit Wasser verdünnt werden kann.

Das Blut selbst besteht aus einer bläulich oder röthlich gefärbten Flüssigkeit, in der zahlreiche, farblose Blutkörperchen schwimmen. Im Gegensatz zu dem Blute der höheren Thiere ist also hier die Blutflüssigkeit Trägerin der Farbe. Die Blutkörperchen haben einen deutlichen Kern und sehr häufig blasse, sternförmige Ausläufer. Die Quantität des Blutes wechselt nach dem Fütterungszustande sehr; bei hungernden Schnecken nimmt zunächst immer die Blutmenge ab, während der übrige Körper unberührt bleibt.

Die Athmungsorgane sind, wie schon oben erwähnt, nach zwei verschiedenen Typen gebaut, entweder Lungen zum Athmen der Luft oder Kiemen zum Wasserathmen. Doch darf man sich den Unterschied nicht entfernt so gross vorstellen, wie zwischen Wirbelthierlunge und Fischkieme. Es ist vielmehr wesentlich derselbe Typus: ist nur eine Stelle in der Wand des Lungensacks besonders gefässreich, ohne sonst hervorzutreten, so nennt man sie Lunge, erhebt sie sich zu einer gefässreichen Falte, so nennt man sie Kieme. Gewöhnlich benutzt man diesen Unterschied als Haupteintheilungsgrund, aber dann hat man den Uebelstand, dass man die gedeckelten Landschnecken, deren Athmungsorgane ganz den Bau der Lungenschnecken haben, auch zu diesen ziehen muss, obwohl sie in ihrem sonstigen Bau vollkommen mit den Kiemenschnecken übereinstimmen. Manche helfen sich nun damit, dass sie die Athmungsorgane derselben trotz ihres Baues für Kiemen ansehen, aber das ist doch wohl eine etwas starke Entstellung des Thatbestandes, wenn sie auch das System sehr vereinfacht.

Die Lungen bestehen also einfach aus einer gefässreichen Stelle an der Decke der Mantelhöhle, die durch einen starken Muskel verengert und erweitert werden kann; sie erhalten die Luft durch die Athemöffnung, welche ebenfalls durch einen eigenen Ringmuskel geöffnet und geschlossen werden kann. In ihren Gefässen kann man zwei Netze unterscheiden, ein gröberes, aus stärkeren, mit Flimmerepithel ausgekleideten Stämmen bestehendes, und ein feineres aus dünnen, epithellosen Gefässchen, nach Semper sogar aus wandungslosen Lacunen.

Die Kiemen sind einfache oder verästelte Falten der Haut, in deren Zwischenräumen das Blut ohne eigentliche Gefässe von einem Venenstamm in den anderen übertritt. Bei *Paludina* ist die Kieme dreieckig, ziemlich lang, aber noch innerhalb der Mantelhöhle verborgen, bei *Valvata* dagegen steht sie als ein verästelter Federbusch aus dem Athemloche hervor. Eine Verlängerung des Athemlochrandes zu einer Athemröhre, wie bei so vielen See-Kiemenschnecken, kommt bei unseren Arten nicht vor.

Alle Schnecken haben Absonderungsorgane zur Entfernung der verbrauchten Körpersubstanz. Vor allen Dingen gehört hierher die Niere, eine grosse Drüse mit einem Hohlraum im Inneren, die ebenfalls wie Lunge und Herz an der Decke der Mantelhöhle liegt, meistens zwischen diesen beiden Organen. Sie mündet entweder direct in die Mantelhöhle, wie bei *Arion*, oder durch einen kürzeren oder längeren Gang, den Ureter, vornen in der Nähe der Afteröffnung. Die Mündung ist fast immer von einem kräftigen Schliessmuskel umgeben. Die Niere bildet einen weiten Sack, in dessen Innerem sich eine Menge häutiger Falten erheben und die absondernde Oberfläche vergrössern. Das ganze Innere ist mit einer Schicht cylindrischer Zellen mit flimmernden Fortsätzen ausgekleidet; der Inhalt ist harnsaures Ammoniak, meistens in festen Concretionen, die Swammerdam, der Entdecker, für Kalk ansah. Cuvier erklärte die Niere für eine Schleimdrüse, und das Gewicht seines Namens hielt diese Ansicht gegen die richtigere von Wilbrand aufrecht, bis 1820 Jacobson die chemische Beschaffenheit des Inhalts nachwies.

Bei den Kiemenschnecken, insbesondere bei *Paludina*, von der wir Leydig*) eine ausgezeichnete Anatomie zu verdanken haben, hat die Niere und der dort sehr stark erweiterte Ausführungsgang wahrscheinlich noch eine andere Verrichtung. Wie schon oben erwähnt, hat hier das Gefässsystem in der Niere eine Lücke, durch die das Blut in die Nierenhöhle hineintreten und sich dort mit dem

---

*) F. Leydig, über *Paludina vivipara*, Zeitschr. für wissensch. Zool. II, 1850, p. 125—197.

eingedrungenen Wasser vermischen kann. In welcher Weise das Blut hier verändert wird, ob eine Veränderung regelmässig oder nur in Ausnahmsfällen stattfindet, weiss man noch nicht.

Ausser der Niere finden wir noch bei vielen Schnecken **Schleimdrüsen**. Am entwickeltsten sind sie bei den nackten Landschnecken. Wir finden hier meistens eine lange, bandförmige Drüse, die **Fussdrüse**, die sich innerhalb des Fusses durch den ganzen Körper hin erstreckt und mit einer weiten Oeffnung zwischen Kopf und Fuss mündet. Ausserdem haben viele Schnecken noch eine **Schwanzdrüse**, die unmittelbar auf der Schwanzspitze liegt; diese sondert, namentlich bei der Begattung, grosse Quantitäten Schleim ab, den die Schnecken, nach Bouchard, vor der eigentlichen Begattung sehr begierig fressen.

Die **Geschlechtsorgane** sind bei den Lungenschnecken wesentlich anders gebaut, als bei den Kiemenschnecken. Während nämlich die letzteren fast sämmtlich getrennten Geschlechtes sind, sind die Pulmonaten sämmtlich Zwitter, und zwar Zwitter in der höchsten Ausbildung, da Samen und Eier von einer Drüse producirt werden. Nach dem Vorgange Meckels suchte man dies dadurch zu erklären, dass man zwei ineinandergeschachtelte Drüsen annahm, von denen die äussere Eier, die innere Samen absondere. Es ist eine solche Einschachtelung aber nicht zu finden und neuere Untersuchungen haben auch die Unrichtigkeit dieser Theorie direct nachgewiesen. Eine und dieselbe Drüse, die **Zwitterdrüse**, sondert in ihren fingerförmigen Lappen Samen und Eier ab, ohne dass man sagen könnte, welcher Theil besonders Eier und welcher Samen abscheide. Von der Drüse aus gehen beide gemeinsam durch den sogenannten **Zwittergang** bis zu einer, an seinem Ende befindlichen Erweiterung, der **Samentasche**. Hier beginnt die Trennung. Die Eier, bis dahin nur aus einem Dotter bestehend, bekommen eine Eiweisshülle und gehen durch einen weiten Gang, den Eileiter, nach unten. Im Verlaufe dieses Ganges liegen eine Anzahl Drüsen, die den Eiern der Landpulmonaten ihre Kalkschale liefern. In der Nähe des Ausganges verschwinden die Drüsen und der Eileiter wird zur **Scheide**, in die bei der Begattung der Penis eingeführt wird.

Der Samen wendet sich von der Samentasche aus nach dem **Samengang**, der Anfangs nur eine enge, mit Flimmerepithel ausgekleidete Rinne in der Wand des Eileiters darstellt, sich aber bald als freier Gang davon loslöst und nach dem Penis führt. Auch seine

Wand ist mit zahlreichen, kleinen Drüsen besetzt, der untere Theil
ist aber frei und geht allmählig in den *Penis* über, eine musculöse
Erweiterung des Samenganges, die durch den Blutandrang ausgestülpt und durch einen eigenen Muskel wieder zurückgezogen werden
kann.

Die äussere Geschlechtsöffnung liegt bei allen rechtsgewundenen
Arten an der rechten Seite des Halses, bei den linksgewundenen,
auch wenn es abnorme Exemplare von sonst rechtsgewundenen Arten
sind, an der linken Seite.

Bei den meisten Heliceen hat der Penis hinten einen peitschenförmigen Anhang, das *Flagellum*, der mitunter länger als der Körper
des Thieres ist. In ihm und in dem hinteren Theile des Penis wird
Schleim abgesondert, der, zu einem Pfropf erhärtet, bei allen Landpulmonaten als Samenträger, Spermatophore, dient, d. h. er
nimmt in eine kleine Höhlung im Inneren den Samen auf und wird
mit demselben in die Scheide hineingeschoben.

Ausser diesen wichtigsten Bestandtheilen des Geschlechtsapparates finden wir bei vielen Gattungen noch eine Anzahl Anhangsdrüsen, über deren Bedeutung man noch nicht im Klaren ist. Bei
den meisten Arten der Gattung *Helix* finden wir als Anhang der
Scheide einen musculösen, ziemlich grossen Sack, der uns beim Seciren sofort in's Auge fällt; er enthält im Inneren ein kalkiges,
pfeil- oder lanzenförmiges Gebilde, den Liebespfeil, das den inneren
Raum vollständig ausfüllt. Beim Vorspiel der Begattung wird derselbe durch Ausstülpung der an seinem Grunde befindlichen Papille
herausgetrieben und mit einer gewissen Gewalt in die Haut der anderen Schnecke hineingestossen. Welche Bedeutung dieser Vorgang
hat, ist ganz unklar; nöthig für die Begattung ist er sicherlich nicht,
da jede Schnecke nur einmal den Pfeil ausstösst, sich aber sehr häufig
mehrfach begattet. Die Liebespfeile zeigen sich so constant in der
Form, dass man sie als werthvolles Unterscheidungskennzeichen
nahe verwandter Arten, z. B. *Helix nemoralis* und *hortensis*, *costulata* und *candidula* verwenden kann. Man erhält sie am sichersten
unzerbrochen, wenn man den ganzen Pfeilsack ausschneidet und in
einem Reagenzgläschen in Aetzkalilauge kocht; es bleibt dann nur
der Pfeil übrig.

Viele Helices haben ausserdem noch einen Anhang am Stiele
der Samenblase, das Divertikel; es übertrifft mitunter an Länge
die Samenblase, sein Zweck ist aber noch unklar; bei manchen Arten

nimmt es die Spermatophore auf, aber nahe verwandte Arten haben wieder kein Divertikel.

Ausserdem finden wir noch viele Schleimdrüsen, die besonders bei der Begattung sehr lebhaft absondern.

Die einzelnen Theile sind bei den verschiedenen Gattungen so verschieden gebaut, dass sie höchst wichtige Anhaltspuncte für die Unterscheidung der Gattungen und Arten darbieten. Beobachtungen darüber finden wir besonders in dem Werke von Adolf Schmidt: der Geschlechtsapparat der Stylommatophoren, und bei Moquin-Tandon, Histoire des mollusques terr. et fluv. de la France.

Weit einfacher ist der Bau des Geschlechtsapparates bei den Kiemenschnecken. Männliche wie weibliche Organe bestehen hier aus einer in die Lebersubstanz eingebetteten, keimbereitenden Drüse, die immer auf der rechten Seite des Thieres liegt, und einem langen Ausführungsgang. Bei dem Weibchen erweitert sich derselbe dicht vor seiner Mündung zu einem *Uterus*, zu dem bei *Paludina* noch eine Samentasche, bei *Neritina*, nach Claparède, eine Nebendrüse mit fettigem Secret kommt. Vor dem Uterus liegt noch eine kurze Scheide, die in die Mantelhöhle links hinter dem After einmündet. — Bei dem Männchen läuft der Ausführungsgang ganz auf dem Boden der Mantelhöhle nach dem Penis zu, entweder als geschlossenes Rohr, wenn der Penis hohl ist, oder als offene Rinne bis zur Spitze desselben, wenn er solide ist. Der Penis liegt immer am Kopfe, dicht hinter dem rechten Fühler, oder, wie bei *Paludina*, in einer Rinne desselben; er kann nicht eingezogen, aber doch unter dem Mantel verborgen werden.

Die gedeckelten Landschnecken verhalten sich auch hierin ganz wie die Kiemenschnecken.

Sämmtliche Theile des Geschlechtsapparates bestehen aus einer äusseren Muskelschicht und einer inneren Zellenschicht mit stark flimmerndem Epithel.

Zweites Capitel.

Entwicklung der Schnecken.

Nicht nur bei den Getrenntgeschlechtigen, sondern auch bei den Zwittern ist zur Befruchtung eine Begattung nöthig. Nur in

Ausnahmsfällen ist eine Selbstbefruchtung, wie sie zuerst K. E. von Bär bei *Limnaea auricularia* beobachtete, möglich. Bekannt ist, dass Czermak von einer *Limnaea*, die er schon als Ei isolirte, befruchtete Eier und Nachkommen erhielt.

Bei unsern Kiemenschnecken hat man, soviel mir bekannt, eine Begattung noch nicht beobachtet, um so häufiger bei den Pulmonaten, wo sie entweder wechselseitig, wie bei den Heliceen, oder abwechselnd, wie bei den Limnäen, erfolgt.

Wo die Befruchtung der Eier erfolgt, ist noch nicht ermittelt, wahrscheinlich im oberen Theile der Saamenblase, ehe sie von Eiweiss und Schale umhüllt sind. Eine Anzahl unserer Schnecken, *Paludina vivipara*, *Helix rupestris*, *Balea fragilis*, *Clausilia ventricosa*, *biplicata*, sind lebendiggebärend, d. h. die Eier werden im unteren Theile des Uterus so lange behalten, bis das Eiweiss vollständig aufgezehrt ist und das Junge die Eihülle verlässt. Alle anderen legen Eier, aber in sehr verschiedener Weise. Die Landpulmonaten legen meistens Eier mit kalkartiger Schale, die bei einigen tropischen Arten (*Bulimus ovatus* und *oblongus*) die Grösse eines Taubeneies erreichen; sie sind meist kugelförmig, bisweilen auch oval oder in zwei Spitzen ausgezogen und dann mitunter in perlschnurartige Reihen geordnet, sonst fast immer isolirt zu kleinen Häufchen gruppirt. Ihre Zahl ist sehr bedeutend, *Limax agrestis* z. B. legt im Laufe eines Sommers 3—500 Eier. Meistens werden sie in feuchter Erde, unter Laub, Moos und Steine u. dgl. ohne weitere Sorgfalt abgesetzt; nur *Helix pomatia* gräbt eine kellerartige Höhle und wölbt sie oben wieder zu, wenn die Eier abgesetzt sind. Die Wasserpulmonaten und auch *Succinea* legen eine grössere Anzahl Eier, durch Schleim zu einem gemeinsamen Laich zusammengeklebt, an die Blätter der Wasserpflanzen. *Neritina* setzt ihre Eier in einer aus zwei Halbkugeln zusammengesetzten Kapsel ab, die sie auf Steinen oder anderen Schnecken befestigt, die erste Andeutung der oft so wunderbar complicirt gebauten Eierkapseln der Seeschnecken.

Die Entwicklung der Eier hat man besonders bei den Wasserschnecken, wo sie blos von dem durchsichtigen Eiweiss umgeben sind, beobachtet. Lungenschnecken und Kiemenschnecken zeigen hier eine durchgreifende Verschiedenheit. Bei *Limnaea* beginnt alsbald nach der Absetzung des Laiches die Furchung des Dotters; schon am zweiten Tage zeigen sich die ersten Spuren des Embryos, der Fuss entwickelt sich und der Embryo beginnt sich langsam um sich selbst zu drehen. Es bildet sich dann der anfangs geradlinige Darmcanal mit Mund und After, der Mantel, und auf oder vielmehr in ihm die erste Anlage der Schale; dann bilden sich Fühler und Augen, Nervensystem, Athmungs- und Kreislaufsorgane, und nach circa 20 Tagen sprengt der Embryo die Eihülle.

Etwas complicirter ist der Entwicklungsgang bei den Landpulmonaten, wo man ihn, durch die Durchsichtigkeit der Eischale begünstigt, besonders bei *Limax* verfolgt hat. Es bilden sich hier nämlich, ausser den bleibenden Organen, am Nacken und am Schwanzende zwei contractile Blasen aus, die **Nackenblase** und die **Schwanzblase**, und vermitteln durch ihre Zusammenziehungen eine Art Kreislauf; mit der Entwicklung des Herzens bilden sie sich wieder zurück. Ausserdem finden wir in der Athemhöhle noch ein S-förmig gebogenes Organ, das Harnstoff ausscheidet und somit als Niere dient; man nennt es die **Urniere**; auch es verschwindet, wenn sich die bleibenden Nieren ausbilden.

Von den Kiemenschnecken kennen wir durch Leydig sehr genau die Entwicklung von *Paludina vivipara*; dieselbe ist unschwer zu verfolgen, da man im Uterus stets die verschiedenen Entwicklungsstadien beisammen findet. Characteristisch ist für dieselbe ein eigenes Bewegungsorgan, das später wieder schwindet, das **Segel** oder **Velum**, ein mit Wimpern besetzter Wulst, mit dessen Hülfe der Embryo langsam rotirt. Bei *Neritina*, wo sich aus vielen Eiern in einer Kapsel immer nur ein Embryo entwickelt, dient das Segel demselben, um die anderen Eier in die Nähe seiner Mundöffnung zu bringen, damit er sie verschlingen kann. Nach dem Segel bilden sich dann die anderen Organe in folgender Reihenfolge: Darm, Leber, Fuss, Sinnesorgane, Mantel, Schale, Nervensystem, Herz, Kiemen. Wie schon oben erwähnt, ist die Schale der Kiemenschnecken zu keiner Zeit eine innere, während die der Pulmonaten im Ei von einem Mantellappen bedeckt wird, der später wieder schwindet.

Die meisten Eier werden natürlich im Sommer abgesetzt, doch findet man sie auch noch im Herbst; eine Ueberwinterung gehört aber, wenn sie überhaupt vorkommt, zu den Seltenheiten. Viele Schnecken scheinen bald nach beendigtem Eierlegen zu sterben; man findet, wenigstens im Sommer, sehr häufig frisch gestorbene Schnecken. Bei *Physa* beobachtete es schon von Alten; da diese Schnecke nach ihrem Tode sehr rasch aus dem Gehäuse herausfällt, nahm er an, sie verlasse dasselbe vor dem Eierlegen freiwillig und sterbe dann, ein Irrthum, den schon Carl Pfeiffer berichtigt hat. — Doch ist das Verhältniss durchaus nicht so, wie bei vielen Insecten, besonders den Schmetterlingen, die unmittelbar nach dem Eierlegen sterben; viele Schnecken legen mehrmals Eier, und selbst in mehreren Jahren nach einander, wie es wenigstens Sporleder bei *Helix cingulata* beobachtet hat. Es sind über diesen Punct noch viel zu wenig Beobachtungen gemacht.

Ihre vollständige Grösse scheinen die meisten Schnecken innerhalb eines Jahres, die Winterruhe mit eingerechnet, zu erreichen. Unter günstigen **Verhältnissen** bauen viele noch im Herbst ihr Gehäuse fertig, die anderen müssen es bis in's Frühjahr aufschieben. Irrthümlich ist es, aus den Wachsthumstreifen, die man mitunter am Gehäuse findet, auf's Alter schliessen zu wollen, da dieselben durchaus nicht der Zahl der Jahre entsprechen; die Schnecken vergrössern ihr Gehäuse mehrmals im Jahre, so oft sie Kalk genug angesammelt haben. Der Mundsaum mit seinen Verdickungen, Lippen und Falten ist das Letzte, was gebaut wird, so dass man daran das fertige Gehäuse leicht erkennen kann. Doch ist dies nicht immer der Fall. Bei *Helix personata* habe ich beobachtet, dass sie die Mündungslamellen schon bildet, wenn unter der Oberhaut erst eine ganz dünne Kalkschicht vorhanden ist; es muss also hier nach Vollendung der Mündung noch eine Verdickung der Schale stattfinden, und zwar wahrscheinlich während der Winterruhe, denn ich fand die dünnschaligen, durchsichtigen Exemplare noch im Spätherbst, aber nicht mehr im Frühjahr.

Der Weiterbau des Gehäuses erfolgt, indem das Thier aus dem vorderen Theile der Mantelfläche eine dünne Haut ausscheidet, durch die man die Mantelgefässe sehr stark entwickelt durchscheinen sieht. In dieselbe lagert sich dann der Kalk ab und zuletzt wird der Farbstoff von den Drüsen des Mantelrandes ausgeschieden. Während des ganzen Vorganges sitzt das Thier unbeweglich still, auf die Unterseite eines Blattes oder an einen Stamm angekittet. Natürlich hängt die Grösse des angebauten Stückes mit dem Blutreichthum, also auch mit der Art und Menge der Nahrung zusammen.

Ueber die Dauer der normalen Entwicklung wären genauere Untersuchungen noch sehr zu wünschen. Sporleder hat Clausilien in 4 Monaten, und andere unter denselben Bedingungen erst in 9 Monaten ihre volle Grösse erreichen sehen. Am schnellsten scheinen sich die Wasserschnecken zu entwickeln; *Planorbis leucostoma* und

Limnaea peregra sind schon nach drei Monaten fortpflanzungsfähig; *Limnaea stagnalis*, die ich in einem Aquarium zog, begattete sich zum ersten Mal in einem Alter von 4 Monaten.

Im Allgemeinen haben die Landschnecken ein bestimmtes Grössenmass, das sie auch unter den günstigsten Lebensverhältnissen nicht leicht überschreiten, auch wenn sie nach seiner Erreichung noch lange leben. Wasserschnecken, und besonders einzelne **Limnäen** dagegen, *L. auricularia, ovata*, scheinen zu wachsen, so lange sie leben, und erreichen nicht selten eine die normale weit übertreffende Grösse.

Durchaus nicht selten kommen abnorm gebaute Schneckenhäuser vor, namentlich verkehrt gewundene und wendeltreppenartige. Für letztere liegt die Ursache meistens in irgend einer Verletzung, die das Thier in seiner Jugend erlitt; wird dadurch das vordere Ende des letzten Umganges nach unten gedrückt und bleibt etwa noch ein fremder Körper stecken, der das Thier verhindert, wieder in die normale Richtung zu gelangen, so muss es von seiner normalen Windungsrichtung abweichen. Bis zu einem gewissen Grade kann man diess künstlich erreichen, wenn man die letzte Windung bei jungen Exemplaren etwas nach unten drückt und dann einen Wachs- oder Siegellacktropfen darüber befestigt. Es kommen aber auch solche sogenannte **Scalariden** vor, bei denen die Missbildung ohne eine nachweisbare Verletzung schon an den Embryonalwindungen ihren Anfang nimmt, so dass man also eine angeborene falsche Richtung annehmen muss. In den höchsten Graden dieser Missbildung ist das Gehäuse ganz frei gewunden, ohne dass sich die Umgänge berühren, wie es bei Planorben nicht selten ist und bei einer Cubaner Deckelschnecke, *Choanopoma echinus Wright*, normal vorkommt, oder der ganze Kegel ist ohne eine Spur von Windung, in Gestalt eines Nachtwächterhornes, aufgebaut. — Mitunter kommen auch umgekehrte Scalariden vor, d. h. Schnecken, die sonst ein kegelförmiges Gehäuse zu bilden pflegen, werden durch eine Verletzung veranlasst, eine flache Scheibe zu bauen, wie ich bei *Helix fruticum* und *nemoralis* beobachtet habe.

Sehr interessant ist eine hierhergehörige Beobachtung von **Sporleder**. Ein scalar gewundener *Planorbis vortex*, den derselbe in einem Glase hielt, suchte sich mit einem anderen, normal gebauten, zu begatten, und von dieser Zeit an begann das normale Exemplar ebenfalls scalar weiter zu bauen.

Ueberhaupt sind die Planorben besonders geneigt zu den seltsamsten Windungsanomalien. Heynemann besitzt ein Exemplar, das wie ein um einen dünnen Draht, den man später wieder herausgenommen, gewickeltes Kordel aussieht. In Mengen hat sie einmal Hartmann in einem mit Eichenlaub erfüllten Tümpel gefunden; er sucht die Ursache in den Verletzungen durch die Ränder der harten Blätter. Geringere Grade findet man sehr häufig bei *Helix lapicida* und noch häufiger bei *ericetorum*.

Schwerer zu erklären als die Wendeltreppenform ist die **abnorme Windungsrichtung**. Hier hat man die unsinnigsten Erklärungsweisen versucht und in neuester Zeit noch sogar die Electricität zu Hülfe genommen. Wenigstens wahrscheinlich ist eine Erklärungsweise, die mir Herr Professor Dunker mittheilte, und die meines Wissens noch nirgends veröffentlicht ist; derselbe nimmt nämlich an, dass die abnorm gewundenen Exemplare aus Zwillingseiern stammten, bei denen des Raumes wegen der eine Embryo rechts, der andere links drehen müsse. Eine entscheidende Beobachtung dürfte sich wohl nur bei den Arten machen lassen, die, wie manche siebenbürgische und indische *Bulimus*, normaler Weise bald rechts, bald links gewunden vorkommen. Eine Fortpflanzung zwischen abnorm und normal gewundenen Schnecken ist wohl unmöglich, da mit der Windungsrichtung sich auch die Lage sämmtlicher Organe, und also auch der Geschlechtsöffnung, ändert. Aber auch zwei abnorm gewundene pflanzen, wenn sie sich begatten, ihre abnorme Richtung nicht fort; Chemnitz brachte mit grossen Kosten eine Anzahl linksgewundener *Helix pomatia* zusammen, erhielt aber von ihnen stets nur rechtsgewundene Nachkommen. Demgemäss findet man solche Abnormitäten immer nur einzeln zwischen normalen Exemplaren; unter den vielen Tausenden von *Helix pomatia*, die jährlich **nach Wien gebracht** werden, finden sich nach Rossmässler höchstens 10—12 linksgewundene, sogenannte Schneckenkönige. Von häufigerem Vorkommen ist mir nur die von Hartmann (Erd- und Süsswassergasteropoden der Schweiz, I, p. 86) angeführte Beobachtung von Mousson bekannt, der in einem 3' breiten, 12' langen Tümpel bei Wiedikon, Canton Zürich, zwölf linksgewundene *Limnaea peregra* beisammen fand.

Eine andere häufige Abnormität ist die **Albinoform**, der Mangel von Farbstoff im ganzen Gehäuse oder doch wenigstens in den Bändern; im ersteren Falle ist auch das Thier farblos. Meistens fehlt es dann dem Gehäuse auch an Kalk, und besonders die farblosen Binden sind meistens durchscheinend. Die Ursache suchen manche in Armuth des Bodens an Kalk, andere, z. B. Hartmann, in Nässe und Feuchtigkeit; beide Gründe scheinen mir nicht ausreichend, denn man findet sie auch auf kalkreichem Boden und meistens einzeln unter der Stammform; ich fand *Helix hortensis* nirgends häufiger mit durchscheinenden Binden, als an den trocknen Abhängen des Heidelberger Schlossbergs. Manche Arten finden sich so constant an bestimmten Orten, dass man eine Erblichkeit, wie bei den weissen Mäusen, Kaninchen u. dgl. annehmen muss. Züchtungsversuche fehlen hier noch.

Verwandt mit ihnen sind die Schnecken mit abnorm dünnen Schalen, wie bei den Varietäten *picea* und *aethiops* von *Helix arbustorum*. Hier ist meistens die Armuth des Bodens an löslichem Kalk die Ursache, doch kommen mitunter auch an kalkreichen Orten einzelne Exemplare vor, bei denen man dann eine Krankheit, etwa analog der Rhachitis der Menschen, annehmen muss.

Eine sehr interessante Missbildung fand ich einmal bei *Helix pomatia*; das etwa halbwüchsige, sonst ganz normal gebildete Exemplar hatte nämlich den Winterdeckel nicht ganz ablösen können, es war ein etwa 1½''' breiter, halbmondförmiger Rand auf der einen Seite stehen geblieben, und das Thier hatte von dem inneren Rande desselben weiter gebaut. — Einmal erhielt ich auch eine Weinbergsschnecke mit perlenartigen Concretionen in der letzten Windung, und auch bei *Planorbis corneus* habe ich dergleichen beobachtet.

Wasserschnecken findet man nicht selten mit angefressenem, cariösem Gehäuse, mitunter so, dass ein Theil des Gewindes verloren gegangen ist; Planorben werden dadurch ringförmig durchbohrt. Ueber die Ursachen dieser Erscheinung werden wir weiter unten bei den Muscheln ausführlicher reden. Landschnecken, die, wie der südeuropäische *Bulimus decollatus*, die obersten Umgänge ihres Gehäuses in dem Masse, wie sie weiterbauen, abwerfen, haben wir bei uns freilich nicht, aber verwandte Erscheinungen sind bei unseren Wasserschnecken durchaus nicht selten. Namentlich in Gebirgsquellen findet man *Limnaea peregra* häufig mit tief ausgefressenen Löchern, die bis auf die verdickte Perlmutterschicht dringen, und oft sind die obersten Windungen ganz oder zum Theil verloren. Aber auch in stehenden Wassern findet man angefressene Exemplare; bei Heynemann sah ich sehr cariöse *L. stagnalis*, und ein besonders zerfressenes Exemplar von *L. palustris*, in einer Lache in der Nähe von Bornheim gefunden, hat Herr Dickin der Normalsammlung der deutschen malacologischen Gesellschaft übergeben.

Mitunter bauen Schnecken, nachdem sie ihr Gehäuse schon abgeschlossen und den Mundsaum fertig gebildet haben, noch einmal weiter. Besonders häufig findet man es bei den grossen Limnaeen, bei *auricularia* und *ovata*, wo dann der umgewölbte Mundrand als scharfer Grat aus dem Gehäuse vorspringt, wie es bei manchen Seeschnecken, z. B. *Tritonium, Murex*, Regel ist. Aber auch bei Landschnecken kommt es vor, dann ist freilich das angebaute Stück fast immer farblos, rauh und krüppelhaft. Bricht man in das Gehäuse einer Schnecke ein Loch kurz oberhalb der Mündung, so kann man nicht selten beobachten, dass das Thier dann diese künstliche Oeffnung zum Aus- und Einkriechen benutzt, und nicht selten baut es hier auch noch ein Stückchen an. Besonders sicher kann man diese Missbildung, die früher für eine der grössten Seltenheiten galt, bei Clausilien erzeugen, wenn man die Mündung mit Wachs verstopft und etwas weiter oben eine genügend weite Oeffnung bricht.

Drittes Capitel.

Lebensweise der Schnecken.

Die Schnecken lieben im Allgemeinen Wärme und Feuchtigkeit und sind desshalb am lebhaftesten in der warmen Jahreszeit und bei feuchtem Wetter. Nur wenige lieben trockene Orte, wie *Helix ericetorum, candidula, costulata, Bulimus tridens* und *detritus*; doch sind auch diese lebhafter Morgens, so lang noch der Thau liegt, und nach einem Regen. Eine Ausnahme machen die Daudebardien, Vitrinen und *Cionella acicula*, die nur im Spätherbst und Frühjahr, und in gelinden Wintern auch den ganzen Winter hindurch zu finden sind, während sie sich im Sommer, in unseren Gegenden wenigstens, verbergen; im Hochgebirge, an der Schneegränze, sind sie allerdings den ganzen Sommer hindurch zu finden.

Alle anderen Landschnecken verkriechen sich im Winter mehr oder weniger tief, manche an geeigneten Orten mehrere Fuss tief, und schliessen ihre Mündung mit einem kalkigen, häutigen oder seidenartigen Deckel, dem Winterdeckel, *Epiphragma*; im Laufe des

Winters ziehen sich viele dann immer weiter zurück und bauen mehrere Scheidewände hintereinander, die inneren sind aber immer dünn und häutig, auch wenn der erste kalkig ist. Auch viele der ungedeckelten Wasserschnecken vergraben sich in den Schlamm und schliessen ihr Gehäuse mit einem dünnen, häutigen Deckel. Doch geschieht dies durchaus nicht regelmässig; selbst bei der strengen Kälte im Februar 1870 fand ich die Limnaeen und Planorben meines Aquariums, von dem ich fast täglich mehrmals das Eis entfernen musste, zwar ruhig auf dem Boden aufsitzend, aber mit offener Mündung.

Der Beginn des Winterschlafs hängt natürlich von der Temperatur ab, ist aber bei den verschiedenen Arten sehr verschieden. Im Winter 1869—70 habe ich *Helix ericetorum*, und zwar besonders junge, unausgewachsene Exemplare, bis nach Weihnachten täglich im Freien und fressend gesammelt, obwohl mehrmals vorübergehend Schnee fiel. *) *Helix pomatia* dagegen verschwindet schon sehr früh und gräbt sich tief ein, scheint aber doch mitunter der Kälte zu erliegen, denn man findet sehr oft todte Exemplare mit Winterdeckel. Im Allgemeinen gehen die ausgewachsenen Exemplare weit früher zur Ruhe als die noch unfertigen.

In dem Zustand des Winterschlafs steht der Stoffwechsel fast still; das Herz schlägt statt 20—30mal in der Minute nur 2—3mal, die Athmung ist fast gleich Null, um so geringer, je niedriger die Temperatur ist; einiger Austausch von Sauerstoff und Kohlensäure findet aber doch immer statt; es dient dazu die in der Lungenhöhle enthaltene Luft.

In diesem Zustand können die Schnecken niedere Frostgrade, nach Gaspart 4—5°, ohne Schaden ertragen, aber bei 8—10° sterben sie rasch. Wasserschnecken können, ohne Schaden zu nehmen, einfrieren, sobald aber ihr Körper selbst gefriert, sterben sie. — In warmen Wintern schlafen manche Schnecken gar nicht, sondern bleiben unter der Bodendecke munter, so besonders die Clausilien, *Helix hispida* und andere.

Der Winterschlaf dauert meistens bis zum ersten warmen, durchdringenden Regen, trockene Frühjahre halten die Schnecken lange in ihren Verstecken zurück. Temperaturen, bei denen sie im Herbst noch munter sind, scheinen ihnen im Frühjahr noch durchaus nicht zu genügen, und die meisten Arten erscheinen erst auf dem Platz, wenn die Vegetation schon ziemlich weit vorgeschritten ist.

---

*) Anm. Im December 1870 habe ich dasselbe beobachtet und mich überzeugt, dass die Schnecken unter dem Schnee lebendig waren.

Im Sommer, bei dauernder Trockenheit, verbergen sich die Schnecken ebenfalls an möglichst feuchten und kühlen Orten, die sie mit grossem Geschick ausfindig zu machen wissen. Es ist merkwürdig, wie diese anscheinend so stumpfsinnigen Thiere Verstecke zu finden wissen, die dem eifrig suchenden Sammler entgehen. Am Schlossberg zu Biedenkopf, wo *Helix pomatia* und *nemoralis* auf einem beschränkten Raume zu Tausenden vorkommen, habe ich bei trockenem Wetter oft stundenlang gesucht, ohne ein Exemplar zu finden, bis mich ein Zufall auf die richtige Fährte brachte; es standen dort einzelne Obstbäume, und am Fusse derselben, in den für die Pfähle in den felsigen Boden gemachten, mit Steinen und Moos ausgefüllten Löchern sassen die Schnecken in dichten Klumpen. — Manche Arten, z. B. *Helix obvoluta*, machen auch im Sommer einen dünnen, häutigen Deckel, andere ketten sich mit der Mündung fest an einen Stein oder einen Pflanzenstengel, und bleiben sitzen, bis wieder Regen fällt.

Die Wasserschnecken graben sich, wenn im Sommer ihre Wohnplätze austrocknen, in den Schlamm und dauern dort aus, so gut es geht; doch gehen dann immer grosse Mengen zu Grunde, und mehrere trockene Sommer hintereinander können ganze Gegenden veröden. — In ähnlicher Weise ist auch die Trockenlegung einer Gegend durch Drainirung, Abzugsgräben u. dgl. im Stande, die Schneckenfauna zu verändern; in hohem Grade ist dies, wie mir Dr. C. Koch mittheilte, um Dillenburg der Fall gewesen, wo in Folge der immer ausgedehnteren Grubenbaue eine Menge Quellen und mit ihnen eine ganze Anzahl der in seinem Verzeichniss angeführten Mollusken verschwunden sind.

Viele Schnecken halten sich mit Vorliebe unter Steinen, Balken und Baumstämmen auf, und in vielen Fällen kann man auch beim genauesten Nachsuchen keinen Weg finden, auf dem sie darunter gelangt sind. Wie kommen die Vitrinen und Hyalinen, die bei der geringsten Berührung zerbrechen, an diese Stellen?

Manche Arten scheinen in verschiedenen Altersstufen ganz verschiedene Lebensweisen zu haben. So findet man *Succinea oblonga* in halbwüchsigem Zustande sehr häufig unter Steinen an dürren Bergabhängen, weit vom Wasser, z. B. bei Biedenkopf am Abhange des Eschenbergs, 3—400' über der Thalsohle; erwachsene Exemplare habe ich dort nie gefunden, dagegen öfter an feuchten Orten mit den anderen Succineen, und nach einer Mittheilung von Herrn Professor Sandberger leben sie besonders an den Blättern von Aspen und Sahlweiden, wo man wieder keine jungen findet. — Auch *Buliminus obscurus* lebt in der Jugend an Baumstämmen und auf dem Laub, wo er wie eine Knospe oder ein spitzer Gallapfel aussieht, und im erwachsenen Zustande unter Steinen und in Mauern. Bei sorgfältiger Beobachtung dürften sich derartige Beispiele wohl noch mehren.

Viertes Capitel.

Uebersicht der Gattungen.

A. Thiere ohne Deckel, *Inoperculata*.
AA. Die Augen auf den Fühlerspitzen tragend, Stylommatophoren.
a. Ohne Kiefer, *Testacellea*.
    Gehäuse klein, ganz hinten auf dem viel grösseren Körper sitzend und nur einen kleinen Theil desselben bedeckend.

        1. *Daudebardia*, Hartmann.

b. Mit hornigem Kiefer, ohne äussere Schale, *Limacea*.
    Mantel gekörnelt, Athemöffnung vor der Mitte der rechten Mantelseite, Körper ungekielt, am Schwanzende eine Schleimdrüse, keine innere Schale.

        2. *Arion*, Férussac.

    Mantel gekörnelt, querüber eingeschnürt, die Athemöffnung hinter der Mitte der rechten Seite, Körper in seiner ganzen Länge gekielt, keine Schleimdrüse, unter dem Mantel eine innere Schale.

        3. *Amalia* (Moquin-Tandon), Heynemann.

    Mantel wellig gerunzelt, aber nicht eingeschnürt, die Athemöffnung ebenfalls hinter der Mitte, Körper nur hinten gekielt, ohne Schleimdrüse, unter dem Mantel eine innere Schale.

        4. *Limax*, Linné.

c. Mit hornigem Kiefer und äusserer, gewundener Schale, *Helicea*.
α. Gehäuse ohrförmig, scheiben- bis kugelförmig.
    Gehäuse undurchbohrt, durchsichtig, mit nur 2—3 Windungen, deren letzte den Haupttheil des Gehäuses ausmacht,

im Verhältniss zum Thiere klein; Mündung weit, mit gebogenem Spindelrand.

        5. *Vitrina*, Draparnaud.

 Gehäuse durchbohrt oder genabelt, meist flachgedrückt, mit 5—7 Windungen, glänzend. Kiefer glatt mit einem Vorsprung in der Mitte.

        6. *Hyalina*, Albers.

 Gehäuse genabelt, durchbohrt oder undurchbohrt, kugelig, kegel- oder scheibenförmig, Mündung breiter als hoch, schief; Thier mit quergeripptem Kiefer und meist mit einem Liebespfeil.

        7. *Helix*, Linné.

β. Gehäuse mehr oder weniger länglich, ei-, thurm- oder spindelförmig.

 Mündung höher als breit, der äussere Mundsaum bedeutend länger, als der innere, Spindel gerade, am Grunde weder abgestutzt noch ausgeschnitten.

        8. *Buliminus*, Beck.

 Mündung eiförmig, Spindel unten quer abgestutzt, Gehäuse langeiförmig oder spindelförmig, glatt, glänzend.

        9. *Cionella*, Jeffreys.

 Mündung halbeiförmig, beide Ränder gleichlang, meist auf der Spindel und oft auch auf den Mündungsrändern Zähne und Falten; Gehäuse eiförmig oder cylindrisch.

        10. *Pupa*, Draparnaud.

 Gehäuse langgestreckt, Mündung rundeiförmig mit schwacher Lamelle, sonst ohne Falten. Kein Schliessapparat.

        11. *Balea*, Prideaux.

 Gehäuse langgestreckt, spindelförmig, Mündung ei- oder birnförmig, mit zwei starken Lamellen, im Inneren ein Schliessapparat.

        12. *Clausilia*, Draparnaud.

 Gehäuse eiförmig, undurchbohrt, bernsteinfarbig durchscheinend, 3—4 rasch zunehmende Windungen; Mündung oval, sehr weit, mit einfachem Mundsaum und einfacher Spindel.

        13. *Succinea*, Draparnaud.

BB. Die Augen nicht auf der Fühlerspitze tragend, Basommatophoren.

a. Landbewohner, *Auriculacea*.

Gehäuse spitzeiförmig, winzig klein, weiss, durchscheinend, mit Falten an der Spindel und zahnartigen Verdickungen am Mundsaum.

14. *Carychium*, Müller.

b. Wasserbewohner, *Limnacaea*.

α. Gehäuse gewunden.

Fühler flach, dreieckig, Gehäuse rechts gewunden.

15. *Limnaea*, Draparnaud.

Fühler borstenförmig, Gehäuse linksgewunden, glänzend.

16. *Physa*, Draparnaud.

Fühler borstenförmig, Gehäuse scheibenförmig.

17. *Planorbis*, Müller.

β. Gehäuse napfförmig, ohne erkennbare Windungen.

18. *Ancylus*, Linné.

B. Thier mit bleibendem Deckel, *Operculata*.

AA. Landschnecken, *Pneumonopoma*.

Gehäuse schmal, cylindrisch, klein, Augen an der inneren Seite der Fühlerwurzel.

19. *Acme*, Hartmann.

Gehäuse ei-kegelförmig mit stielrunden Umgängen, Deckel fast rund mit wenigen Spiralwindungen.

20. *Cyclostoma*, Lamarck.

BB. Wasserschnecken, *Prosobranchiata*.

a. Gehäuse thurm- bis kreiselförmig, Mündung und Deckel oben eckig, Kieme nicht aus der Athemöffnung vorragend, *Paludinacea*.

Gehäuse gross, Deckel hornig mit concentrischen Anwachsstreifen.

21. *Paludina*, Lamarck.

Gehäuse mittelgross, Deckel kalkig mit concentrischen Anwachsstreifen.

22. *Bithynia*, Leach.

Gehäuse klein, Deckel hornig, spiralgestreift.

23. *Hydrobia*, Hartmann.

b. Gehäuse kreisel- oder scheibenförmig, Mündung und Deckel rund, hornig mit vielen Windungen, Kiemen zeitweise federbuschförmig aus der Athemöffnung vorragend.

24. *Valvata*, Müller.

c. Gehäuse halbeiförmig, Mündung halbrund, Deckel mit einem Fortsatz am unteren Ende der Innenseite.

25. *Neritina* Lamarck.

Fünftes Capitel.

A. INOPERCULATA, Deckellose.

AA. STYLOMMATOPHORA.

a. TESTACELLEA, Halbnacktschnecken.

Gehäuse klein, nur einen kleinen Theil des Körpers deckend; Thier ohne Kiefer, die Zunge mit lauter gleichmässigen, stachelförmigen Zähnen bewehrt.

I. DAUDEBARDIA Hartmann.

Daudebardie.

Gehäuse ohrförmig, durchbohrt, sehr glänzend, weniger leicht zerbrechlich, als die Vitrinen, flach, wenig gewunden, der letzte Umgang sehr rasch an Weite zunehmend, die Mündung schief, sehr weit. Thier unverhältnissmässig gross im Verhältniss zum Gehäuse, so dass es sich zu keiner Zeit in dasselbe zurückziehen kann, in der Ruhe, wo man das ganz auf dem Ende des Körpers getragene Gehäuse leicht übersieht, täuschend einer Nacktschnecke ähnlich, mit langem Hals, Fuss kurz, nur wenig aus der Schale vorragend; im Gewinde scheint durch die sehr durchsichtige Schale die gelbbraune Leber durch (Hartm.). Der Kiefer fehlt ganz, die Zunge ist mit lauter gleichen, dornförmigen, nicht gebogenen Zähnen besetzt. Der Geschlechtsapparat zeichnet sich durch eine starke Blase aus, die mit einem kurzen, starken Stiel in die sehr aufgetriebene Scheide mündet; die Ruthe ist stark, ohne Flagellum (Ad. Schmidt.).

Die Daudebardien leben namentlich in bergigen Gegenden unter Laub und Steinen, meist einzeln; sie sind in unseren Gegenden nur im Spätherbst und ersten Frühjahr zu finden, auf höheren Bergen den ganzen Sommer hindurch. Häufig sind sie nirgends. Ihre Nahrung besteht in anderen Schnecken, besonders Vitrinen, Hyalinen und Hel. rotundata; doch scheuen sie auch Ihresgleichen nicht. Ihre Bewegungen sind sehr rasch und lebhaft, aber nur bei feuchtem Wetter; Trockenheit können sie durchaus nicht vertragen und man kann sie nur lebend nach Hause bringen, wenn man sie in frisches, lebendes Moos setzt.

In Nassau haben wir die beiden deutschen Species, aber sie scheinen zu den grössten Seltenheiten zu gehören und es sind von beiden erst einzelne Exemplare aufgefunden worden. Nur bei St. Goar hat Dr. Noll die zweite Art nicht allzuselten gefunden. Die beiden Arten unterscheiden sich folgendermassen:

a. Gewinde die Hälfte des Gehäuses bildend,
D. rufa Drp.
b. Gewinde noch nicht ein Drittel des Gehäuses bildend,
D. brevipes Drp.

Ich muss aber hier noch bemerken, dass mir die deutschen Daudebardien dringend einer Revision zu bedürfen scheinen, für die freilich mein Material nicht ausreicht. Schon Rossmässler macht darauf aufmerksam, dass *Daud. brevipes* der meisten Autoren nur eine junge *rufa* sei; der Umstand, dass meistens beide Arten zusammen vorkommen sollen, lässt dies schon vermuthen.

1. Daudebardia rufa Draparnaud.

Rothe Daudebardie.

Syn. Helicophanta rufa C. Pfeiff., Fer. —

Gehäuse durchbohrt, niedergedrückt, in die Quere verbreitert, aber nicht in dem Grade, wie bei *brevipes*; drei Windungen, von denen die beiden ersten etwa die Hälfte des Querdurchmessers einnehmen. Mündung gerundet. Farbe braunröthlich oder gelblich. Höhe 1,5 Mm. Grosser Durchmesser 5,5, kleiner 4 Mm.

Thier in der Jugend rein weiss, später obenher bläulichgrau mit schwarzen Fühlern und braunem, punctirtem Mantel. Fuss kurz, weiss (Hartm.) Bis jetzt nur ein leeres Gehäuse von Thomä bei der Ruine Stein bei Nassau gefunden und irrthümlich für *brevipes* gehalten. Findet sich ausserhalb unseres Gebietes im Siebengebirge und bei Bonn, (Goldfuss), sowie bei Würzburg (Sdbrg.), bei Heidelberg. Sehr selten bei Wächtersbach (Speyer).

2. Daudebardia brevipes Draparnaud.

Syn. Helicophanta brevipes C. Pfeiff.

Gehäuse durchbohrt, niedergedrückt, sehr in die Quere verbreitert, fast ohrförmig, aus drei Umgängen bestehend, von denen die zwei ersten das kleine punctförmige Gewinde, der dritte fast allein das ganze Gehäuse bilden, durchsichtig, zart, grünlichbraun, glatt, Mündung sehr weit, fast ganz horizontal, eiförmig; Aussenrand weit vorgezogen und stark gekrümmt, Innenrand unten etwas vor den ganz engen Nabel zurückgebogen.

Thier in ausgewachsenem Zustande von *rufa* nicht verschieden. (Hartm.)

An der Ruine Lahneck von Rath 1851 gefunden. Bei St. Goar (Noll). Bei Bonn. Goldfuss.

Sechstes Capitel.
b. LIMACEA, Nacktschnecken.

Thiere ohne äussere Schale, nur mit einem schildartig ausgebreiteten, einen Theil des Körpers deckenden Mantel.

II. ARION Férussac.
Wegschnecke.

Thier nackt und träge, der Körper halbstielrund oder cylindrisch, vorn und hinten verschmälert, unten platt. Fühler cylindrisch-kegelförmig. Schild mässig lang, gekörnt, vornen und hinten abgerundet. Athemöffnung rund, auf der rechten Seite des Schildes vor seiner Mitte, dicht darunter die Geschlechtsöffnung. In dem Schilde liegen in grösserer oder geringerer Zahl zerstreute Kalkkörnchen, aber ohne eine eigentliche Schale zu bilden; nur bei *Arion hortensis* Fér. (*fuscus* Müll.) treten sie zu einer unvollkommenen Schale zusammen und Moquin-Tandon stellt desshalb denselben als Untergattung *Prolepis* den anderen, die die Untergattung *Lochea* bilden, gegenüber. Die Fusssohle ist in ihrer ganzen Länge gleichbreit, hinten und vorn abgerundet und nicht wie bei *Limax* in drei deutliche Felder geschieden. Am Ende des Schwanzes findet sich eine starke Schleimdrüse, die besonders zur Begattungszeit sehr stark secernirt.

Der Kiefer ist halbmondförmig, hornig, am concaven Rande etwas verdickt, auf der oberen Fläche mit 8—15 starken Leistchen, die den concaven Rand zahnartig überragen. Zunge mit einem symmetrischen, dreispitzigen Mittelzahn, der etwas kleiner ist, als die

5*

nebenstehenden anderen Zähne des Mittelfeldes. Seitenzähne messerförmig, etwas gekrümmt. Die gesammte Verdauung ist auf Vegetabilien eingerichtet; der innere Bau ist ganz der im ersten Capitel beschriebene der Gastropoden. Das Genitalsystem ist einfach gebaut, ohne die Anhangsdrüsen von *Helix*.

Sämmtliche Arten sind träge, sehr gefrässige Thiere, die nur bei feuchtem Wetter und Nachts umherkriechen, sonst ruhig unter Steinen, feuchtem Holz u. dgl. sitzen. Sie sondern sehr viel Schleim ab. Die Begattung erfolgt in derselben Weise, wie bei *Helix*; die Eier werden zu 50—60 Stück lose unter Moos und Laub den ganzen Sommer durch abgelegt, die Jungen erscheinen nach 4—6 Wochen.

Es kommen in Nassau vier Arten vor, die sich unterscheiden wie folgt:

Körper halbstielrund, Sohle gleichbreit, hinten und vorn abgerundet, verwaschen dreifarbig; Thier glänzend schwarz oder rothgelb, Länge 13—15 Ctm.

A. empiricorum Fér.

Körper cylindrisch, hinten und vornen verschmälert, Sohle am Schwanzende länglich zugespitzt mit ganz undeutlichen Langsfeldern, Farbe rothbraun, auf jeder Seite eine dunkelbraune Längsbinde, Länge 5—6 Ctm.

A. subfuscus Fér.

Körper cylindrisch, schlank, hinten schnell zugespitzt, in der Ruhe breit gerundet. Farbe grau oder weisslich mit verwaschenen schwarzen Flecken, jederseits eine dunkle Binde; Länge 5—6 Ctm.

A. hortensis Fér.

Körper cylindrisch, schlank, grünlich weiss bis hell meergrün, Kopf und Augenträger schwarz, Sohle gelblichweiss; Länge 4—5 Ctm.

A. melanocephalus Faure.

3. Arion empiricorum Férussac.

Syn. Arion ater List. *Limax ater* Linn. *L. rufus* Linn. *L. succineus* Müll.

Körper halbstielrund mit stark gewölbtem Rücken und ganz flacher breiter Sohle, die überall gleichbreit, nach hinten abgerundet ist. Länge 13—15 Ctm., Breite $1^3/_4$—$2^1/_2$ Ctm. Schild hinten und vornen abgerundet, in der Ruhe stark, beim Kriechen feiner gekörnt. Athemöffnung rund, vor der Mitte des rechten Schildrandes stehend. Körper mit groben Maschen bedeckt. Sohle undeutlich in drei Längsstreifen getheilt, an den Seiten grau, in der Mitte heller. Ueber dem Schwanzende in einem dreieckigen Raum die Mündung der starken Schwanzdrüse. Farbe meistens glänzend schwarz; mitunter der Fussrand hellbraun, gelb oder rothbraun, immer mit schwarzen Querstrichelchen; es kommen aber auch rothe, gelbe und scharlachrothe Exemplare vor. Unter dem Schilde über dem Lungensack liegen eine Anzahl Kalkplättchen und Körner zerstreut. Kiefer halbmondförmig, gleichbreit, am Rande etwas verdickt, mit 6—16 Leisten, die am concaven Rande vorspringen. Zunge wie in der Gattungsbeschreibung angegeben.

Die Jungen weichen in der Farbe auffallend ab, manche Formen werden wahrscheinlich als eigene Arten beschrieben; anfangs sind sie meistens weiss, dann grau oder grünlich mit dunklerem Kopf.

Die Schnecke lebt namentlich in Waldgegenden, in feuchten Laubwaldungen, meistens gesellig, bei Tag und bei trockenem Wetter unter Holz und Steinen verborgen. Sie ist sehr träge in ihren Bewegungen und frisst Pflanzenstoffe, Pilze, aber auch faules Fleisch. Man verwandte sie früher zur Darstellung einer Schneckenbrühe für Schwindsüchtige.

Allgemein verbreitet, dürfte wohl keinem Bezirk in Nassau fehlen. In der Umgebung von Biedenkopf habe ich immer nur die schwarze Form beobachtet; auch um Schwanheim überwiegt sie.

4. Arion subfuscus Férussac.

Körper cylindrisch, hinten und vornen verschmälert, Schild fein gekörnt, nach vornen gebuckelt, Athemloch in der Mitte des rechten Randes. Länge 5—6 Ctm., Breite 6 Mm. Körper mit parallelen, feinen Längsrunzeln. Sohle am Schwanzende länglich zugespitzt, mit undeutlichen Längsstreifen und von einem schmalen, hinten breitern Saum umgeben. Zunge wie die der vorigen Art; die Zähne der Seitenfelder mit seitlichen Einschnitten an der von der Mittellinie abgewandten Seite. Kiefer mit abgerundeten Ecken und 10—12 nach der concaven Seite hin convergirenden Leisten.

Farbe gelbbraun oder rothbraun, Rücken und Fühler meistens dunkler; von den Augenträgern läuft auf jeder Seite ein dunkleres Band über Nacken, Schild und Körper nach der Schwanzdrüse. Fussrand grau, fein schwarz gestrichelt. Sohle gelbweiss, Schleim gelb. (Lehmann).

Die Schnecke lebt gesellig in Laubwaldungen und Hecken; man findet sie namentlich nach einem Regen an Buchenstämmen. Lebensweise wie bei der vorigen Art.

5. Arion hortensis Férussac.

Syn. Limax fuscus Müll.

Körper cylindrisch, schlank, vornen an Breite abnehmend, hinten schnell zugespitzt, in der Ruhe breit abgerundet. Schild vorn und hinten abgerundet, in der Ruhe feinkörnig. Körper gerunzelt, die Runzeln besonders an den Seiten in regelmässige Reihen angeordnet. Farbe gelblich oder weissgrau, mit dunkleren Flecken oder Streifen, besonders am Rücken, jederseits mit einer dunklen auf dem Schild lyra-artig gekrümmten Längsbinde; Kopf und Fühler schwärzlich, Sohle gelblichweiss mit etwas gelberem, nicht gestrichelten Rande, in der Mitte scheinen mitunter die Eingeweide durch; Schleim glashell. Länge 4—5 Ctm., Breite 4—5 Mm.

Kiefer halbmondförmig, mit 10—15 ziemlich gleichen Leistchen, Zunge mit 65—77 Längsreihen und 100—133 Querreihen, der Mittelzahn um wenig kleiner, als die Seitenzähne, dreispitzig, alle Zähne kurz und gedrungen. (Lehmann).

In Gärten unter Steinen und faulem Holz, ziemlich lebhaft in seinen Bewegungen. Bei Weilburg (Sandb). Um Frankfurt einzeln in Gärten (Heyn). Ziemlich selten bei Ems (Servain).

6. Arion melanocephalus Faure-Biguet.

Syn. A. tenellus Müll.

Körper cylindrisch, schlank, Schild an beiden Enden abgerundet, unregelmässig gekörnt, Körper mit langen, feinen, elliptischen Runzeln. Farbe bei unseren Exemplaren aus den Taunuswaldungen grünlichweiss bis hellmeergrün, nie citron- oder orangegelb, wie Lehmann von den Stettiner Exemplaren angiebt. Sohle hellgelb mit weissgelblichem Rande; Kopf und Augenträger schwarz. Schleim glashell. Länge 5½ Ctm., Breite 5 Mm. Kiefer mit 5 stärkeren und 5—6 schmäleren Leisten. Zunge der von *hortensis* sehr ähnlich.

Häufig im Moos am Boden am Fuss der Baumstämme in den Waldungen des Taunus.

III. AMALIA (Moquin-Tandon) Heynemann.
Amalie.

Thier nackt und träge; Kiefer oben glatt, vornen ausgebuchtet und gezähnt. Mantel gekörnelt, hinten ausgebuchtet, über die Mitte quer eingeschnürt; darunter eine kalkige, am Rande nicht häutige Platte mit einem auf der Mitte liegenden Nucleus. Hinterleib oben der ganzen Länge nach gekielt, mit flachen, zwischen Längsfurchen in Längsreihen hinter einander liegenden Runzeln. Sohle in drei Längsfelder getheilt.

† † 7. Amalia marginata Draparnaud.

Mantel und Körper rothgrau, obenher dunkler, an den Seiten heller. Der Mantel ist hinten stark ausgebuchtet, namentlich wenn das Thier ruht, und überall mit schwarzen Puncten und Schnörkeln besäet, welche auf beiden Seiten zu je einem deutlichen Striche zusammenfliessen, der sich, vom hinteren Mantelrande angefangen, in einem schwachen Bogen bis zur Mitte hinzieht; von diesen Längsstreifen aus geht die Einschnürung des Mantels über dessen Mitte hinweg. Der Körper hat oben einen blassgelben, schmalen, aber sehr in die Augen fallenden Kiel und ist sonst auf dem rothgrauen Grunde mit schwarzen Puncten besetzt, welche ziemlich regelmässig in den Furchen zwischen den Runzeln stehen. Die Runzeln, auf jeder Seite, am hinteren Mantelrande gezählt, vom Kiel bis zur Sohle 16 Reihen, bilden schräg nach abwärts und hinten verlaufende, auf dem Rücken stellenweise unterbrochene Perlenreihen. Der Sohlenrand ist mit einem schwarzen, am Schwanzende stärker ausgeprägten Striche umzogen, die Sohle gelblichweiss. Kopf mit einer vorn gabelig getheilten Nackenleiste, mit schwarzen, wulstigen Flecken bedeckt. Auch die Fühler sind mit schwarzen, erhabenen Puncten besetzt; ihre Knöpfe birnförmig mit dem dünnen Ende nach oben. Die Augennerven als zwei dunkle Streifen sichtbar. Länge 8—10 Ctm.

Die innere Schale ist oval, dick, gewölbt, mit erhabenem Nucleus, hinter dem sich der Rand etwas herunterbiegt. (Heynemann.) Kiefer weit ausgeschnitten, schmal, mit einem stumpfen Zähnchen in der Mitte, an den Seiten flügelförmig verbreitert. Die Zungenzähne sind im Mittelfeld schlank, lanzettförmig, mit einer Seitenspitze auf jeder Seite; die der Seitenfelder schlank sichelförmig.

Diese schöne Schnecke, die unter allen Naktschnecken durch ihre feine, man möchte fast sagen vornehme Färbung auffällt, sitzt den Tag über träge unter Steinen, besonders unter kleinen, flachliegenden, an schattigen, nicht zu trocknen Orten, wie es scheint mit Vorliebe in der Nähe von Ruinen. Nachts und im dunklen Raum kriecht sie lebhaft umher; bei der Berührung sondert sie einen zähen, firnissartigen, weissen Schleim ab. In Nassau wurde sie zuerst 1868 von mir am Schlosse zu Biedenkopf, später auch von Dr. Koch zu Dillenburg an einem Ackerrande vor dem Feldbacher Wäldchen unter Schalsteinen gefunden. Auch Servain beobachtete sie unter Steinen rechts vom Fusspfad, der von der Burg Stein nach der Ruine Nassau führt. Sie dürfte sich wahrscheinlich auf den meisten Ruinen des rheinisch-westphälischen Schiefergebirges finden.

IV. LIMAX Lister.
Schnegel.

Körper halbstielrund, unten platt, nach vorn und hinten spindelartig verschmälert, schlanker als Arion. Schild mit concentrischen Wellenlinien, ungefähr wie die Innenseite des letzten Daumengliedes an der Menschenhand. Die Athemöffnung liegt hinter der Mitte des rechten Schildrandes, die Geschlechtsöffnung hinter dem rechten Augenträger. Unter dem Schilde liegt die innere Schale, eine ovale, nach oben convexe Tafel mit häutigem Rande und einem Knöpfchen, der Embryonalwindung, *nucleus*, rechts am oberen Rande. Der Rücken ist nach hinten gekielt, eine Schwanzdrüse nicht vorhanden. Die Sohle meist deutlich in drei Felder getheilt. Kiefer halbmondförmig, sattelartig über die Fläche gebogen, mit einem kegelförmigen Zahn im concaven Rand. Zunge deutlich in ein Mittelfeld und zwei Seitenfelder zerfallend, die Zähne des Mittelfeldes sind ein- bis dreispitzig, die der Seitenfelder hakenförmig gekrümmte Dornen.

Die Limaxarten, durch ihr Gebiss mehr auf Fleischnahrung und eine räuberische Lebensweise angewiesen, sind viel lebhafter und beweglicher als die Wegschnecken. Sie fressen nicht nur andere Schnecken, sondern auch sich unter einander mit der grössten Gier auf, wenn sie Hunger haben. Mitunter sieht man Exemplare herumkriechen, die fast bis aufs Schild aufgefressen sind; dennoch leben sie meistens gesellig. Ausser Fleisch scheinen modernde Pflanzenstoffe und Pilze ihre Lieblingsnahrung zu bilden, doch verschmähen sie, besonders der schädliche *Limax agrestis*, auch frische Pflanzenstoffe nicht.

Sie begatten sich, indem sie sich schraubenförmig um einander wickeln, entweder am Boden, wie *Limax agrestis*, oder freischwebend in der Luft, an einem Faden ihres eigenen Schleimes aufgehängt, wie *Limax cinereo-niger* und *arborum*. Die Eier sind vollkommen durchsichtig, gelblich, bei den kleineren Arten rund, bei den grösseren oval mit ausgezogenen Enden und zu förmlichen Schnüren zusammengeklebt; nur *Limax arborum*, der auch in anderen Puncten abweicht, legt einzelne, einfach eiförmige Eier. Die jungen Thiere weichen in Gestalt und Färbung von den alten vielfach ab; sie sondern sehr viel Schleim ab und können sich an einem Faden desselben von nicht zu bedeutender Höhe herunterlassen, eine Fähigkeit, welche die ausgewachsenen nur bei der Begattung, wo die Schleimsecretion ausserordentlich vermehrt ist, haben.

Durch die Bemühungen Heynemanns, dem wir bei dieser Gattung vorzüglich folgen, sind in unserem Gebiete alle acht, bis jetzt sicher in Mitteldeutschland beobachteten Arten nachgewiesen. Dieselben lassen sich unterscheiden, wie folgt:

A. **Mantel ohne dunkle Seitenstreifen.**

  a. **Grössere Arten, 12—15 Ctm. lang.**

    Sohle in drei verschiedenfarbige, scharf geschiedene Felder getheilt, Körper verschieden gefärbt, aber der Mantel immer ungefleckt.   *L. cinereo-niger* Wolf.

    Körper heller oder dunkel grau, Mantel stets gefleckt, Sohle einfarbig.   *L. cinereus* Lister.

    Körper und Mantel einfarbig, ohne Flecken, Sohle einfarbig.   *L. unicolor* Heyn.

    Körperfarbe hochgelb, mit einem schwärzlichen Netz überzogen, Mantel hinten zugespitzt, Schleim gelb, Länge 10—12 Ctm.   *L. variegatus* Drp.

  b. **Kleinere Arten, 4—6 Mm. lang.**

    Körperfarbe braun, Mantel so lang wie der Körper, das ganze Thier durchscheinend, 4 Ctm. lang.

        L. brunneus Drp.

    Körperfarbe grau mit schwarzen Strichelchen, Sohle gelbweiss, Länge 4—6 Ctm.   *L. agrestis* L.

B. **Mantel mit zwei dunklen Seitenstreifen.**

    Körperfarbe hochgelb, Fühler schwarz, Schleim gelb, Mantelende rund.   *L. cinctus* Müll.

Körperfarbe grau, Fühler hellfarbig, Schleim glashell, Mantelende spitz. *L. arborum* Bouch.

8. Limax cinereo-niger Wolf.

Syn. L. maximus L., *antiquorum* Fér. *(ex parte.)*

Körper halbstielrund, lang, schlank, nach hinten sehr lang und spitz ausgezogen, das Schwanzende flossenartig gekielt. Mantel hinten spitz, concentrisch um ein in der Mitte liegendes Centrum geringelt, immer ungefleckt. Der Rücken mit grossen, breiten nicht geschlängelten Runzeln. Die Sohle des Fusses meistens in drei deutliche, verschieden gefärbte Längsstreifen eingetheilt, schwarz-weiss-schwarz. Doch ist die Färbung nicht constant; da überhaupt die Schnecke, durch Abnahme des Pigments alle Schattirungen von Grau bis zu einem trüben Weiss annehmen kann, kann auch die Sohle grau-weiss-grau und selbst fast einfarbig weissgrau werden. Eine rein weisse Varietät fand Heynemann im Taunus und nennt sie *var. Hareri*. Länge 12—18 Ctm. Br. 2 Ctm.

Die rudimentäre Kalkschale ist viereckig, vornen schmäler als hinten, mit einem etwas erhabenen Nabel vornen und rechts. Kiefer halbmondförmig, der Zahn bis in gleiche Höhe mit den Seitentheilen reichend, der convexe Rand etwas eingebuchtet. Die Zunge trägt 150—170 Längsreihen und circa 80 Querreihen, die Seitenzähne sind schon von der 15. Reihe an zweispitzig, etwa am 50. erreicht die zweite Spitze die Höhe der ersten und verschwindet dann wieder allmählig. (Heyn.)

Die Schnecke scheint besonders den Gebirgswaldungen anzugehören, und fällt durch ihre Grösse — manche Exemplare sind ausgestreckt fast einen Fuss lang — alsbald in die Augen. Im Taunus findet sie sich in den höheren Gegenden in Menge, ebenso um Dillenburg und Weilburg (Sdbrg. und Koch). In der Umgebung von Biedenkopf fand ich sie nur ganz einzeln im Schlossberg und am alten Schloss bei Breidenstein. Bei Ems (Servain).

9. Limax cinereus Lister.
Grauer Schnegel.

Syn. L. antiquorum Fér. *ex parte.*

Körperform ganz wie bei *cinereo-niger*, so dass ihn manche nur für eine Varietät desselben gelten lassen wollen, mit mittelfeinen, etwas geschlängelten Runzeln. Mantel immer mit hellen Flecken, mittelfein gerunzelt. Sohle einfarbig weiss, in drei deutliche, aber nicht verschieden gefärbte Längsfelder geschieden. Länge 15 —18 Ctm. Breite 2 Ctm.

Kiefer mit einem starken Mittelzahn, der mitunter über den concaven Rand hinaus vorragt. Zunge mit wenig auffallendem Mittelzahn; die Zähne des Mittelfeldes lanzettförmig, ohne Seiteneinschnitte, die der Seitenfelder einfach sichelförmig.

Diese für gewöhnlich als häufig angegebene Schnecke ist in unserem Gebiete mit Sicherheit bis jetzt nur von Dr. Koch in wenigen Exemplaren an den Mauern der Wilhelmsstrasse zu Dillenburg gefunden worden.

10. Limax unicolor Heynemann.

Syn. L. cinereus in Heyn. Verz. d. Frankf. Nacktschn. Mal. Bl. 1861.

Mantel hinten zugespitzt, nie gefleckt, mit sehr feinen Runzeln. Körper ebenfalls fein gerunzelt, die Runzelreihen stark geschlängelt. Fühler fein gekörnelt. Sohle einfarbig weiss. Schleim glashell. Länge 12—15 Ctm. Breite 2 Ctm.

Im botanischen Garten zu Frankfurt (Heyn.), bei Schwalbach (von Maltzan).

11. Limax variegatus Draparnaud.
Kellerschnegel.

Thier schlank, gelb oder gelbgrün gefärbt, wie mit einem dunklen Netz überzogen, das die Runzeln und die Höhe des Rückens freilässt. Runzeln in etwa 35 Längsreihen, auch ziemlich regelmässig in Querreihen angeordnet. Mantel intensiver gefärbt, als der übrige Körper, und ebenfalls mit einem dunklen Netz überzogen, das gleichsam nur an zerrissenen Stellen die Körperfarbe durchscheinen lässt; er ist nach hinten zugespitzt und zeigt deutlich hervortretende Wellenlinien, deren Zahl ungefähr der der Längsreihen gleichkommt. Sohle einfarbig, gelblich. Fühler blau. Schleim gelb. Die Kieferform ist nicht constant, doch scheint sich der Mittelzahn nie bis zur Höhe der beiden Seitenenden zu erheben. Die Zunge hat, wie bei *cinereus*, einfache Mittelzähne und gegabelte Seitenzähne.

Das Schalenrudiment ist auffallend breit, mitunter am Rande

häutig; die Anwachsstreifen sind nicht besonders deutlich; ein Knöpfchen ist nicht zu bemerken.

Diese schöne Schnecke, die, nebenbei bemerkt, in fast allen Erdtheilen vorkommt und unter den verschiedensten Namen beschrieben worden ist, findet sich stets nur im Bereiche der Wohnungen, besonders in Kellern alter Häuser, in Brunnenkammern etc., meistens in grosser Menge, aber nur selten beachtet, da man an solchen Orten nicht nach Schnecken sucht. Beobachtet wurde sie bis jetzt nur in Frankfurt (Heynemann) und von mir in Schwanheim, doch kommt sie jedenfalls noch an anderen Puncten, wenigstens im Mainthal, vor. *)

12. Limax brunneus Draparnaud.
Brauner Uferschnegel.

Syn. L. *laevis* Müll.

Körper halbstielrund, spindelförmig, **etwa 4 Ctm. lang**, schwach gekielt. Mantel so lang, wie der Körper, mit zwölf breiten Wellenlinien, deren Centrum nur wenig rechts von der Mittellinie liegt; Mantelende nicht zugespitzt. Die Runzeln des Körpers sind nur wenig erhaben, in Längsreihen geordnet, der ganze Körper glatt und glänzend. Farbe dunkelbraungrau bis chocoladebraun, an den Seiten und auf der Sohle etwas heller, das ganze Thier etwas durchscheinend, so dass man von aussen die Kalkschale erkennen kann. Dieselbe besteht in einer länglich runden, schmalen, ziemlich langen Kalkplatte mit feinen Ansatzstreifchen und einem fast in der Mitte sitzenden Knöpfchen. Kiefer stark bogenförmig, der Zahn nicht die Höhe der Hörner erreichend. Zunge wie die der übrigen Limaceen, aber die Zähne der Seitenfelder nur einspitzig, ohne seitlichen Zahneinschnitt.

Diese Schnecke lebt nur an den allerfeuchtesten Stellen an den Ufern der Bäche und Flüsse unter Steinen, die fast im Wasser liegen. Sie wird wahrscheinlich an den meisten Orten übersehen, oder bei flüchtiger Betrachtung für einen Blutegel gehalten. In den feuchten Thälern des Taunus, namentlich in dem des Urselbaches (Heyn.) Am Mainufer, Schwanheim gegenüber unter allen Steinen in Menge. An feuchten Waldstellen bei Dillenburg und Haiger (Koch). Am Lahnufer bei Biedenkopf einzeln.

---

*) Anm. Nach mir noch nachträglich zugekommenen Nachrichten kommen in vielen Kellern zu Höchst a. M. Nacktschnecken vor, die wohl unserer Art angehören.

13. Limax agrestis Linné.
Gemeine Ackerschnecke.

Syn. L. reticulatus Müll. — *L. filans* Hoy.

Körper halbstielrund, schmal, nach vornen etwas abnehmend, nach hinten lang ausgezogen, stark gekielt, 3—6 Ctm. lang. Mantel hinten quer abgestutzt, mit sehr breiten Wellenlinien. Runzeln des Körpers gross. Sohle einfarbig, doch mit dreifeldriger Musculatur. Schleim milchig, sehr zäh, fadenziehend, woher der Name *filans*. Farbe von weiss bis chocoladebraun variirend, meist mit schwarzen Strichelchen und Flecken. Kalkplättchen fest, schmal, mit abgerundeten Ecken, schwach concentrisch gestreift. Knöpfchen in der Mitte des vorderen Randes, diesen etwas überragend. Der Kiefer ist ein ziemlich flach gestreckter Halbmond mit breitem, kegelförmigem Zahn, der nicht selten die beide Enden verbindende Linie überragt. Die Zungenzähne des Mittelfeldes sind lanzettförmig mit seitlichen Einschnitten, der Mittelzahn kleiner, die Seitenzähne einfach sichelförmig.

Die gemeinste Art der Gattung und unsere einzige eigentlich schädliche Schnecke; sie ist allenthalben anzutreffen, bei Tage und trockenem Wetter meistens unter Steinen verborgen. Sie begattet sich auf der Erde, nicht hängend, wie die anderen Arten, und legt den ganzen Sommer hindurch Eier, zusammen etwa 200—250 Stück. Die Jungen sind dunkler gefärbt, sehr lebhaft und schon nach wenigen Monaten fortpflanzungsfähig, so dass sie in warmen, feuchten Jahren zu einer wahren Landplage werden. Man vertilgt sie, indem man die Felder mit Asche bestreut oder noch besser mit einer verdünnten Lösung von Chlorkalk übergiesst. Auch kann man halbfaule Breter auslegen, unter denen sie sich dann ansammeln, und sie dort tödten. In Gärtnereien hält man mitunter Kröten zu ihrer Vertilgung, und Ländereien, in deren Nähe sich froschreiche Gräben befinden, sollen vor ihnen sicher sein.

14. Limax cinctus Müller.

Syn. L. flavus Müll. — *L. tenellus* Nilss.

Körper halbstielrund, mässig hochgewölbt, nach vornen etwas verschmälert, nach hinten lang ausgezogen, 3, 5—6, 5 Ctm. lang. Mantel intensiv hochgelb, mit feinen, körnigen Wellenlinien. Rücken schmutzig gelbgrau, mit elliptischen, in Längsfalten angeordneten, obenauf gebräunten Runzeln; die Grundfarbe tritt nur in den Zwischenräumen hervor. Augenträger schwarzbraun; von ihnen aus verläuft jederseits ein dunkler Streif über Nacken, Schild und Körper bis zum Schwanzende, gewissermassen einen Gürtel bildend, wodurch der Müller'sche Name veranlasst wurde. Sohle hellgelb, mit schmaler Längsleiste eingefasst, Schleim gelb. Die innere Schale gleicht der von *agrestis*, ist aber weniger gewölbt. Kiefer wenig gekrümmt mit fast geradem Vorderrande. Die Zunge bietet nichts Auffallendes.

Eine Varietät bei der die dunkle Gürtelbinde verschwindet, ist nach Heynemann der *L. flavus* Müll., andere z. B. Lehmann, halten den *variegatus* für die genannte Müller'sche Art, doch ist bei diesem das Gelb nicht so auffallend, um den Namen davon zu nehmen.

Diese Schnecke lebt in den Bergwäldern an Schwämmen und faulem Holz fressend; sie erscheint erst, wenn die Schwämme kommen. Nach Lehmann legt sie mehrmals 30—40 unzusammenhängende Eier von runder Form ins Moos.

Beobachtet wurde sie bis jetzt nur von Heynemann im Frankfurter Wald und im Taunus.

15. Limax arborum Bouchard.
Grauer Baumschnegel.

Syn. *L. marginatus*, Müll. (*non* Drap.) *sylvaticus* Drp., *scandens* Norm.

Körper halbstielrund, Rücken hochgewölbt, Schwanzende spitz, scharf gekielt; das ganze Thier sehr durchscheinend, 6—7 Ctm. lang. Mantel hinten zugespitzt, mit dichten Wellenlinien, deren Centrum in der Mitte, aber etwas nach vornen liegt. Körperrunzeln wie gewöhnlich in Längsreihen geordnet. Fühler oft mit gekörnelten Streifen umwunden, mit einem dunkleren Streifen, der sich auch über den Nacken und auf den Mantel zu zwei verwaschenen Längsstreifen fortsetzt, die aber nach innen zu scharf begränzt sind. Färbung grau, oft mit röthlichem Anflug. Sohle einfarbig weissgrau, Schleim glashell.

Der innere Bau weicht von dem der anderen Limaxarten nicht unbeträchtlich ab. Die innere Schale ist ein Plättchen organischen Gewebes, in welches nur hin und wieder Kalk eingelagert ist. Der Kiefer ist ein flacher Halbmond mit flügelartig verbreiterten Enden und kurzem stumpfem Mittelzahn. An der Zunge sind die Zähne des Mittelfeldes lanzettförmig, stumpf und breit, ohne Seiteneinschnitte, die der Seitenfelder sind ebenfalls stumpf, an den Enden abgerundet, nur die äussersten mit einem oder einigen, kaum bemerkbaren Widerhaken versehen. Auf Grund dieser Abweichungen schlägt Heynemann (Mal. Bl. X p. 211) vor, diese Schnecke als eine eigene Untergattung *Lehmannia* von dem Reste der Gattung *Limax* abzutrennen.

Die Schnecke lebt, wie schon der Name andeutet, mit Vorliebe in Waldungen und zwar an den Stämmen der Buchen, doch auch in Gärten und im freien Feld. Bei trockenem Wetter liegen oft eine ganze Anzahl Exemplare zusammen in feuchten Stöcken oder Astlöchern; bei Regen kommen sie hervor und kriechen an den Stämmen hinauf, besonders an den Stellen, wo das Wasser herabfliesst; sie sind dann von der aufgenommenen Flüssigkeit ganz glänzend und durchscheinend.

Ihre Eier, von denen sie mehrere Häufchen, jedes von 20—30 Stück unter Moos und Rinde absetzen, sind einfach eiförmig, im Gegensatz zu denen der anderen Limaxarten, die kugelrund oder in eine Spitze ausgezogen sind.

Allenthalben im Frankfurter Wald und im Taunus. (Heyn.) Um Biedenkopf von mir nicht selten, aber immer nur einzeln, an moosigen Mauern und Brücken gefunden. In Buchenwaldungen um Dillenburg häufig. (Koch).

Siebentes Capitel.

V. VITRINA Drp.

Glasschnecke.

Gehäuse ungenabelt, aus wenigen, schnell zunehmenden, fast horizontal entwickelten Windungen bestehend, kugelig bis ohrförmig, mit fast verschwindendem Gewinde, durchsichtig, sehr zerbrechlich, stark glänzend. Mündung gross, Mundsaum einfach, Spindelrand bogenförmig ausgeschnitten, bei einigen Arten häutig.

Thier schlank, gestreckt, im Verhältniss zum Gehäuse sehr gross; der quergerunzelte Mantel schickt einen zungenförmigen Fortsatz aus, welcher sich an die rechte äussere Wand des Gehäuses anlegt; er ist, auch wenn das Thier ruht, immer in Bewegung und erhält dadurch das Gehäuse glatt. Fuss ziemlich kurz, spitz. Vier

Fühler, die oberen lang und schlank, die unteren kurz. Athemöffnung auf der rechten Seite an der Basis des Mantellappens; Geschlechtsöffnung rechts in der Mitte des Halses. Kiefer glatt, gebogen, mit einem Vorsprung in der Mitte. Zunge in drei Felder getheilt; die Zähnchen des Mittelfeldes sind dreispitzig und bilden eine ziemlich gerade Linie ohne besonders ausgezeichneten Mittelzahn; die Seitenzähne sind klein, stachelförmig verlängert und bilden mit der Mittelreihe einen nach hinten offenen Winkel.

Die Vitrinen sind sehr auf die Feuchtigkeit angewiesen; die gesammelten vertrocknen meist, ehe man sie nach Hause bringt, wenn man sie nicht in lebendes Moos packt oder in ein luftdicht verschlossenes Glasröhrchen setzt. In der Gefangenschaft kann man sie deshalb fast nur auf dem Felsen des Aquariums halten. Sie leben nur an feuchten Orten, unter Laub, Moos und Steinen, besonders im Gebirge. In unseren Gegenden sind sie am muntersten in der kühlen Jahreszeit, man findet sie selbst unter dem thauenden Schnee. Im Sommer dagegen finden sie sich nur an ganz feuchten Stellen, z. B. in Hochgebirgen in der Nähe der Schneegränze und im Moos in der Umgebung von Quellen. An trockenen Stellen findet man sie dann oft in Menge todt; so fand ich sie zu Tausenden schon im Mai unter den Randgebüschen der Mombacher Haide. Sie nähren sich von vermodernden Substanzen, aber auch von anderen Schnecken; ich fand sie mitunter gesellig in Pilzen, in die sie tiefe Löcher gefressen hatten.

Eier rund mit häutiger Schale; sie werden in kleinen Häufchen unter Laub und Moos abgesetzt.

Im Gebiete unserer Fauna sind bis jetzt fünf Arten beobachtet worden, welche sich in folgender Weise unterscheiden:

A. Schlanke Formen mit flachem häutigem Spindelrand, der sich in scharf markirter Kiellinie gegen den gewölbten Theil des letzten Umgangs absetzt.

  a. 2 Umgänge, Gehäuse ohrförmig, wie bei *Daudebardia*, grünlichgelb. Höhe 1³/₄ Mm., Länge 4 Mm.   *V. elongata* Drp.

  b. 2½ Umgänge, Gewinde etwa die Hälfte des ganzen Gehäuses ausmachend; in der Mitte des Spindelrandes steht die Kiellinie ebensoweit von dem Rande ab, als die Projection des gewölbten Theiles vom letzten Umgange beträgt.

                                        V. Heynemanni C. Koch.

  c. 2½—3 Umgänge, Gewinde die Hälfte des Gehäuses; Kiellinie

in der Mittellinie halb so weit abstehend vom Spindelrand, als die Projection beträgt. *V. diaphana* Drp.

B. Gedrungenere, mehr kugelige Formen mit grösserem Gewinde und ohne häutigen Spindelsaum, 3—3½ Windungen.

a. Gehäuse fast kugelig, wenig in die Quere verbreitert. Mündung fast kreisrund, Thier grau mit dunklerem Mantel.
V. pellucida Müll.

b. Gehäuse flacher, mehr in die Quere verbreitert, Mündung gestreckt elliptisch, Thier schieferblau mit dreifarbiger Sohle.
V. Draparnaldi Cuvier.

16. Vitrina elongata Draparnaud.
Ohrförmige Glasschnecke.

Syn. *Hel. semilimax* Fér. père.

Gehäuse länglich ohrförmig, aus kaum zwei Umgängen bestehend, ganz niedergedrückt und sehr stark nach der rechten Seite hin ausgezogen, sehr dünn und zart, grünlichgelb gefärbt, vollkommen durchsichtig; Gewinde punctförmig, kaum ein Drittel des ganzen Gehäuses ausmachend; der Spindelrand mit breitem Hautsaum, dessen Breite das doppelte der Projection von dem gewölbten Theile des letzten Umganges beträgt, in der Nabelgegend gleichmässig verschmälert auslaufend und bis zum vorderen Theil der Mündung reichend. Länge 4 Mm. Breite 2,75 Mm. Höhe 1,75 Mm.

Thier auffallend grösser als das Gehäuse, hellgrau. Mantel mit schwarzen Pünctchen und Flecken; der Mantelfortsatz bedeckt die ganze Mündung. Sohle sehr schmal, schmutzig weiss.

Diese kleine, sehr lebhafte Vitrine scheint in unserem Gebiete selten zu sein. Bis jetzt wurde sie nur im Hohlwege nach dem alten Geisberg bei Wiesbaden von A. Römer und am Altkönig und bei Cronberg von dem verstorbenen Schöffen von Heyden beobachtet, dürfte aber wohl noch an mehr Puncten im Taunus vorkommen, wenn man im ersten Frühjahr nachsuchte.

17. Vitrina Heynemanni C. Koch.

Syn. *V. diaphana var.* C. Koch und Sandb. Beiträge etc.

Gehäuse länglich ohrförmig, zart, grünlichgelb gefärbt und vollkommen durchsichtig; 2½ Umgänge, welche aus punctförmiger Spira rasch zunehmen; Mündung verlängert, Spindelrand mit breitem

Hautsaum, dessen Breite in der Mitte des Spindelrandes dieselbe Dimension hat, wie die Projection des gewölbten Theils am letzten Umgang beträgt, in der Nabelgegend in gleichbreitem Spiralband fortsetzt und nach dem Centrum plötzlich verschmälert ausläuft und nicht ganz bis zum vorderen Theil der Mündung reicht; die Kiellinie gegen den gewölbten Theil des letzten Umgangs ist sehr scharf markirt; das Gewinde macht nicht ganz die Hälfte des Gehäuses aus. Länge 6 Mm. Breite $4^1/_4$ Mm. Höhe 3 Mm.

Thier viel grösser als das Gehäuse, 12—15 Mm. lang, gestreckt, aber plumper gebaut als bei *elongata* und *diaphana*; der Mantel ragt weit aus dem Gehäuse hervor, ist dunkelgrau gefärbt und stark querrunzelig; der Mantellappen grau mit schwärzlichem Saum, die Spira nicht deckend. Hals mässig unter dem Mantel hervorragend, aschgrau gefärbt mit grob gekörneltem Kiel zwischen zwei weisslichen Vertiefungen; Stirne und Seiten grob gekörnelt, dagegen Hals und Rücken querrunzelig mit deutlicher Streifung von hellerem und dunklerem Grau. Fuss auffallend hoch mit stumpfer, undeutlicher Körnelung, fast glatt. Fühler gedrungen, conisch zugespitzt, mit feiner, quergestellter Körnelung. (C. Koch).

Diese Form unterscheidet sich von der folgenden schon durch die hellere Farbe des Thieres, und durch ihre Lebensweise. Sie hält sich in Waldsümpfen auf, zwischen *Chrysosplenium oppositifolium* unter der Bodendecke. Ihre Hauptentwicklung fällt in den Spätherbst und Anfang des Winters; im October legt sie ihre Eier in feuchte Walderde. Bis zum Frühjahr dauert sie an den bis jetzt beobachteten Fundstellen nicht aus.

Im Breitscheider Walde, bei Langenaubach und bei Oberdreslendorf am nördlichen Abhang des Westerwaldes an Stellen, wo Tertiärschichten zwischen Basalten auftreten und es das ganze Jahr hindurch feucht ist. Bei Langenaubach ist sie zur günstigen Jahreszeit sehr häufig, sie wurde dort von Dr. C. Koch schon 1844 beobachtet und in den Beiträgen zur Molluskenfauna von Sandberger und Koch (Jahrbuch des nass. Vereins VII) als Varietät von *V. diaphana* angeführt.

18. Vitrina diaphana Draparnaud.

Syn. Helix limacina von Alten. — *Hyalina vitrea* Studer.

Gehäuse länglich niedergedrückt, stumpfohrförmig erweitert, zart, glashell oder grün, vollkommen durchsichtig und stark glänzend;

vollkommen ausgewachsene Exemplare haben 2½ und selbst 3 Umgänge; Rossmässler gibt nur zwei an und scheint demnach ein unfertiges Exemplar vor sich gehabt zu haben. Gewinde etwas stärker, als bei voriger Art, die Hälfte des Gehäuses ausmachend, der häutige Spindelrand ist schmäler und weniger deutlich abgesetzt als bei der vorigen Art; seine Breite beträgt in der Mitte des Randes nur die Hälfte von der Projection des gewölbten Theiles vom letzten Umgang; die Kiellinie verschwindet nach dem Nabel hin und fällt nach dem vorderen Theile der Mündung hin im letzten Viertel mit dem Spindelrande zusammen. Höhe 4—5 Mm. Breite 6—7 Mm.

Thier mit braunem, schwarzpunctirtem Mantel, sonst hellgrau, der Mantelfortsatz fast das ganze Gehäuse bedeckend; Sohle in der Mitte weisslich, an den Rändern dunkelgrau.

Diese Form kommt, soviel mir bekannt ist, nur an einem einzigen Puncte in unserer Gegend vor, nämlich in einem Weidengebüsch dicht am Main bei Mühlheim; sie wurde daselbst von Herrn Kretzer in Mühlheim aufgefunden und ist im Frühjahr sehr häufig; wahrscheinlich stammt sie aus dem Spessart. *)

19. Vitrina pellucida Müller (non Drp.).
Kugelige Glasschnecke.

Syn. *Helix limacoides* von Alten. — *Vitrina beryllina* Carl Pfeiffer.

Gehäuse niedergedrückt kugelig, ziemlich glatt, grünlich, vollkommen durchsichtig, 3½ Umgänge, der letzte nur wenig in die Quere verbreitert; Mündung mondförmig rund, gross. Höhe 3—4 Mm. Breite 4—5 Mm.

Thier fahlhellgrau oder weisslich, ziemlich durchscheinend, Mantel dunkel, schwarzpunctirt, der Mantelfortsatz kleiner, als bei den anderen Arten; Sohle gelblichweiss.

Allenthalben in Nassau nicht selten, besonders in den gebirgigeren Theilen. Man findet sie meistens gesellig unter Steinen und Laub, besonders häufig im Spätherbst und Winter. Auf Ruinen, am Fusse alter Mauern und in Buchenwäldern mit Quellen wird man

---

*) Bei Durchmusterung der Sammlung des verstorbenen Herrn C. von Heyden, die Herr Hauptmann von Heyden der Normalsammlung der deutschen malacozoologischen Gesellschaft zum Geschenk gemacht hat, fand ich *Vitr. diaphana* auch vom Altkönig.

sie nicht leicht irgendwo vermissen. Gesammelt wurde sie bis jetzt: an vielen Orten um Wiesbaden, Ruine Sonnenberg, Stein, Nassau, Runkel, Idstein (Thomae), Weilmünster (Sandberger), bei Breitscheid, im Feldbacher Wäldchen, bei Burg und Langenaubach (Koch), an vielen Puncten um Frankfurt und im Taunus (Heynemann); bei Soden (C. von Heyden); an vielen Puncten um Biedenkopf von mir. Auffallend ist das massenhafte Vorkommen auf der Mombacher Haide; ich fand im Mai 1870 tausende von leeren Exemplaren unter dem abgefallenen Laub der kümmerlichen Büsche am Rande nach der Hartmühle hin, an Stellen, die das ganze Jahr hindurch trocken sind. Koch im Nachr. Bl. 1871 Nro II vermuthet, dass sie vielleicht als Art von *pellucida* verschieden sei.

20. Vitrina Draparnaldi Cuvier.
Grosse Glasschnecke.

Syn. V. pellucida Drp. (*non* Müller); *V. major* Fér.; *V. Audebardi* Fér.

Gehäuse flacher, als das von *pellucida* und bedeutend grösser, dünn, zart, glashell feingestreift, und dadurch etwas weniger glänzend, als *pellucida*; 4 Umgänge, der letzte stärker in die Quere verbreitert, so dass die Mündung eine gestreckt elliptische Form annimmt. Höhe 3—4 Mm. Breite 5—8 Mm.

Thier gross, hellgrau mit dunkel schieferblauem Mantel, dessen Fortsatz gross genug ist, um fast das ganze Gewinde zu bedecken. Sohle deutlich in ein weisses Mittelfeld und zwei schieferblaue Seitenfelder geschieden.

Diese ausgezeichnete Form ist in Nassau dem Anschein nach sehr verbreitet und häufig, ist aber dennoch lange übersehen oder mit anderen Formen verwechselt worden, obschon sie sich von *pellucida* schon durch die Grösse und die dreifarbige Sohle, von *diaphana* durch den Mangel des häutigen Spindelrandes und die Grösse des Gewindes unterscheidet. Sie gleicht in ihrer Lebensweise der *pellucida* und kommt mit ihr zusammen vor. Sie wurde zuerst von Heynemann auf der Ruine Hattstein im Taunus gefunden, dann auch von dem Schöffen von Heyden bei Rüdesheim; später an mehreren Puncten. Im Wolkenbruch bei Wiesbaden (Lehr); bei Stein und Nassau sehr häufig (Servain); um Dillenburg die häufigste Vitrine (Koch). Ich fand sie nicht selten an verschiedenen Puncten um Biedenkopf, besonders an feuchten Waldstellen im Martinswald. — Bei Schlangenbad (C. von Heyden). — Bei Weilburg im Gebück (Sandberger brieflich).

Achtes Capitel.
b. HELICEA, Schnirkelschneckenartige.
VI. HYALINA Gray.
Glanzschnecken.

Syn. Zonites Ad. Schmidt *ex parte.*

Gehäuse meistens genäbelt, durchscheinend, glänzend, glashell oder hornbraun, mit 5—7 regelmässig zunehmenden Umgängen, von denen der letzte nicht oder nur wenig nach unten gerichtet, gegen die Mündung meistens erweitert ist. Das Gewinde ist fast stets flach, niedergedrückt, nur bei einer Art kegelförmig erhoben. Mündung gerundet mondförmig, Mundsaum dünn, scharf, gerade, ohne Spindelhäutchen.

Das Thier ist dem von *Helix* äusserlich ganz gleich; es unterscheidet sich wesentlich nur durch Kiefer und Zunge. Der Kiefer ist bei *Hyalina* halbmondförmig mit einem kleinen, aber scharf vortretendem Zahne am concaven Rand und auf der Oberseite vollkommen eben, während er hier bei den Helixarten mit Längsrippen versehen ist. Die Zunge hat in der Mitte kurze, dreispitzige, an den Seiten längere, haken- oder dornförmige, ungetheilte Zähne. Da die mittleren eine gerade Reihe bilden, an die sich zu beiden Seiten die Seitenzähne im schiefen Winkel anschliessen, zerfällt die Zunge sehr deutlich in drei Längsfelder, was bei Helix durchaus nicht so deutlich ist.

Das Thier selbst ist zart und schlank; die Athemöffnung mündet an der rechten oberen Seite des Halses, die Oeffnung des einfachen Geschlechtsapparates ist etwas weiter unten. Die Geschlechtsorgane sind einfacher, als bei Helix, ohne Pfeilsack und Schleimdrüsen; **das Flagellum ist sehr kurz oder fehlt ganz.**

Sämmtliche Hyalinen leben an feuchten, moderigen Stellen, unter faulem Holz, Steinen, oder im Mulm; sie nähren sich von vermodernden Vegetabilien, aber auch von Pilzen und thierischen Stoffen, wie die im Kieferbau ihnen verwandten Vitrinen und Limaxarten.

Für frische Pflanzenstoffe ist ihr Gebiss weniger geeignet, als das der ächten Helices.

Die Hyalinen sind allgemein verbreitet; sie leben bis zu bedeutenden Höhen und hohen Breiten. Meistens findet man mehrere Arten zusammen an einem Fundorte. Sie legen ihre mit häutiger oder kalkiger Schale umgebenen Eier einzeln in feuchte Erde.

Albers-Martens führt als in Deutschland vorkommend 12 Arten an, von denen acht in Nassau aufgefunden sind. Bei der schwierigen Unterscheidung, besonders der kleinen Arten, dürfte noch eine oder die andere Art hinzukommen. Sie lassen sich folgendermassen unterscheiden:

A. Gehäuse niedergedrückt oder flach gewölbt, *Hyalina* im engeren Sinne.

  a. Gehäuse weit genabelt, so dass der zweite Umgang im Nabel noch sichtbar ist.

Umgänge 4½, Gehäuse fettglänzend, gelbgrau, unten heller, Mündung rund, Durchmesser 7—9 Mm.

H. nitidula Drp.

Ebenso, aber der letzte Umgang sehr in die Quere verbreitert, die Mündung nach unten gezogen.

H. nitens Mich.

Umgänge 4, Gehäuse glänzend, einfarbig horngelb bis grünlich, Durchmesser 4—5 Mm.

H. nitidosa Fér.

Umgänge 6, Gehäuse fast scheibenförmig niedergedrückt, stark glänzend, oben grünlich horngelb oder grünweisslich, unten weisslich. Durchmesser 11—13 Mm.

H. cellaria Müll.

Umgänge 5, Gehäuse etwas kugelförmig, niedergedrückt. rothgelb, Thier blauschwarz. Durchmesser 6—7½ Mm.

H. nitida Müll.

  b. Gehäuse enggenabelt, feindurchbohrt oder ungenabelt.

Umgänge 4½, Gehäuse feindurchbohrt, glashell, glatt, Durchmesser 3½—4 Mm.

H. crystallina Müll.

Umgänge 5, Gehäuse genabelt, glashell, die Naht tief, Windungen höher, als bei *crystallina*, in der Mündung eine weisse Lippe, Durchmesser 4—4½ Mm.

H. subterranea Bourg.

Umgänge 6, Gehäuse ungenabelt, glashell, sehr dicht gewunden, Durchmesser 4—4½ Mm.

H. hyalina Fér.

B. Gehäuse kegelförmig (*Conulus* Fitz.), Umgänge 6, Gehäuse ungenabelt, horngelb; Durchmesser 3½—4 Mm., Höhe 3 Mm.

H. fulva Müll.

21. Hyalina nitidula Draparnaud.
Gemeine Glanzschnecke.

Gehäuse weit und tief genabelt, etwas kugelig, gedrückt, oben und unten convex, dünn, durchscheinend, fettglänzend, fast glatt, oben hellrothbraun, unten um den Nabel milchweisslich, aus 4½, sich wenig erhebenden, walzenförmigen Umgängen, die sehr langsam zunehmen, bestehend. Mündung rundmondförmig; Mundsaum einfach, scharf, nicht geschweift; Nabel offen und tief. Höhe 3—3½ Mm., Durchmesser 7—9 Mm.

Thier hellschieferblau, auf dem Rücken und an der Fussspitze dunkler.

Diese Art unterscheidet sich von der nächstverwandten *H. cellaria* durch die stärkere Erhebung des Gewindes und die geringere Zahl der Umgänge, von *H. nitens* durch die einfach runde, nicht oder nur ganz unbedeutend quer erweiterte Mündung. Sie lebt in schattigen, feuchten Wäldern und Hecken unter Laub, Steinen und faulem Holz und ist ziemlich allenthalben verbreitet. An alten Baumstämmen im Nerothal (Thomae). Im Gebück bei Weilburg (Sandb.). Im Feldbacher Wäldchen, bei Erdbach, Langenaubach und Breitscheid bei Dillenburg (Koch). Im Frankfurter Wald, im Taunus (Heyn. Dickin). Bei Hanau selten, bei Bischoffsheim und unterhalb Hochstadt (Speyer). Am Wurzelborn im Schwanheimer Wald. (!) Um Biedenkopf allenthalben, aber ziemlich einzeln; am häufigsten in feuchten Waldthälchen unter dem Laub.

22. Hyalina nitens Michaud.
Weitmündige Glanzschnecke.

Gehäuse gewölbt, niedergedrückt, offen und ziemlich weit genabelt, dünn, durchsichtig, matt glänzend, oben hellbraungelb, unten weisslich, sehr wenig gestreift, fast glatt; 4½ Umgänge, von denen der letzte grösser und besonders am Ende sehr verbreitert und herabgebogen ist, wodurch Wirbel und Nabel sehr ausser dem Mittelpunct zu stehen kommen; Naht wenig vertieft; Mündung eiförmig, nur wenig ausgeschnitten, herabgebogen. Mündung geradeaus, einfach, scharf, geschweift. Dimensionen wie bei der vorigen.

Thier heller oder dunkler schiefergrau mit dunkelblaugrauen Oberfühlern und Rücken.

Diese Art ist eine entschieden südliche Form, die in unseren Gegenden bei weitem nicht die Grösse erreicht, wie im Süden, wo sie der *H. cellaria* nichts nachgiebt. Von manchen, z. B. Bielz, wird ihre Artselbstständigkeit bezweifelt und sie als Varietät zu der vorigen gezogen. Meiner Ansicht nach kann diess nur Folge einer Verwechslung sein, indem man Formen von *nitidula* mit etwas erweiterter Mündung für *nitens* hält; die ächte *nitens* ist jedenfalls eine selbstständige Art.

Sie findet sich mit der vorigen, aber seltener. Bei Mombach (Thomae). Um Dillenburg in schattigen Wäldern auf Kalkboden; selten bei Erdbach an den Steinkammern; am Wildeweiberhäuschen bei Langenaubach (Koch). Im Schürwald an der Babenhäuser Chaussee bei Frankfurt (Dickin). Aeusserst selten im Puppenwalde bei Hanau (Speyer). Auf der Ruine Frankenstein bei Darmstadt (Ickrath). Auf dem Falkenstein im Taunus (Ickrath). Am Schlossberg und in einem Thälchen des weissen Waldes bei Biedenkopf.

23. Hyalina nitidosa Férussac.
Grünliche Glanzschnecke.

Syn. Hel. pura Alder, *viridula* Mke., *clara* Held.

Gehäuse durchgehend, aber ziemlich eng genabelt, niedergedrückt, oben etwas convex, dünn, durchsichtig, gelblich oder grünlich hornfarben, glänzend, Oberseite sehr fein und regelmässig gestreift, Unterseite weniger. Die vier, etwas gedrückten Umgänge sind durch eine flache Naht vereinigt und erheben sich wenig; der letzte ist an der Mündung schnell erweitert. Mündung verhältnissmässig sehr gross, gerundet mondförmig; Mundsaum einfach und scharf. Nabel ziemlich eng, doch ganz durchgehend. Höhe $1^{1}/_{2}-2$ Mm., Durchmesser $3^{1}/_{2}-5$ Mm. Thier hellblaugrau; Kopf, Hals und Fühler dunkler.

Diese Schnecke ist die kleinste aus der Sippschaft der offen genabelten Hyalinen und schon dadurch leicht zu erkennen; dass sie ausgewachsen, sieht man an der raschen Zunahme des letzten Umganges.

Unter Laub und Steinen und im Moose feuchter, quelliger Stellen mit *Hyal. crystallina, fulva, Hel. pygmaea, Cionella lubrica, Carychium minimum, Vertigo 7dentata* in den meisten Gegenden nicht selten. Um Weilburg häufig (Sandb.). Bei Diez (Schübler *ibid.*). Im ganzen Breitscheider Walde und bei Langenaubach häufig. Im Feldbacher Wäldchen, Thiergarten und bei Oberscheld (Koch). Im Nerothal selten (A. Römer). Am Beilstein (Heyn.). Im Frankfurter Wald an geeigneten Stellen überall einzeln; im Mombacher Kiefernwald (Heyn.). Aeusserst selten bei Wächtersbach (Speyer). Um Biedenkopf an quelligen Stellen und im Moos an Bachrändern allenthalben nicht selten, aber nie in grösserer Anzahl beisammen. Im Moose an Gräben am Sandhof bei Frankfurt.

24. Hyalina cellaria Müller.
Keller-Glanzschnecke.

Gehäuse offen genabelt, niedergedrückt, oben fast ganz flach oder nur wenig convex, unten ganz flach, durchscheinend, glänzend, aber nach dem Tode des Thieres bald trüb und glanzlos werdend, oben etwas gestreift. Farbe oben schmutzig gelb, etwas grünlich, mitunter kaum gefärbt, unten weisslich. 5—6 sich wenig erhebende, gedrückte Umgänge, der letzte in seiner letzten Hälfte bedeutend erweitert, so dass der Nabel ausserhalb des Mittelpunctes liegt, wenn auch nicht in dem Grade, wie bei *nitens*. Mündung gedrückt, schiefmondförmig, fast breiter als hoch; Mundsaum einfach, scharf, etwas geschweift. Nabel ziemlich weit und tief. Höhe 3—4 Mm., Durchmesser 12—14 Mm.

Thier sehr schlank, weisslich, Kopf und der angränzende Theil des Rückens nebst der Spitze der Fühler schieferblau. Die in Kellern u. dgl. hausenden Exemplare sind heller. Die Zungenzähne sind in nach vorn convexe Reihen geordnet, die einzelnen sind weit grösser, als bei gleichgrossen Helices. In der Mitte steht ein kleiner, dreispitziger Zahn, daneben je ein grösserer, dreispitziger mit drei sehr ungleichen Spitzen; die drei zusammen bilden eine gerade Linie; daran schliessen sich dann in einem starken Winkel jederseits 8—10 einfache, starke, gekrümmte Dornen, die nach aussen an Grösse abnehmen. Es sind 42 Querreihen, jede mit 19—23 Zähnen, zusammen etwa 900 Zähne.

Diese grösste unserer Hyalinen lebt, wie schon der Name andeutet, mit Vorliebe in Kellern und anderen unterirdischen Räumen,

aber auch an feuchten Stellen unter Moos, Laub und faulem Holz.
Mit Sicherheit kann man immer darauf rechnen, sie unter dem Schutt
der Ruinen zu finden. Sie ist in Nassau allgemein verbreitet. Sonnenberg, Biebricher Schlossgarten, auf den Ruinen Adolphseck, **Katz,
Liebenstein, Sternberg, Spurkenburg, Kammerburg, Rheineck**; bei
Dehrn und **Runkel** im Lahnthal, im Hachenburger Schlossgarten
(Thomae). Bei Weilburg im Gebück, **an den** Reservoirs und verschiedenen **alten Mauern in der Stadt** (Sandb.). Bei Dillenburg
bei Burg, Breitscheid, Rabenscheid, Langenaubach, Endbach; **verbreitet**, aber nirgends häufig. (Koch). Im Frankfurter Wald, auf
allen Ruinen des Taunus, in Kellern zu Frankfurt und Schwanheim,
bei Homburg. Um Biedenkopf, Breitenbach, Buchenau, aber immer
einzeln, nur **unter dem Schutt am Schlossberg häufig**; **am Hartenberg bei Dexbach**.

25. Hyalina nitida Müller.
Dunkle Glanzschnecke.

Syn. Hel. lucida Drap. autor.

Gehäuse offen genabelt, etwas kugelförmig niedergedrückt, zart,
glänzend, feingestreift, rothgelb; 5 Umgänge mit ziemlich deutlicher **Naht**, zu einem kurzen Gewinde erhoben; Mündung mondförmig
rund; Mundsaum einfach und scharf, Nabel offen und tief. Höhe
3—4 Mm., Durchmesser 6—7 Mm.

Thier blauschwarz, nach Kiefer und Zunge eine ächte Hyaline;
nach den Beobachtungen **von Lehmann** (Mal. Bl. IX. S. 111) hat
es einen Liebespfeil mit trichterförmiger Krone, etwas gebogenem,
fadenförmigem Stiel und lang lancettförmiger, kaum verbreiterter
Spitze, 1³/₄ Mm. lang; derselbe trennt unsere Schnecke desshalb als
eigene Gattung *Zonitoides* von den Hyalinen ab. Mit demselben
Rechte müsste man dann aber auch die Helices ohne Liebespfeil von
denen mit Liebespfeil als besondere Gattung trennen.

An feuchten, schattigen Stellen, besonders den Ufern von Bächen,
Flüssen und Teichen, aber auch fern vom Wasser, unter Steinen,
Laub und Bretern, meist in grösserer Gesellschaft. An den Ufern
des Nero- und Wellritzbaches bei Wiesbaden (Thomae). Im Gebück bei Weilburg (Sdbrg.). An der Burger Brücke bei Dillenburg,
selten. Häufig auf den Wiesen des Nanzenbachthals (Koch). Am
Metzgerbruch (Heynemann). **Am** Mainufer unter Steinen und im

Gras überall in grosser Menge. Ebenso um Hanau, Gelnhausen, Wächtersbach, Schlüchtern und Steinau (Speyer). Auffallend ist dagegen ihre Seltenheit in der Umgegend von Darmstadt, wo sie lckrath nur am Ufer des Stützebachs unfern des Kranichsteiner Jagdschlosses einzeln fand. Im oberen Lahnthal und seinen Seitenthälern um Biedenkopf nirgends selten.

26. Hyalina crystallina Müller.
Crystall-Glanzschnecke.

Gehäuse durchbohrt, niedergedrückt, mit nur sehr wenig erhabenem Gewinde, glashell, ganz durchsichtig, fast farblos mit einem schwachen grünlichen Schein, glatt, starkglänzend, sehr zart; Umgänge $4^{1}/_{2}$, der letzte merklich breiter, als der vorhergehende; Naht ziemlich vertieft, Mündung mondförmig, Mundsaum geradeaus, einfach. Höhe $1^{1}/_{4}$ Mm., Durchmesser $3^{1}/_{2}-4$ Mm.

Thier sehr schlank, Fuss, Seiten und Sohle weisslich, Rücken und Mantel schwarz.

An feuchten Orten im Moos, mit Vorliebe unter faulem Holz, durch dessen Auslegen man sie leicht in Menge erhalten kann. Im Nerothal bei Wiesbaden, selten (A. Römer). Bei Weilburg im Gebück, Gänsberg, Harnisch (Sdbrg.). Bei Dillenburg im Breitscheider Wald bei Oberdreslendorf und im Aubachthale, verbreitet und ziemlich zahlreich (Koch). Im Frankfurter Wald nur an der Oberschweinsteige im Moose am Bach häufig (Dickm.) Um Biedenkopf an allen geeigneten Plätzen in Menge; sehr häufig im Badseiferthal; eine grosse Anzahl fand ich einmal mit *Hyal. nitida* und *Hel. rotundata* zusammen unter einem halbfaulen Bret, das als Brücke über den Obergraben der Wallauer Papiermühle diente.

27. Hyalina subterranea Bourguignat.
Unterirdische Glanzschnecke.

Gehäuse genabelt, klein, stärker gewölbt, als *crystallina*, mit der sie im Uebrigen sehr viel Aehnlichkeit hat, glashell, fast farblos, glatt, stark glänzend, sehr zart. Umgänge 5, der letzte merklich breiter, als der vorletzte; Naht stärker vertieft, als bei *crystallina*; Mündung mondförmig, innen mit einer weisslichen Lippe belegt; Mundsaum geradeaus, einfach, scharf. Dimensionen die einer grossen *crystallina*.

Thier von dem von *crystallina* durchaus nicht verschieden.

Diese Art wurde bisher immer mit *crystallina* zusammengeworfen, unterscheidet sich aber von ihr sicher durch die grössere Dicke und den weiteren Nabel, $^1/_2$ Umgang mehr, die tiefere Naht und die Lippe in der Mündung. In Deutschland wurde sie zuerst durch Reinhardt in Berlin nachgewiesen und bestimmte mir dieser auch einen Theil der von mir bei Biedenkopf und von Dickin um Frankfurt gesammelten *crystallina* als diese Species. Sie kommt demnach mit *crystallina* zusammen vor und vielleicht gehören ihr die meisten Fundorte derselben ausschliesslich an. Am Mainufer bei Schwanheim fand ich nur *subterranea*, im feuchten Moos zahlreich umherkriechend, und allem Anschein nach ist sie weit häufiger, als die ächte, enggenabelte *crystallina*. Eben dieser Umstand macht mich zweifelhaft, ob sie nicht die eigentliche *crystallina* Müll. ist, denn die Worte O. F. Müllers passen ebensogut auf sie und es wäre sonderbar, wenn er durch einen Zufall gerade die in Norddeutschland sehr seltene, enggenabelte Form vor sich gehabt hätte.

Im Moos an Grabenrändern in der Umgebung des Sandhofes bei Frankfurt.

28. Hyalina hyalina Férussac.
Dichtgewundene Glanzschnecke.

Gehäuse im ausgewachsenen Zustand ungenabelt, klein, niedergedrückt, mit ganz flachem Gewinde, glashell, fast farblos, ganz durchsichtig, stark glänzend; die 5—6 Umgänge sind sehr dicht gewunden und nehmen oben sehr gleichmässig an Dicke zu, nur der letzte ist etwas erweitert. Naht ziemlich stark vertieft; Mündung sehr eng, mondförmig, Mundsaum geradeaus, einfach; die Gegend um den ganz geschlossenen Nabel ist trichterförmig eingesenkt. Dimensionen etwas grösser wie bei *crystallina*.

Thier weisslich durchscheinend, Rücken und obere Fühler schwärzlich, Leber fleischroth.

Diese seltene Schnecke wird mitunter mit *crystallina* verwechselt, ist aber leicht zu unterscheiden durch die grössere Zahl der Windungen, die bei weitem engere Mündung und den Mangel des Nabels. Sie wurde in Nassau lebend nur von Herrn A. Römer im Adamsthal in feuchtem Boden unter Hecken an den Wurzeln von *Sphagnum* u. dgl. gefunden. Leere Gehäuse finden sich selten im Geniste der Flüsse.

29. Hyalina fulva Müller.
Kreiselförmige Glanzschnecke.

Gehäuse sehr klein, kaum durchbohrt, kreiselförmig, kuglig, horngelb, sehr dicht und fein gestreift, daher seidenglänzend, durchsichtig. Umgänge 5—6, etwas niedergedrückt, mit der schwachen Andeutung eines Kiels; Naht ziemlich tief; Mündung niedergedrückt, mondförmig, breiter als hoch; Mundsaum geradeaus, einfach, scharf. Höhe und Durchmesser gleich, 3—3$^1/_2$ Mm.

Thier schwarzbraun bis schwarz, unten heller; Fühler lang und cylindrisch, die unteren verdickt; Fuss schmal und zugespitzt. Kiefer oben etwas gekielt, in der Mitte mit einem kurzen, stumpfen Zähnchen.

In Waldgegenden auf feuchtem Boden in der Nähe von Gewässern, unter Steinen und faulendem Laub; auch unter der losen Rinde am Boden liegender Stämme. An der wilden Scheuer zu Steeten bei Runkel, selten; in der Nähe des Adamsthales, selten (A. Römer). Bei Dillenburg mit *crystallina*; ausserdem im Feldbacher Wäldchen, im Thiergarten und bei Oberscheld, vereinzelt (Koch). Ein Exemplar im Moose des Bessunger Teiches (Ickrath). Am Beilstein, im Mombacher Kieferwald, im Maingenist (Heyn.) An der Oberschweinsteige (Dickin). Einzeln fand ich sie lebend am Mainufer bei Schwanheim. Um Biedenkopf ist sie durchaus nicht selten in allen feuchten Thalgründen unter Steinen und verwesendem Buchenlaub, doch meistens einzeln; in grösserer Anzahl fand ich sie nur an der Goldküste, am Wege nach Eifa.

Anmerkung. Ausser diesen Arten findet sich in Deutschland noch eine der *nitidosa* nächstverwandte Art, *Hyal. radiatula* Alder (*Hammonis* Ström). Sie unterscheidet sich von ihrer Verwandten durch die gestreifte Schale und den engeren Nabel. In Nassau ist sie meines Wissens noch nicht gefunden worden, kommt aber nach Goldfuss im Siebengebirge vor.

Dann die zunächst mit *cellaria* verwandte *Hyalina glabra* Studer, durch den engeren Nabel und stärkeren Glanz von ihr unterschieden; auch sie ist in Nassau noch nicht aufgefunden worden.

Neuntes Capitel.
VII. HELIX Linné.

Gehäuse rund, scheibenförmig bis kegel- und selbst kugelförmig; Mündung breiter als hoch, schief, am Grunde nicht ausgeschnitten und durch das Hereintreten der letzten Windung fast mondförmig.

Thier schlank, nicht übermässig gross im Verhältniss zum Gehäuse, so dass es sich ganz in dasselbe zurückziehen kann; der Mantel bleibt immer im Gehäuse eingeschlossen. Vier walzenförmige, stumpfe Fühler; die oberen bedeutend länger als die unteren, am Ende knopfartig verdickt, die Augen tragend.

Der innere Bau ist der oben geschilderte typische der Gastropoden. Die Mundhöhle ist weit nach innen geschoben, kropfartig erweitert; in ihr liegt der einfache, hornige Kiefer, halbmondförmig gebogen und mit einer Anzahl Leisten an der convexen Seite, die am convexen Rande Vorsprünge bilden; nie ist ein kegelförmiger Mittelzahn, wie bei *Limax* und *Hyalina*, vorhanden. Zunge sehr musculös; die Radula nicht deutlich in drei Längsfelder geschieden; die Zähne kurz, in der Mitte dreispitzig, nach den Seiten hin zweispitzig. Die Speiseröhre erweitert sich alsbald zu einem länglichen, dünnwandigen, innen mit Drüsen und Längsfalten bekleideten Magen. Hinter dem Pförtner münden die zwei Ausführungsgänge der grossen, meist vierlappigen Leber. Der Darm bildet zwei Windungen und geht dann in den Mastdarm über, der am hinteren, oberen Rande der Mantelhöhle nach aussen verläuft und neben dem Kopfe mündet. Auf der oberen Seite des Magens liegen zwei grosse, platte Speicheldrüssen, deren Ausführungsgänge hinten in die Mundhöhle münden.

Die Athemhöhle ist sehr gross, dreiseitig, in der unteren Windung des Körpers vorn und unten gelegen. In einem besonderen Behälter in ihrem oberen Theile liegt das Herz. Die Niere liegt vor demselben, sie ist dreieckig und aus dem oberen Ende entspringt der Ausführungsgang, der dem Mastdarm entlang verläuft und neben oder über ihm mündet. Die Geschlechtsorgane haben wir schon oben genauer beschrieben; sie sind durch viele Anhangsdrüsen äusserst complicirt und münden mit einer Oeffnung hinter dem Kopfe auf der rechten Seite. Die meisten Arten haben einen, manche auch zwei Liebespfeile, deren Gestalt so constant ist, dass man sie mit Erfolg für die Trennung nahe verwandter Arten benutzen kann.

Das Nervensystem bietet nichts Auffallendes.

Alle Helices sind Zwitter: sie begatten sich meistens im Vorsommer wechselseitig, und legen dann eine grössere oder geringere Anzahl runder Eier mit kalkartiger Hülle, in unzusammenhängenden losen Häufchen. Von unseren Arten ist bis jetzt nur *H. rupestris* als lebendiggebärend beobachtet worden.

Die Helixarten verschliessen im Winter, manche Arten, z. B. *H. obvoluta*, auch im Sommer bei anhaltender Dürre, die Mündung ihres Gehäuses mit einem kalkigen oder papier- oder seidenartigen Deckel; manche Arten legen sogar mehrere hintereinander an. Es können diese Deckel nicht den Zweck haben, die Kälte abzuhalten, da die Schale ein ganz guter Wärmeleiter ist und also die Schnecken trotz dem Deckel erfrieren, wenn sie nicht genügend frostfreie, sichere Winterquartiere haben. Auch die Sommerdeckel beweisen, dass Schutz gegen die Temperatur nicht der einzige Zweck sein kann. Es scheinen mir die Deckel vielmehr dazu zu dienen, die Feuchtigkeit des Thieres zu erhalten, resp. die in den Lungensäcken enthaltene Luft nicht austrocknen zu lassen. Sobald der erste warme Regen fällt, stösst die Schnecke den Deckel, der mit ihrem Körper in gar keinem Zusammenhang steht, ab. Entfernt man ihn im Herbst, so machen die meisten Arten einen neuen, der aber schwächer ausfällt, als der erste; bei öfterer Wiederholnng des Versuches verlieren sie die Kraft zur Neubildung und gehen zu Grunde.

Sämmtliche Helixarten unsrer Gegend suchen sich, sobald es anfängt kalt zu werden, frostfreie Winterquartiere, je nach der Art mehr oder weniger tief. Während ich *Hel. hispida* häufig mitten im Winter bei gelindem Wetter nahe der Oberfläche unter dem Laub gefunden habe, geht die grosse *Hel. pomatia* so tief wie möglich, namentlich in Ruinen findet man sie oft mehrere Fuss tief. Meistens sind eine Anzahl beisammen. Auch im Sommer verbergen sich die meisten Arten bei anhaltend trocknem Wetter, und es ist merkwürdig, mit welchem Geschick diese anscheinend so stumpfsinnigen Thiere Verstecke aufzufinden wissen, die dem Sammler trotz des aufmerksamsten Suchens entgehen.

Alle Helices sind auf Pflanzennahrung angewiesen, verschmähen aber auch gelegentlich animalische Kost, besonders kleinere Schnecken, nicht.

Auffallend war mir immer, dass die jungen, unausgewachsenen Schnecken später ihre Winterquartiere beziehen und sie früher wieder verlassen, als die ausgewachsenen. Ist vielleicht ihre Schale für die Feuchtigkeit durchgängiger, oder können sie weniger Luft in die Athemhöhle aufnehmen?

Was den Umfang der Gattung Helix anbelangt, so fassten unter diesem Namen Linné und O. F. Müller alle Schnecken zusammen, die ein äusseres Gehäuse tragen und vier Fühler haben, von denen die oberen mit Augen versehen sind. Diese Gattung enthielt aber bald so viele und so verschieden gestaltete Arten, dass es unmöglich war, eine Art darin zu beschreiben oder aufzusuchen. Schon Bruguière trennt desshalb alle Arten mit langgezogenem Gehäuse, deren Mündung länger als breit ist, unter dem Namen *Bulimus* ab. Später erhoben Draparnaud die Vitrinen, Gray und Desmoulins die Naninen zu selbstständigen Gattungen und in neuerer Zeit hat man noch *Hyalina*, *Zonites*, *Sagda* und *Leucochroa* als Genera ausgeschieden. Trotzdem enthält die Gattung noch so ungeheuer viele und so verschiedene Arten, dass eine fernere Trennung in Unterabtheilungen unbedingt nothwendig erscheint. Lamarck hat schon frühe eine solche Trennung, aber auf rein willkürliche äussere Merkmale hin unternommen, man hat sie desshalb bald wieder aufgegeben. Besser ist das ebenfalls auf die Schalen gegründete System von Pfeiffer, nach dem man sich doch orientiren und unbekannte Arten einordnen kann.

In der neuesten Zeit scheint man aber durch die genauesten anatomischen Untersuchungen und die sorgfältigste Würdigung aller Verhältnisse der richtigen natürlichen Anordnung näher zu kommen, und in Kurzem wird vielleicht die ganze Gattung Helix in eine Anzahl selbstständige Genera aufgelöst werden. Bis dahin müssen wir uns mit der Unterscheidung von Untergattungen, die namentlich von Albers-Martens durchgeführt ist, begnügen.

Zur Erleichterung der Bestimmung geben wir in Folgendem eine kurze Characteristik der in Nassau vertretenen Untergattungen und lassen die Bestimmungstafeln immer nur für die einzelnen Gruppen folgen.

A. Gehäuse offen genabelt, niedergedrückt bis kreiselförmig; Mundsaum geradeaus, einfach, scharf.

Patula Held.

B. Gehäuse durchbohrt, sehr klein, kugelig-kreiselförmig, mit rippenartig gefalteter, an den Rändern stachelig hervortretender Oberhaut.

Acanthinula Beck.

C. Gehäuse sehr klein, genabelt, niedergedrückt, durchscheinend, Mündung fast kreisrund mit umgeschlagenem Mundsaum.
Vallonia Risso.
D. Gehäuse bedeckt durchbohrt, Mündung gezahnt, auch auf der Mündungswand ein Zahn.
Triodopsis Rafinesque.
E. Gehäuse genabelt, kreisförmig niedergedrückt, behaart, Mündung engmondförmig mit verdicktem Mundsaum.
Gonostoma Held.
F. Gehäuse genabelt oder durchbohrt, gedrücktkugelig, häufig behaart; Mündung weit oder gerundet mondförmig, Mundsaum scharf, etwas ausgebreitet, innen meist gelippt und am Basalrand umgeschlagen; Farbe braun.
Fruticicola Held.
G. Gehäuse weit genabelt, niedergedrückt, weiss oder gelbweiss, meist mit dunklen Bändern, und mit dunklem Wirbel; Mündung gerundet mondförmig oder fast kreisförmig, Mundsaum scharf.
Xerophila Held.
H. Gehäuse gross, durchbohrt genabelt, gedrückt kugelig, mit mondförmiger Oeffnung und breitgelipptem Mundsaum, dessen Basalrand den Nabel fast ganz verdeckt.
Arionta Leach.
I. Gehäuse ziemlich gross, weit genabelt, flach, der letzte Umgang stark herabgebogen, Mündung sehr schief, gerundet mondförmig, mit gelipptem, umgeschlagenem ganz lostretendem Mundsaum.
Chilotrema Leach.
K. Gehäuse gross, ungenabelt, kugelig, die Umgänge gewölbt, mässig erweitert; Mündung stark schief und in die Quere gezogen, Mundsaum zurückgebogen.
Tachea Leach.
L. Gehäuse sehr gross, bedeckt genabelt, kugelig, der letzte Umgang gross und bauchig; Mündung schief, herabgezogen, gerundet mondförmig; Mundsaum umgeschlagen.
Pomatia Beck.

Die 24 in Nassau vorkommenden Helixarten vertheilen sich auf diese Untergruppen so, dass *Acanthinula*, *Gonostoma*, *Triodopsis*, *Arionta* *Chilotrema* und *Pomatia* je einen, *Tachea* und *Vallonia* je zwei, *Patula* und *Xerophila* je drei, und *Fruticicola* acht Vertreter haben.

In der Nähe unseres Gebietes, aber bis jetzt noch nicht innerhalb desselben, findet sich noch ein Repräsentant der Untergattung *Petasia* Beck, zunächst mit *Fruticicola* verwandt, aber mit Zähnen in der Mündung.

A. Untergattung **Patula** Held.

Kleine, flach gewundene Schnecken mit offenem Nabel; die 4—6 Umgänge gleich **stark oder langsam zunehmend**, mehr oder weniger stark rippenstreifig. Mundsaum geradeaus, scharf, einfach. Kiefer mit zahlreichen, wenig vorspringenden Rippen, schwach und dünn. Geschlechtsapparat ohne Schleimdrüsen, ohne Liebespfeil und ohne Flagellum. Sie bilden eine sehr wohl umgränzte natürliche Gruppe und haben die **gegründetste Aussicht**, bald Gattungsrechte zu erlangen.

Unter Steinen und Holz, im Mulm fauler Bäume und in Spalten der Felswände, allgemein verbreitet, die erste Art jedoch nur auf Kalk

Unsere drei Arten lassen sich folgendermassen unterscheiden:
a. Gehäuse kreiselförmig, dunkelbraun, 1,5 Mm. im Durchmesser.

Hel. rupestris Drp.

b. Gehäuse niedergedrückt, hellbraun.
 4 Umgänge, Durchmesser nur 1 Mm.

Hel. pygmaea Drp.

6 Umgänge, dunkelgefleckt, stumpf gekielt, Durchmesser 6—7 Mm.

Hel. rotundata Müll.

30. Helix rupestris Draparnaud.
Felsen-Kreiselschnecke.

Syn. H. umbilicata Mont.

Gehäuse sehr klein, nur 2 Mm. hoch und 1,5 Mm. breit, offen und ziemlich weit genabelt, mit mehr oder weniger erhobenem Gewinde, kreiselförmig, dunkelbraun, sehr fein und dicht gestreift, seidenglänzend, dünn, etwas durchsichtig; vier ziemlich gedrückte Umgänge; Naht sehr vertieft; Mündung gerundet; Mundsaum geradeaus, einfach, scharf, mit etwas genäherten Rändern.

Thier blauschwarz, nach unten zu heller; obere Fühler sehr kurz, verdickt und stumpf, die unteren sehr klein und kaum sichtbar.

Diese Schnecke findet sich nur auf Kalkboden. Gefunden wurde sie von A. Römer am Fusse der Kalkfelsen der wilden Scheuer bei Runkel unter faulem Laub, und im Geniste der Rambach bei Wiesbaden. Auch Speyer fand sie im Maingenist bei Hanau. Nicht häufig an den Felsen zwischen Ems und Oberlahnstein (Servain).

31. Helix pygmaea Draparnaud.

Winzige Schnirkelschnecke.

Gehäuse winzig klein, nur 1 Mm. im Durchmesser bei 0,5 Mm. Höhe, weit genabelt, scheibenförmig, hellrothbraun, sehr fein und dicht gestreift, daher seidenglänzend, durchsichtig, dünn, zerbrechlich. $3^{1}/_{2}$—4 Umgänge, sehr langsam zunehmend, der letzte kaum breiter als der vorletzte, so dass das Gehäuse aussieht, als sollte es der Anfang zu einem viel grösseren sein; Naht sehr vertieft, Mündung mondförmig; Mundsaum scharf, einfach, geradeaus.

Thier hellgrau, Fühler und Rücken dunkler; Oberfühler lang und schlank. Augen deutlich, schwarz; Fuss kurz, die Endspitze von der Schale bedeckt. Das Thierchen ist munter und kriecht schnell.

An feuchten, schattigen Stellen in Gesellschaft von Hyalinen und kleinen Pupen; wohl allenthalben nicht selten, aber ihrer Kleinheit wegen häufig übersehen. Am leichtesten erhält man sie noch aus dem Geniste.

Gefunden wurde sie bis jetzt im Wald unter der Platte; auf einer Wiese bei Schierstein (Thomae). Weilburg, im Harnisch, am Odersbacher Weg (Sandbrg.). Im Feldbacher Wäldchen und im Breitscheider Wald (Koch). Auf einer feuchten Wiese im Erbenheimer Thälchen an Holzstückchen (A. Römer). Um Frankfurt hier und da (Heynemann). Bei Biedenkopf am Abhange des Kratzenbergs unter Steinen; im Badseiferthälchen häufig im feuchten Moos; einzeln in allen Waldthälchen. In den Anschwemmungen von Rhein, Main und Lahn.

32. Helix rotundata Müller.

Knopfschnecke.

Gehäuse perspectivisch genabelt, 6—7 Mm. im Durchmesser, 3—4 Mm. hoch, niedergedrückt, oben gewölbt, mit strahlenförmig geordneten, hellrothbraunen Flecken, zierlich und fein gerippt, dünn, durchscheinend, stumpf gekielt. Umgänge reichlich 6, dicht gewunden, sehr langsam zunehmend, über dem stumpfen, zuletzt fast verschwindenden Kiel schwach, unter demselben stark gewölbt; Naht ziemlich vertieft; Mündung gerundet mondförmig; Mundsaum geradeaus, scharf, einfach.

Thier hellschieferblau bis ziemlich dunkel blaugrau, durchscheinend; Oberfühler schlank, Fussende sehr spitz.

Allenthalben am Fusse schattiger Mauern unter Steinen und Holz, in der Bodendecke, in alten Stöcken. Häufig auf allen Ruinen. Burg Sonnenberg, Nerothal, Clarenthal und an vielen anderen Orten um Wiesbaden, im Biebricher Garten, Ruine Frauenstein, Hohenstein, Adolphseck, Nassau und Stein, Schloss Idstein (Thomae). Häufig um Weilburg und Diez (Sandbrg.), Dillenburg (Koch), Frankfurt (Heynemann, Dickin), Homburg (Trapp). Um Biedenkopf allenthalben. Gemein um Ems (Servain). Albinos sind von dieser Form ziemlich häufig. Im Feldbacher Wäldchen fand Koch selten eine einfarbig braune Varietät. Ein hochgewundenes, der *Hel. conica* ähnliches Exemplar fand ich im Schlossberg bei Biedenkopf.

  Anmerkung. Thomae führt in seinem Verzeichniss noch aus dieser Gruppe die *Hel. ruderata* Stud. an und beruft sich dabei auf Rossmässler, der diese Schnecke von Nassau anführt. Es ist dies aber eine Verwechslung mit Nassau im sächsischen Erzgebirg, bei Frauenstein im Kreise Dresden. Diese Schnecke unterscheidet sich von *rotundata*, der sie sonst sehr ähnelt, durch die geringere Zahl ihrer stielrunden Umgänge, die gewölbte Form, den Mangel der braunrothen Flecke und die grössere Mündung. Sie findet sich in den Alpen, Sudeten und im Erzgebirg.

  Eine fünfte deutsche Art aus dieser Gruppe, *Hel. solaria* Menke, ganz flach und sehr stark gekielt, gehört nur dem südöstlichen Deutschland bis nach Schlesien herauf an.

B. Untergattung Acanthinula Beck.

33. Helix aculeata Müller.
Stachelige Schnirkelschnecke.

Gehäuse sehr klein, durchbohrt, kugelig kreiselförmig, schmutzig horngelb, durchsichtig, dünn, wenig glänzend, häutig gerippt oder lamellenrippig, jede Rippe in der Mitte in eine häutige Wimper verlängert, wodurch das Gehäuse, von oben oder unten angesehen, einen strahlig-wimperigen Umkreis zeigt; Umgänge vier, fast walzenförmig; Naht sehr vertieft; Mündung fast ganz rund, so hoch wie breit;

Mundsaum zurückgebogen, häutig; Mundränder einander genähert. Höhe und Durchmesser gleich, 1, 5—2 Mm.

Thier hellblaugrau, schleimig, Fühler und Rücken stets etwas dunkler, die Fussspitze sehr kurz; die unteren Fühler etwas länger, als bei der vorigen Untergattung.

Ziemlich verbreitet, aber allenthalben selten, in schattigen Buchenwäldern unter der Bodendecke. Bei Weilburg am Gänsberg sehr selten (Sdbrg.). Bei Dillenburg im Feldbacher Wäldchen, in den letzten Jahren nicht mehr gefunden; im Steinbeul selten (Koch). Im Frankfurter Wald (Heyn., Dickin.) An verschiedenen Puncten um Biedenkopf in feuchten Waldthälchen (C. Trapp). An der Spurkenburg, bei Dausenau und in der Umgegend der Stadt Nassau (Servain). Im Norden, in Schweden, auch schon auf Rügen, ist sie stellenweise sehr häufig.

Anmerkung. In Nordeuropa kommt noch eine andere, nahe verwandte Art dieser Gruppe vor, *Hel. lamellata* Jeffreyss, die einen Umgang mehr hat und mit stärkeren häutigen Lamellen besetzt ist. Der nächste mir bekannte Fundort ist Kiel (Rossm.).

C. Untergattung **Vallonia** Risso.

Kleine, im Mulm, unter Steinen und Moos lebende, flach gewundene Schnecken, circa 3 Mm. im Durchmesser. Der Kiefer hat zahlreiche, aber am Rande nur wenig vorspringende Rippen. Ein langer, glatter, conischer Liebespfeil.

Es kommen in Deutschland zwei Arten vor, die meist zusammen lebend, auch in Nassau gemein sind, eine stark gerippte Form, *Hel. costata* Müll., und eine glatte Form, *Hel. pulchella* Müll. Sie werden der gemeinsamen Lebensweise wegen von vielen für Varietäten einer Art gehalten, z. B. von Rossmässler, von Martens, Bielz. Dagegen trennt sie L. Pfeiffer und auch Ad. Schmidt macht darauf aufmerksam, dass trotz des gemeinsamen Vorkommens Zwischenformen sehr selten oder nie gefunden werden. Wären sie grösser, so würde Niemand auf die Idee kommen, sie für eine Art zu halten, und ich ziehe desshalb auch vor, sie als getrennte Arten zu betrachten.

34. Helix costata Müller.
Gerippte Schnirkelschnecke.

Gehäuse sehr klein, weit genabelt, gelblichweiss, halbdurchscheinend, mit häutigen Rippen. Windungen 3½, mässig gewölbt, regelmässig zunehmend, die letzte vornen etwas nach unten gebogen, nicht erweitert. Mündung etwas schräg, fast cirkelrund, nur sehr wenig durch die Mündungswand ausgeschnitten. Mundsaum weiss, zurückgebogen, fast zusammenhängend, mit einer glänzendweissen Lippe. Höhe 1,5 Mm., grösster Durchmesser 3, kleinster 2,5 Mm.

Thier weiss, durchsichtig, schleimig, mit dunklen Augenpuncten auf den deutlich unterscheidbaren Oberfühlern; die Unterfühler klein, kaum sichtbar.

Allenthalben unter Moos und Steinen gemein, auch an trocknen Orten, wo *pulchella* nicht vorkommt. Bei Wiesbaden, an Felsen im Rhein- und Lahnthal, in den Ruinen daselbst überall häufiger als die glatte Form (Thomae). Ebenso im Dillthale (Koch), um Frankfurt und am Taunus (Heyn.) und bei Biedenkopf. Bei Weilburg fand Sandberger immer nur die glatte Form.

35. Helix pulchella Müller.
Niedliche Schnirkelschnecke.

Syn. Hel. costata var. pulchella Rossm., Icon.

Gehäuse weisslich, glänzend, durchsichtig, glatt, weitgenabelt. Der letzte der 3½ Umgänge an der Mündung nicht heruntergebogen. Mündung schief, fast kreisförmig. Der Mundsaum zurückgebogen, mit schwächerer weisser Lippe; die Ränder nur genähert, nicht zusammenhängend. Dimensionen und Thier wie bei voriger Art.

Allenthalben, aber nur an feuchten Orten, namentlich an Flussufern. Nach Sandberger kommt bei Weilburg nur sie vor, auch bei Schwanheim am Mainufer fand ich nur *pulchella*.

Fossil im Diluvialsand von Mossbach und in den Miocänschichten von Wiesbaden und Hochheim (Sdbrg.).

D. Untergattung Gonostoma Held.
36. Helix obvoluta Müller.
Eingerollte Schnirkelschnecke.

Gehäuse offen und weit genabelt, scheibenförmig, oben und unten platt, dunkel rothbraun, glanzlos, ziemlich fest, undurchsichtig, behaart mit ziemlich weitläufig stehenden, einfachen, geraden, ziemlich langen Haaren. Die sechs seitlich gedrückten, dicht gewundenen, durch eine tiefe Naht vereinigten Umgänge bilden ein ganz flaches oder selbst etwas concaves Gewinde. Mündung stumpf dreieckig oder seicht dreibuchtig; Mundsaum bogig zurückgebogen, wulstig, mit einer schmutzig-lilafarbnen oder braunröthlichen Lippe, aussen mit zwei Eindrücken. Nabel bis zur Spitze offen. Höhe 6 Mm., grosser Durchmesser 13—14, kleiner 10—12 Mm.

Thier stark gekörnt, grau, Kopf, Oberfühler und zwei von ihnen ausgehende Rückenstreifen schwärzlich, Fuss hellgrau, lang und spitz. Mantel gelblichweiss mit grauschwarzen Flecken; die Unterfühler sehr kurz. Kiefer mit 10—12 wenig vorspringenden Leisten. Nach Ad. Schmidt hat das Thier eine dicke Ruthe ohne Flagellum, kein Divertikel am Blasenstiel und einen verkümmerten Pfeilsack ohne Pfeil.

Diese schöne Schnecke findet sich an dumpfen, feuchten Orten unter Laub und Steinen ziemlich weit verbreitet, aber häufig nur local. Sie scheint die hügeligen Gegenden vorzuziehen, und namentlich in Ruinen wird man sie nicht leicht vermissen. Nur bei sehr feuchtem Wetter findet man sie an Steinen und Grashalmen umherkriechend; bei anhaltend trocknem Sommer verschliesst sie ihr Gehäuse, wie im Winter, mit einem pergamentartigen Deckel. Sie ist eine der ersten Schnecken, die Winterquartiere aufsuchen, und verkriecht sich an passenden Plätzen mehrere Fuss tief unter Geröll und Steine.

Vereinzelt im Nerothal, häufiger auf den Ruinen Katz, Liebenstein, Sternberg, Gutenfels, Sickingen, Waldeck, Lahneck, Marxburg, Spurkenburg, in verschiedenen Thälern um Nassau, im Wisperthal, an vielen Plätzen im Lahnthal (Thomae). Im Forstorte Hain bei Schloss Schaumburg häufig (Tischbein). Um Weilburg nicht selten (Sdbrg.) Bei Diez (Schübler). Um Dillenburg bei Oberscheld und Erbach selten (Koch). In den Ruinen des Taunus, bei Cronthal, aber nicht im Frankfurter Wald (Heyn., Dickin). Nicht selten am Schlossberg bei Biedenkopf und am Hartenberg bei Dexbach.

Varietäten. Gärtner führt von Steinau bei Hanau eine Form mit gezahnter Mündung an; dieselbe Form erhielt ich auch durch Herrn Becker vom Auerbacher Schlossberg; die beiden Wülste, welche auf dem Mundsaum stehen und die Mündung stumpf dreibuchtig machen, sind bei ihr stärker als normal entwickelt, doch durchaus nicht in dem Grade, wie bei *holoserica*.

Ferner kommen mitunter Exemplare vor, die kaum die Hälfte der normalen Grösse erreichen, aber sonst durchaus in Nichts von der Stammform abweichen.

Anmerkung. Aus dieser Gruppe kommt in Deutschland noch vor die sehr ähnliche *Hel. holoserica* Stud.; sie gleicht unserer Art ganz in der Form, ist aber durch die Zähne in der Mündung leicht zu unterscheiden. Sie findet sich in den Alpen und in den schlesischen und sächsischen Gebirgen.

E. Untergattung **Triodopsis** Rafinesque.
37. **Helix personata** Lamarck.
Maskenschnecke.

Gehäuse bedeckt durchbohrt, gedrückt kugelig, zart, zerbrechlich, durchscheinend, glanzlos, hornbraun, ganz und gar mit unendlich feinen Höckerchen besetzt, die unter dem Microscop ein sehr zierliches Bild geben, dadurch fein chagrinirt, ausserdem noch mit kurzen, geraden, nicht sehr dicht stehenden Härchen bedeckt. Die fünf convexen, sehr allmählich sich entwickelnden, durch eine ziemlich vertiefte Naht vereinigten Umgänge erheben sich nur wenig zu einem abgerundeten, ganz stumpfen Gewinde. Mündung eckig dreibuchtig, verengert; Mundsaum breit zurückgeschlagen, scharf, aussen tief eingekerbt und am Spindelrande auf den Nabel, der dadurch fast ganz verdeckt wird, zurückgeschlagen, am Aussenrand etwas ausgehöhlt und mit einer stark zusammengedrückten, braungelblichen Lippe belegt; jeder der Ränder, die in einem fast rechten Winkel aufeinanderstossen, trägt ein kleines, weisses Zähnchen, und auf der Mündungswand steht quer von einem Rande zum andern eine glänzendweisse, erhabene Leiste, durch welche die Mündung sehr verengt wird. Höhe 6 Mm., grosser Durchmesser 11—12, kleiner 9—10 Mm. Exemplare aus Südöstreich sind mitunter bedeutend grösser.

Thier grau, Kopf, Rücken und Fühler schwarz, Sohle grau. Kiefer mit 3—5 vorspringenden Leisten und gezahntem Rand. Die Organisation des Geschlechtsapparates nähert sich nach Ad. Schmidt auffallend der der Campyläen, aber auch *Hel. holoserica* zeigt, trotz ihrer Schalenähnlichkeit mit *obvoluta*, grosse Uebereinstimmung mit dem Bau von *personata*. Ein verhältnissmässig langer, fast kegelförmiger, wenig gebogener Liebespfeil.

Diese schöne Schnecke steht in der deutschen und selbst der europäischen Fauna ganz isolirt; Verwandte finden sich nur in Amerika. Sie hält sich an denselben Fundorten auf, wie *obvoluta*, und gleicht ihr auch in der Lebensweise, nur dass sie um vieles lebhafter ist und bei feuchtem Wetter lustig an Steinen und Grashalmen emporkriecht. Der Winterdeckel ist pergamentartig, weiss. Aufgefallen ist mir immer, dass frische Exemplare im Spätherbst so ganz dünnschalig, fast nur aus Epidermis bestehend, waren, dass man sie ohne weiteres zu microscopischen Präparaten verwenden konnte, obwohl die Mündungszähne fertig gebildet waren, während ich sie im Frühjahr an derselben Stelle viel dickschaliger fand, dass sie also erst nach Vollendung der Mündung und im Laufe des Winters die inneren Schalenschichten ablagern. Das Gehäuse verwittert nach dem Tode sehr rasch, so dass fast nie ein leergefundenes für die Sammlung brauchbar ist; bei *obvoluta* ist diess viel weniger der Fall.

Man findet sie meist nur an isolirten Puncten, aber dann stets in grösserer Gesellschaft. Um die Ruinen Stein und Nassau (Tho.). Am Webersberg bei Weilburg (Sdbrg.). Im Aubachthal zwischen Langenaubach und Rabenscheid und bei Oberscheld (Koch). Sehr häufig im Forstorte Hain bei Schloss Schaumburg (Tischbein). Ich sammelte sie in Menge am Schlossberg bei Biedenkopf, wo sie weit häufiger als *obvoluta* ist. Im Taunus ist sie von den Frankfurter Sammlern noch nicht gefunden worden, nur Herr Wiegand will ein todtes Exemplar auf der Ruine Reiffenstein gefunden haben; doch scheint mir diess zweifelhaft, da unsre Schnecke, wie schon erwähnt, immer in Gesellschaft vorkommt und sich also wohl auch dort mehr Exemplare hätten finden müssen.

F. Untergattung **Fruticicola** Held.

Gehäuse genabelt oder durchbohrt, gedrückt kugelig, bisweilen behaart; 5—7 ziemlich gewölbte Umgänge; Mündung weit oder rundmondförmig; Mundsaum scharf, innen mit einer Lippe versehen; der Basalrand zurückgeschlagen.

Kiefer mit zahlreichen schwachen Leisten, bis zu 20, am Rande feingezähnt, ziemlich dünn. Liebespfeile 1 oder 2, conisch oder gekrümmt, mit mehrschneidiger Spitze.

Die Fruticicolen oder Laubschnecken leben im Gegensatz zu den vorigen nicht auf der Erde, sondern mit Vorliebe auf Laub und Kräutern, *Hel. hispida* besonders auf Brennesseln. Nur *Hel. incarnata* macht hierin, wie in manchen anderen Puncten eine Ausnahme, sie findet sich mit den vorigen Gruppen unter Laub und Steinen. Alle Arten lieben dunkle, schattige Stellen, um so mehr, wie Ed. von

Martens treffend bemerkt, je dunkler sie sind. Im Allgemeinen scheinen sie mehr dem Flachland als den Gebirgen anzugehören; im Lahnthal oberhalb Marburg fand ich ausser *incarnata* nur *depilata* an einzelnen Stellen, während in dem benachbarten, aber tiefer gelegenen und kalkreichen Dillthal, fünf, in der Maingegend acht Arten vorkommen.

Unsere Arten lassen sich unterscheiden, wie folgt:

A. Gehäuse kegelförmig, enggenabelt.

Oberhaut wie bereift aussehend, die Mantelflecken des Thieres durch das Gehäuse durchscheinend, Mündung stark gelippt, Höhe 9—10 Mm., Durchmesser 12—14 Mm.

Hel. incarnata Müll.

B. Gehäuse fast kugelig.
  a. Nabel ziemlich weit, Mundsaum innen kaum gelippt, Gehäuse 16—18 Mm. hoch, 18—20 Mm. breit.

Hel. fruticum Müll.

  b. Nabel sehr weit, Mundsaum innen gelippt, Gehäuse flacher, 9—10 Mm. hoch, 13—15 breit.

Hel. strigella Drp.

C. Gehäuse niedergedrückt.
  a. Nabel ziemlich weit, Gehäuse haarig, Mündung rund, innen stark gelippt. Höhe 5—6 Mm., Breite 9—10 Mm.

Hel. hispida L.

  b. Nabel weit, Gehäuse unbehaart, glänzend, Mündung mehr niedergedrückt, als bei voriger Art. Dimensionen dieselben.

Hel. depilata C. Pfr.

  c. Nabel eng, halb vom umgeschlagenen Mundsaume bedeckt, Gehäuse behaart. Höhe 4 Mm., Breite 6—7 Mm.

Hel. sericea Drp.

  d. Nabel weit, Gehäuse glatt, schwach gekielt, der letzte Umgang mit einer weisslichen Gürtelbinde. Höhe 6—8 Mm., Breite 10—14 Mm.

Hel. rufescens Penn.

  e. Nabel offen, Gehäuse zottig behaart; Höhe 5—6 Mm., Breite 10—12 Mm.

Hel. villosa Drp.

Die Unterscheidung ist durchaus nicht leicht, und namentlich die kleineren Arten werden vielfach verkannt und verwechselt.

38. Helix incarnata Müller.
Röthliche Schnirkelschnecke.

Syn. Hel. sylvestris Hartmann.

Gehäuse durchbohrt, flach kegelförmig mit wenig erhabenem, aber doch spitz endendem Gewinde, stumpf gekielt; Farbe hellröthlichbraun bis dunkelrothbraun mit einem weissen, durchscheinenden Kielstreifen; ein feiner, aus winzigen Schüppchen bestehender Ueberzug lässt frische Gehäuse wie bereift, und desshalb matt und glanzlos erscheinen; er wischt sich aber sehr leicht ab und dann wird das Gehäuse glänzend. Unter der Loupe erscheint es wenig gestreift, feingekörnelt. Sechs ziemlich gewölbte, sehr allmählich zunehmende, durch eine tiefe Naht vereinigte Umgänge. Mündung gedrückt mondförmig, Mundsaum scharf, zurückgebogen, aussen braunroth gesäumt, innen mit einer fleischrothen, besonders am Spindelrande stark entwickelten Lippe. Nabel sehr eng, aber fast bis zur Spitze offen, etwas von einer Verbreiterung des Spindelrandes bedeckt. Höhe 9—10 Mm., Breite 14—16 Mm. Die Gebirgsexemplare sind meistens bedeutend kleiner.

Thier sehr schlank, in der Farbe veränderlich, gelbroth, schmutzig fleischfarb, rothbraun bis schwärzlich, Fühler dunkelbraun, Augen schwarz, Mantel mit schwarzen Flecken, die durchs Gehäuse durchscheinen und dem lebenden Thiere ein Ansehen geben, das von dem des leeren Gehäuses sehr verschieden ist. Kiefer stark halbmondförmig gebogen, am concaven Rande verdickt, mit 23—30 ziemlich gleichbreiten Querleisten, die nur durch feine Linien von einander getrennt, zu beiden Seiten etwas gebogen sind und nicht über den concaven Rand vorragen. Liebespfeil gekrümmt, lang, die Spitze schraubenartig rechts gewunden mit zwei breiten Schneiden.

Eine kleine Form mit fast ganz bedecktem Nabel nannte Ziegler *Hel. tecta* (Pfeiffer; nach Ad. Schmidt ist *Hel. tecta* Zgl. = *vicina* Rossm.). *Hel. sericea* Müll, nicht zu verwechseln mit *sericea* Drp., ist nach Beck nur eine junge *incarnata*. Im Taunus und bei Biedenkopf findet sich eine kleine Form, die aber bis auf die Grösse ganz mit der Stammform übereinstimmt und also nicht als eine besondere Varietät angesehen werden kann.

Diese Schnecke findet sich ziemlich überall in unserer Provinz, mit *Hel. obvoluta* als regelmässige Bewohnerin der Ruinen, und in Gebirgswaldungen unter Laub und Steinen. Sie bezieht ihre Winterquartiere ziemlich spät; ihr Winterdeckel ist häutig mit Spuren von Kalk, und liegt ziemlich weit zurück in der Mündung.

Gefunden wurde sie bis jetzt im Nerothal und am Kieselborn bei Wiesbaden, auf den Ruinen Frauenstein, Adolphseck, Kammerburg, Rheineck, Katz, Liebenstein, Sternberg, Spurkenburg, Stein, Dehrn, bei Steeten, Runkel, Vilmar, im Mühlbach-, Wörsbach- und Hasenbachthal (Thomae). Bei Schloss Schaumburg (Tischbein). Am Karlsberge bei Weilburg (Sdbrg.). Nicht häufig bei Limburg (Liebler). In schattigen Wäldern auf Kalkboden um Dillenburg bei Oberscheld, Eibach, Rabenscheid, Breitscheid und Langenaubach (Koch). Im Frankfurter Wald, besonders am Königsbrunnen häufig; in den Wäldern und Ruinen des Taunus (Heyn., Dickin). Um Biedenkopf fast überall ziemlich gemein, besonders häufig um die Schlossruine. Im Schwanheimer Wald nicht häufig.

39. Helix fruticum Müller.
Stauden-Schnirkelschnecke.

Gehäuse offen und tief genabelt, aus 5—6 stark gewölbten, durch eine ziemlich tiefe Naht vereinigten Umgängen bestehend, durchscheinend, ziemlich stark, sehr fein quergestreift und mit äusserst feinen Spirallinien dicht umzogen, daher fast ohne Glanz, gelblichweiss oder röthlich bis braunroth, zuweilen auf der Mitte der Umgänge mit einem schmalen, nicht scharfbegränzten, dunkelbraunrothen Bande. Mündung gerundet mondförmig, ziemlich weit; Mundsaum etwas nach Aussen gebogen, besonders der Spindelrand; innen meist eine sehr flache weisse oder bläulich irisirende schwache Lippe. Nabel bis zur Spitze offen. Höhe 16—18 Mm., Durchmesser 18—20 Mm.

Thier je nach der Farbe der Gehäuse verschieden gefärbt, in den dunklen braunröthlich bis dunkelrothbraun, in den helleren gelblichweiss oder fleischröthlich. Von den Fühlern laufen zwei kurze graue Striche über den Rücken. Mantel schwarzbraun oder blauschwarz gefleckt, durch den letzten Umgang durchscheinend, der desshalb bei dem lebenden Thiere schön gefleckt erscheint. Liebespfeil nur 2 Mm. lang, gerade, kegelförmig zugespitzt; an der Ruthe kein Flagellum. Kiefer hell hornfarb, mit 4—5, durch tiefe Zwischenräume getrennten Querleisten, die als Zähne bedeutend über den nicht verdickten, concaven Rand hinaustreten. Der Kiefer weicht von dem der anderen Fruticicolen so weit ab, dass in einem darauf gegründeten

System *Hel. fruticum* von den nach ihr genannten Fruticicolen weit getrennt werden müsste, während andererseits dann *Bul. montanus* hierhergehören würde.

Sie findet sich in dichten Büschen und Vorhölzern, unter und auf Stauden und Gesträuchen. Im Winter schliesst sie ihr Gehäuse durch 2—3 papierartige Deckel, die im Inneren je 2—3″, hinter einander angebracht werden. Im Nothfall scheint sie auch animalische Nahrung nicht zu verschmähen, denn Ad. Schmidt fand in ihrem Magen Reste eines jungen Exemplars derselben Art, ein Cannibalismus, den ich aber auch bei anderen grösseren Schnecken beobachtet habe.

Man kann der Farbe nach drei Varietäten unterscheiden, die einfarbig weisse oder gelbweisse, die einfarbig rothe oder rothbraune, und die seltnere gebänderte.

Auf dem alten Todtenhof und in der Dambach bei Wiesbaden, Lahneck, auf dem Judentodtenhof oberhalb Nassau, in einer Schlucht unter Schadeck bei Runkel (Tho.). Bei Weilburg im Frühjahr überall gemein, beide einfarbige Varietäten ziemlich gleichmässig verbreitet (Sdbrg.). Bei Sinn in Hecken nicht häufig; am Schlossberg und in der Marbach bei Dillenburg häufig, aber nur die rothbraune Form (Koch). Bei Mombach (Lehr). Um Frankfurt besonders häufig am Röderberg, bei Oberrad und am Königsbrunnen. Bei Sossenheim auf Lössboden die helle Form sehr häufig; die helle Form an Achens Mühle, die rothbraune am Steinbrücker Teich bei Darmstadt (Ickrath). Im Lahnthal kommt sie noch bei Marburg in der Marbach auf Buntsandstein ziemlich häufig vor, findet sich aber oberhalb im Kreise Biedenkopf nicht mehr.

Die gebänderte Form bei Wiesbaden und Mombach einzeln unter der Stammform (Lehr); ebenso bei Darmstadt (Ickrath).

Exemplare mit mehreren Bändern, wie sie Hartmann aus der Schweiz beschreibt, sind meines Wissens in unserem Gebiete noch nicht aufgefunden worden.

40. Helix strigella Draparnaud.
Gestreifte Schnirkelschnecke.

Gehäuse offen und weit genabelt, gedrückt kugelig, aus 6 gewölbten, durch eine ziemlich tiefe, am Ende sehr herabgebeugte Naht vereinigten Umgängen bestehend, gestreift, wenig glänzend, hell hornbräunlich, auf der Mitte des letzten Umgangs mit einem weisslichen Bande; oft weichhaarig, doch mit äusserst kurzen und leicht löslichen Härchen; Mündung etwas gedrückt, gerundet mondförmig; Mundsaum am Innenrand zurückgebogen, innen mit einer flachen, weissen oder violetten Lippe belegt, aussen röthlichgelb oder braunroth gesäumt, Aussenrand dem Innenrand sich sehr nähernd; Nabel ziemlich offen, bis zur Spitze gehend. Höhe 9—10 Mm., Breite 13—15 Mm.

Thier graugelblich mit schwärzlichen Fühlern, Mantel schwärzlich gefleckt, ein Liebespfeil ist nicht vorhanden.

Sie gleicht in ihrer Lebensweise der vorigen, ist aber viel seltner und scheint für gewöhnlich nur einzeln vorzukommen. Im Mühlthal bei Wiesbaden, an der Ringmauer bei Flörsheim, bei der Maxburg zu Braubach unter Gebüschen, Brennesseln und Gras (Tho.). Am Johannisberg bei Nauheim (Heyn.). Einzeln am Auerbacher Schlossberg (Ickrath). Bei Sossenheim (Ickrath). Einzeln im Frankfurter Wald. Nicht selten in dem die Flörsheimer Kalksteinbrüche durchschneidenden Thälchen. (!)

41. Helix hispida Müller.
Borstige Schnirkelschnecke.

Gehäuse offen und ziemlich weit genabelt, fast scheibenförmig niedergedrückt mit convexem Gewinde, gelbgrau, hornfarbig bis hellrothbraun, oft mit rothbraunen Querstreifen, meist mit einem hellen, durchscheinenden Kielstreifen, mit kurzen, ziemlich dicht stehenden gekrümmten Härchen bedeckt, ziemlich deutlich gestreift, wenig glänzend; Umgänge 5—6, niedergedrückt, der letzte mit einem schwach angedeuteten, abgerundeten Kiel. Mündung breit mondförmig, gedrückt, breiter als hoch; Mundsaum schwach erweitert, in der Nähe des Nabels selbst schwach zurückgebogen, scharf, innen mit einer glänzend weissen Wulst belegt, die am Spindelrande eine stärker ausgeprägte Lippe bildet, der aussen ein gelblichweisser Saum entspricht. Höhe 3—3½ Mm., Breite 7 Mm.

Thier gelbgrau bis schiefergrau mit zwei schwärzlichen Rückenstreifen, schlanker, nach hinten stark zugespitzter Sohle und dünnen Oberfühlern. Es hat zwei ³/₄ Mm. lange Liebespfeile, die kegelförmig zugespitzt, an der Spitze stark ausgezogen und bisweilen etwas gekrümmt sind. Der Kiefer ist stark halbmondförmig gebogen und am convexen Rande verdickt; seine Querleisten, die nur durch feine Linien von einander getrennt sind, ragen nicht über diesen Rand hinaus; die äusseren Querleisten sind etwas gekrümmt.

In Hecken und Gestrüpp an Bachufern überall gemein. Ueberall in Nassau (Thomae). Gemein um Weilburg (Sdbrg.), Dillenburg (Koch), Frankfurt (Heyn.), Hanau (Speyer). Im oberen Lahnthal kommt sie nur ganz isolirt vor; ich fand sie um Biedenkopf nur an dem Chausseedamm bei Wolfgruben und erhielt sie durch meinen Bruder von dem alten Schloss zu Breidenstein.

Nach von Martens (*Alb. Hel. II.*) war sie in der Diluvialzeit häufiger und verbreiteter, als jetzt; das häufige Vorkommen im Diluvium beweist aber nur, dass sie schon damals mit Vorliebe an Bächen und Flüssen lebte und desshalb häufig in deren Anschwemmungen gerieth, in denen sie auch jetzt noch häufig ist; ein Schluss auf die relative Häufigkeit lässt sich aber aus dem fossilen Vorkommen so wenig wie aus dem im heutigen Geniste ziehen.

42. Helix depilata C. Pfeiffer.
Haarlose Schnirkelschnecke.

Gehäuse sehr weit genabelt, gedrückt-kugelig, gestreift, glänzend, hornfarbig. Sechs enggewundene, starkgewölbte Umgänge, der letzte mit einer schwachen, stumpfwinkligen Kante und weisslichem Kielstreifen; Nabel weit, durchgehend; Mündung gedrückt mondförmig; Mundsaum scharf, gerade, innen mit einer weissen Lippe belegt; Basalrand gerade, bildet mit dem kurzen Spindelrande einen Winkel. Höhe 4 Mm., grosser Durchmesser 8, kleiner 7 Mm. (L. Pfeiffer, Mon.).

Thier von dem der *Hel. hispida* nicht verschieden, auch die Pfeile gleich.

Diese Art ist jedenfalls die streitigste unter unseren Fruticicolen; man hält mitunter abgeriebene Exemplare von *sericea*, *hispida* und selbst *rufescens* für die Pfeiffer'sche *depilata* und bestreitet ihr demgemäss die Artgültigkeit. Die ächte, obiger Diagnose entsprechende *depilata*, bei der selbst mit der stärksten Loupe Haarwurzeln nicht zu finden sind, unterscheidet sich durch den weiten Nabel, das höhere Gewinde und die gedrücktere Mündung genügend von *hispida* und *sericea*, um als eigene Art angesehen zu werden.

Varietät. Am Mainufer findet man mitunter eine besonders

hochgewundene und in Folge davon auch enggenabelte Form, die leicht für eine abgeriebene *sericea* gehalten werden kann, doch ist der Nabel immer noch weiter und weniger bedeckt, als bei dieser Art.

Im Nerothal, Wellritzthal und um Sonnenberg bei Wiesbaden (Thomae). Im Gebück bei Weilburg (Sandb.). Bei Diez (Schübler). Im Hofe des Marstalls zu Dillenburg (Koch). Um Frankfurt am Mainufer nicht selten; eine besonders grosse Form am Wendelweg. (Dickin).

43. Helix sericea Draparnaud (non Müller).
Seidenglänzende Schnirkelschnecke.

Gehäuse durchbohrt, fast kugelig, etwas niedergedrückt, hornbraun bis horngrau, wenig glänzend, feinbehaart mit kleinen, dichtstehenden, weisslichen Härchen, oft mit einem schwachen Kiel und dann mit einem weisslichen, durchscheinenden Kielstreifen. Umgänge 5, etwas niedergedrückt, Naht ziemlich tief, Mündung gerundet, breit mondförmig, wenig breiter als hoch. Mundsaum kaum etwas erweitert, fast geradeaus, höchstens der innere mit einer schmalen Lippe belegt. Spindelrand etwas zurückgebogen, halb den Nabel deckend. Höhe 4—5 Mm., Breite 6—7 Mm.

Thier sehr schlank, hellschiefergrau bis gelbweisslich, mit sehr schlanken, dunkleren Fühlern. Kiefer mit 12—14 gleichen etwas gebogenen Leisten. Zwei kleine, stielrunde, wenig gekrümmte Pfeile.

Es wird diese Art sehr häufig verkannt, indem man etwas enger genabelte Exemplare von *hispida* dafür nimmt, seltener, indem man die ächte *sericea* für *hispida* ansieht. Sie unterscheidet sich von derselben sicher durch die mehr kugelige Gestalt, den engen, zum Theil bedeckten Nabel und die weitläufiger stehenden Haare.

An feuchten Wiesen, an Bachufern, in Ruinen unter Gestrüpp Sie ist im Allgemeinen selten, und mehrere der angegebenen Fundorte sind vielleicht noch zu streichen; so z. B. sicher Langenaubach bei Dillenburg (Koch).

Gefunden wurde unsere Schnecke im Nerothal und unterhalb der Dietenmühle bei Wiesbaden (Römer); um Weilburg mit *hispida* zusammen, selten (Sandb.); Ruine Königstein, einzeln am Königsbrunnen bei Frankfurt, Ruine Falkenstein (Heyn., Dickin); auf feuchten Wiesen bei Sossenheim (Ickrath). Einige todte Exemplare fand ich im Geniste der Nied bei Höchst.

44. Helix rufescens Pennant.
Berg-Schnirkelschnecke.

Syn. Hel. circinata Studer, *montana* C. Pfeiffer, *clandestina* Born.

Gehäuse offen, bald mehr, bald weniger weit genabelt, etwas kugelig niedergedrückt, schwach gekielt, ziemlich fest, wenig durchscheinend, fein aber ziemlich stark gestreift, daher sehr wenig glänzend, zuweilen auch ganz matt und wie bereift; strohgelblich bis braungelb, meist dunkler rostgelb oder bräunlich, aber unregelmässig gestreift. Die sechs sehr allmählig zunehmenden Windungen erheben sich nur wenig zu einem spitzwirbeligen Gewinde und sind durch eine ziemlich vertiefte Naht vereinigt. Der letzte Umgang hat stets einen stumpfen Kiel, oft mit einem weissen, durchscheinenden Kielstreifen. Mündung schief, gerundet mondförmig, ziemlich weit; Mundsaum scharf, etwas erweitert, am Innenrande zurückgebogen, aussen mit einem rothbraunen Streifen eingefasst, innen etwas weit hinten mit einer glänzendweissen, breiten, aber nicht sehr erhabenen Lippe belegt, die besonders auf dem Spindel- oder Innenrande sehr stark bezeichnet ist. Nabel offen, bis zur Spitze sichtbar, mitunter jedoch ziemlich eng. Höhe 6 Mm., Durchmesser 10—11 Mm.

Thier bald heller bald dunkler aschgrau; Kopf, Fühler und Rücken dunkler, schiefergrau bis schwarz, mitunter das ganze Thier fast schwarz, zuweilen sogar vorn fast braunroth. Der Kiefer, den ich nur an Erdbacher Exemplaren untersuchte, ist nur wenig halbmondförmig gekrümmt, die Enden ziemlich spitz, der concave Rand etwas verdickt; 24—26 ungleichbreite, nur durch schmale Linien geschiedene Querleisten, die nur ganz wenig über den concaven Rand vorragen und nach den Seiten hin etwas gekrümmt sind.

Es herrscht bei dieser Art im Namen eine ziemliche Confusion, die durch ihre Veränderlichkeit in Grösse und Farbe noch vermehrt wird. Wir unterscheiden mit Rossmässler die kleinere, dunkel hornbraune, weit genabelte Form als *var. montana*. Ad. Schmidt will sie als selbstständige Art anerkannt wissen.

Diese Art findet sich nur an wenigen, beschränkten Puncten unseres Gebietes. Im Genist des Sonnenberger Bachs bei Wiesbaden (Thomae), später auch lebend unter Steinen an der Blumsmühle von A. Römer gefunden. Am Wildweiberhäuschen und den Steinkammern bei Erdbach, in den Ritzen der Kalkfelsen verborgen und nur bei Regenwetter zu erlangen (Koch). Auf der Ruine Hattstein im Taunus (Heynemann).

Die Erdbacher Exemplare sind ziemlich weit genabelt, sehr dunkel und ohne merklichen Kielstreifen, können also füglich als *var. montana* gelten, obwohl sie durch ihr ziemlich erhabenes Gewinde und die weite, nicht gedrückte Mündung wieder von der topischen, bei Heidelberg vorkommenden Form abweichen; sie decken Rossmässlers Fig. 423 ganz genau. Auf dem Hattstein kommen dunkle und helle, eng und weitgenabelte Formen durcheinander vor, und wäre eine genaue Untersuchung der dortigen Verhältnisse sehr zu wünschen.

45. Helix villosa Draparnaud.
Zottige Schnirkelschnecke.

Syn. Hel. pilosa von Alten.

Gehäuse offengenabelt, scheibenförmig niedergedrückt, zart und dünn, leicht zerbrechlich durchsichtig, gestreift, schwach chagrinirt, gelblich hornfarbig bis braun, zottig, mit langen, steifen, nicht sehr dicht stehenden Haaren. Gewinde niedrig gewölbt, Umgänge 6, etwas niedergedrückt; Naht tief; Mündung eirund-mondförmig, breiter als hoch; Mundsaum kaum etwas erweitert, innen etwas zurück mit einer dünnen, breiten, glänzend weissen Wulst belegt, die auf dem Spindelrande deutlicher als Lippe ausgeprägt ist. Höhe 5—6 Mm., Dchm. 10—12 Mm.

Thier meist gelblichgrau mit schwärzlichen Oberfühlern, von denen aus 2 dunkle Streifen über den Rücken laufen, durch die Schale ist ein grosser gelber Mantelfleck sichtbar. Die Fusssohle läuft in eine scharfe Spitze aus (v. Alten). Kiefer mit mindestens 6, meistens mehr flachen, gleichlaufenden Rippen.

Nur an ganz feuchten Stellen und nur bei Regenwetter umherkriechend, sonst unter abgefallenem Laub verborgen oder an der Unterseite der Blätter in Brombeergebüschen festsitzend. Ursprünglich in den Alpen heimisch, ist diese Schnecke mit dem Rhein immer weiter nach Norden gewandert, und ist, nachdem lange Zeit Speyer und Worms als die nördlichsten Fundorte galten, in neuerer Zeit von Herrn A. Römer auch bei Mombach gefunden worden. Herr Wiegand will sie auch bei Frankfurt gefunden haben, doch wird diess von den übrigen Frankfurter Sammlern entschieden in Abrede gestellt.

Anmerkung. Aus der Gruppe *Fruticicola* kommen in Deutschland noch folgende, bis jetzt nicht mit Sicherheit in unserm Gebiete nachgewiesene Arten vor:

Hel. umbrosa Partsch, der Gruppe von *rufescens* angehörig, aber mit stärker gewölbten Umgängen, ohne Innenlippe, der Mundrand ausgebreitet und das Gehäuse sehr durchscheinend, dass man die Mantelflecken des Thieres von aussen sieht. Der nächste mir bekannte Fundort ist Sachsen.

Hel. cobresiana von Alten (*unidentata* Drp.), so gross wie *hispida*, aber eng genabelt, höher gewunden und mit einem Zahn auf dem Innenrande der Lippe. Von Tischbein bei Bingen gefunden. (Thomae). Herr Forstmeister Tischbein in Birkenfeld, an den ich desshalb schrieb, bestätigte mir, dass er im Anfang der vierziger Jahre einmal ein Exemplar im Rheingeniste bei Bingen, dem Anschein nach noch ziemlich frisch, gefunden habe; dasselbe kann aber möglicherweise vom Oberrhein her angeschwemmt gewesen sein.

Die *cobresiana*, die seit Römer-Büchner und Speyer aus dem Frankfurter Gebiete angeführt wird, ist nach Heynemann (Nachrichtsbl. I, 13) eine *hispida* mit Andeutung eines Zahns. Kreglinger (Binnenmollusken p. 87) dagegen versichert, dass er die ächte *cobresiana* aus der Menke'schen Sammlung, als von Carl Pfeiffer bei Hanau gesammelt, erhalten habe. Es bleibt somit noch zu entscheiden, ob diese Art unserem Gebiete nicht vielleicht doch angehört.

Hel. rubiginosa Ziegler, zunächst mit *sericea* verwandt, aber ohne Schmelzleiste am Basalrand und mit dichteren, kürzeren Haaren, auch anatomisch dadurch unterschieden, dass sie nur einen Pfeil besitzt. Sie lebt nur an sehr feuchten Stellen, meistens gesellig. Der nächste mir bekannte Fundort ist an der Einmündung der Sieg in den Rhein.

Hel. carthusiana Müller (*carthusianella* Drp.), weiss mit röthlichem Mundrand, starker Innenlippe und halb bedecktem Nabel. Nächste Fundorte Kehl am oberen, Bonn am unteren Rhein.

Aus der nahe verwandten Gruppe *Petasia* Beck, kommt noch in Mitteldeutschland die schöne kegelförmige *Helix bidens* Chemnitz (*bidentata* Gmel.) vor, ausgezeichnet durch ihre Form, die ganz eine Vergrösserung der *Hyalina fulva* darstellt, und durch zwei starke, weisse Zähne in der Mündung. Sie ist am oberen Maine durchaus nicht selten und dürfte vielleicht bald auch Bürgerin unseres

Gebietes werden, da zwei lebende Exemplare schon von Herrn Kretzer im Maingenist bei Mühlheim a. M. gefunden worden sind.

G. Untergattung **Xerophila** Held.

Gehäuse weit genabelt, flachgedrückt oder gedrückt kugelig, kalk- oder kreideartig, nur an der Spitze glänzend und die Embryonalwindungen stets dunkel, selbst schwarz; 5—6 langsam zunehmende Umgänge; Mündung rundmondförmig oder fast kreisförmig; Mundsaum scharf, innen gelippt.

Thier mit 1—2 Liebespfeilen; Kiefer mit 6—10 starken Querleisten.

Die Arten dieser Gattung leben mit Vorliebe an trocknen, der Sonne ausgesetzten Rainen, immer in grossen Gesellschaften, meistens zwei Arten zusammen, und mit ihnen *Bulimus detritus* und *tridens*. Sie sitzen bei trocknem Wetter Tags über an Grashalmen u. dgl. festgekittet; Nachts und bei Regenwetter kriechen sie herum. Alle finden sich fast nur auf Kalkboden.

In unserem Gebiete finden sich drei Arten, die sich folgendermassen unterscheiden lassen:

a. Gewinde flach, Durchmesser 14—20 Mm.

Hel. ericetorum Müll.

b. Gewinde mehr erhoben, Durchmesser unter 12 Mm.

Nabel enger, Umgänge sehr langsam zunehmend, glatt oder nur fein gestreift; ein langer Liebespfeil.

Hel. candidula Stud.

Nabel weiter, Umgänge rasch zunehmend, stark gerippt; zwei kurze Liebespfeile.

Hel. costulata Zgl.

46. Helix ericetorum Müller.
Haideschnirkelschnecke.

Gehäuse sehr weit genabelt, niedergedrückt, etwas scheibenförmig, aus sechs walzenförmigen, durch eine tiefe Naht vereinigten Umgängen bestehend, die sich nur wenig zu einem ganz flachen Gewinde oder gar nicht erheben. Farbe entweder gelblichweiss, nie rein porcellanweiss, was sie von *Hel. obv'a* unterscheidet — oder braungelblich, mit oder ohne Bänder, unregelmässig, aber zuweilen auf den oberen Umgängen sehr deutlich gestreift, undurchsichtig; wenig glänzend, sehr fest. Mündung fast rund, etwas mondförmig ausgeschnitten; Mundsaum gerade, scharf, innen etwas zurück mit einem undeutlich begränzten, weissen Wulst belegt, dem an braungelblichen Exemplaren aussen am Nacken ein rothgelblicher Saum entspricht. Mundränder einander sehr genähert; Nabel sehr weit, perspectivisch das ganze Gewinde zeigend. Höhe 8—9 Mm., Durchmesser 13—20 Mm.

Thier gelblich, auf dem Rücken mit zwei breiten bräunlichen Streifen, die von der Grundfarbe nur wenig erkennen lassen; auch die Sohle ist von zwei breiten, nach aussen dunkler werdenden, braunen Streifen eingefasst; dieselben werden nach hinten schmäler und erscheinen nicht selten unterbrochen, wenn das Thier kriecht. Obere Fühler schwärzlich grau. Es hat zwei lange, gekrümmte Liebespfeile und ist dadurch immer von der verwandten *Hel. obvia* Zgl. zu unterscheiden, deren Pfeile kurz und gerade sind. Bei der Begattung wird, wie ich mich in meinem Terrarium überzeugte, von jedem Thier nur ein Liebespfeil ausgestossen.

Auffallend ist bei dieser Form die Neigung, beim Bau des letzten oder schon des vorletzten Umganges von der normalen Windungsebene nach unten abzuweichen, eine Erscheinung, auf die mich Heynemann aufmerksam machte, die aber schon dem scharfen Auge Hartmanns nicht entgangen ist. Man kann kaum eine grössere Anzahl sammeln, ohne einige darunter zu finden, die diese Missbildung zeigen, und gar nicht selten findet man halbscalaride Formen, bei denen der letzte Umgang ganz unter den vorletzten herabgeht.

An sonnigen Rasenplätzen, besonders gern an Rainen und Böschungen, und, wo sie vorkommt, immer in grösseren Mengen. Sie scheint den Kalkboden, und zwar nur die leichter auflöslichen jüngeren Kalke, zu bevorzugen und kommt desshalb in vielen Gegenden gar nicht, oder nur an beschränkten Stellen vor. Lössboden verhält sich wie Kalk. Ihr Winterquartier bezieht sie ziemlich spät, ich fand sie im Winter 1869—70 trotz der frühzeitigen Schneefälle und Fröste noch nach Weihnachten in grosser Anzahl munter fressend und weiterbauend. In meinem Terrarium im geheizten Zimmer blieben sie den ganzen Winter hindurch munter und vermehrten sich. Auch im Winter 1870—71 beobachtete ich diese Erscheinung. Im Dillthal und im oberen Lahnthal auf Schiefer und Stringocephalenkalk kommt sie nicht vor. In der Umgebung von

Wiesbaden häufig, zumal auf den Feldern und Wegrainen nach Bierstadt, Erbenheim und Mosbach, an der Tränke, der Schwalbacher und Platter Chaussee; an beiden Rheinufern; bei der Schlossruine Lahneck. (Thomae) Am Schellhof, Webersberg, bei Kirschhofen, am Löhnberger Wege; gemein. Ebenso bei Diez, Oranienstein und an der unteren Lahn, meistens grauweiss mit und ohne Bänder; die grosse gelbliche Form bei Diez nicht selten. (Sandbrg.). An mehreren Puncten um Frankfurt, an der Salpeterhütte eine constant kleinere Form, höchtens 12 Mm. im Durchmesser (Heyn.). Am Auerbacher Schlossberg eine sehr grosse Form, kleinere im Mühlthal und am Bahndamm zwischen Arheilgen und Darmstadt (Ickrath). Am Eisenbahndamm vor Höchst; bei Flörsheim. Eine kleine, ungebänderte, stark rippenstreifige Form fand ich ganz isolirt in dem Sande der Umgebung der chemischen Fabrik Griesheim, auf einem stark mit Sodagyps gedüngten Kleeacker nah am Main. Mit derselben kommt noch eine grössere vor, die auf fast reinweissem Grund meistens nur ein breites, oberhalb der Mittellinie verlaufendes Band zeigt. Sie ist jedenfalls vom Main angeschwemmt worden, in dessen Geniste man sie häufig lebend findet. Desshalb kommt sie auch hier und da längs des ganzen unteren Mains auf den Wiesen vor, ohne sich jedoch auf die Dauer auf dem kalkarmen Boden — Alluvialthon, kein Löss — halten zu können.

Die von Thomae unter Nr. 42 angeführte *Hel. neglecta* vom Damm bei Mombach ist nach Heynemann (Nachr. Bl. I, 13) nur eine etwas enger genabelte *ericetorum*, die hier und da einzeln unter der Stammform vorkommt.

Nabelweite und Höhe der Windungen sind überhaupt bei unserer Form sehr wechselnd; mit dem höheren Gewinde wird der Nabel enger, und umgekehrt, und ich habe hier Formen gefunden, die sehr stark an *variabilis* erinnerten.

47. Helix candidula Studer.
Quendelschnecke.

Syn. *H. thymorum* von Alten; *Hel. unifasciata* Poiret.

Gehäuse durchbohrt bis ziemlich offen genabelt, kugelig niedergedrückt, meist kalkweiss, selten rein, dagegen meist mit feinen, zuweilen in Flecken oder gemeinsam in Querstrahlen — besonders auf der Unterseite — aufgelössten Bändern; ziemlich stark, fast undurchsichtig, wenig glänzend, sehr fein gestreift bis glatt. Umgänge 4½—5, unten mehr als oben gewölbt, ein gewölbtes, oben stumpfes Gewinde bildend; Naht mittelmässig; Mündung gerundet, meist etwas gedrückt, von der Mündungswand etwas mondförmig ausgeschnitten, kaum breiter als hoch; Mundsaum geradeaus, scharf, innen mit einer weissen, meist ziemlich starken **Lippe** belegt. Höhe 3½—6 Mm., Durchmesser 4½—9 Mm.

Thier aschgrau, Fühler und Hals dunkler. Es hat nur einen, ziemlich langen Liebespfeil, was sie von der folgenden, mit zwei kurzen Pfeilen versehenen Art, scheidet.

Sie kommt fast immer mit der vorigen Art zusammen vor. An den Sandhügeln bei Mosbach und dem Hessler, bei der Hammermühle, häufig (Thomae). Am Schellhofe, Webersberg und bei Kirschhofen, gemein; ebenso bei Diez, Oranienstein und an der unteren Lahn (Sandb.). Bei Frankfurt an mehreren Puncten, am Sandhof, bei Cronthal, Flörsheim. Am Eisenbahndamm bei Nied.! Ziemlich selten um Oberlahnstein (Servain). Am Auerbacher Schlossberg; eine grössere Form mit bedeutend höherem Gewinde (*var. gratiosa* Stabile) am grossen Kügelfang des Darmstädter Exercierplatzes (Ickrath).

48. Helix costulata Ziegler.
Rippenstreifige Schnirkelschnecke.

Syn. Hel. striata bei Thomae.

Gehäuse genabelt, gedrückt kugelig, glänzend, stark rippenstreifig, gelblich oder gelblichweiss, meist mit mehreren schwärzlichen Binden, die mitunter zusammenfliessen und nur um den Nabel herum einen hellen Streifen lassen. Umgänge 5, etwas gewölbt, ziemlich rasch zunehmend, schneller als bei *candidula*, der letzte vornen kaum herabgezogen. Mundöffnung **erweitert**, gerundet mondförmig, der Mundsaum dünn, scharf, innen kaum gelippt. Höhe 6½ Mm., Durchmesser 8½—9½ Mm.; doch kommen häufig kleinere Exemplare vor.

Thier mit zwei kurzen Liebespfeilen.

Auf Sandfeldern in der Nähe des Lahndammes zwischen Eberstadt und Darmstadt (Noll). Auf der Mombacher Haide leere unausgewachsene Gehäuse überall in Menge umherliegend, lebende Thiere nur an den Abhängen der Schiessplätze und alten Schanzen an der Unterseite der Blätter von *Verbascum, Potentilla* u. dgl.

(Heyn.). Auf **Sandfeldern** bei Castel, in der Nähe von *Salsola* einzeln (Sandb.).

Aus dieser Gruppe sind ferner noch zwei Arten zu erwähnen, die allerdings nicht zu unserer Fauna gehören, aber durch Zufall eingeschleppt wurden und sich eine Zeit lang lebend erhielten. Die eine *Hel. candicans* Zgl., kam vor mehreren Jahren mit ungarischem Waizen an und soll sich, absichtlich oder unabsichtlich ausgesetzt, mehrere Jahre lang am Bahndamm der Mainneckareisenbahn erhalten haben, ist aber nun wieder ausgegangen. Die andere, *Hel. acuta* Müll., kam 1870 in einer Menge meist junger Exemplare an zwei Dattelpalmenstämmen aus Alexandria in die Palmengärten; ob sie sich dort länger erhalten wird, bleibt abzuwarten; den Winter 1870—71 hat sie glücklich überstanden.

H. Untergattung **Arionta** Leach.
49. Helix arbustorum Linné.
Gefleckte Schnirkelschnecke.

Gehäuse bedeckt durchbohrt, kugelig, bauchig, glänzend, etwas gestreift und auf den oberen Umgängen mit dichten, feinen Spirallinien umzogen. Grundfarbe kastanienbraun mit einem schmalen, dunkelbraunen Bande, das etwas über der Mitte des letzten Umgangs, und dann bis an die Spitze über die Naht hinläuft, bei manchen Formen aber auch fehlt; ausserdem ist das Gehäuse mit zahlreichen unregelmässigen, zuweilen in Querreihen gestellten, strohgelben Stricheln bedeckt oder besprengt und zeigt meist mehrere deutliche Zuwachsstreifen; die oberen Umgänge sind meist fleckenlos und einfarbig dunkelbraun, und bilden ein stumpfes, sich wenig erhebendes Gewinde; Mündung gerundet mondförmig; Mundsaum zurückgebogen, ganz frei, aussen schmutziggelb gesäumt, innen mit einer glänzendweissen Lippe belegt. Nabel eng, von einer lamellenartigen Verbreiterung des Spindelrandes oft fast ganz verdeckt. Naht mittelmässig, zuletzt sehr herabgekrümmt. Höhe 12—24 Mm., Durchmesser 15—27 Mm.

Thier graublau bis schwarz, über den Rücken mit zwei dunkleren Streifen, an der Sohle braungrau, die Oberfühler an der Spitze heller. Kiefer hornbraun mit 4—6 stark vorspringenden, ungleichen Querleisten, die durch tiefe Zwischenräume getrennt sind und am Rande Vorsprünge bilden; der concave Rand ist nicht verdickt. Liebespfeil 4½ Mm. lang, mit trichterförmiger Basis, langem gekrümmtem Hals und lancettförmiger, breitgedrückter Spitze mit zwei stumpfen Kanten.

Man kann vor allem eine flachere und eine mehr kugelige oder kegelförmige Form unterscheiden; sie kommen zusammen vor und sind durch Zwischenformen mit einander verbunden. Ferner kommt sie, je nachdem die braune Grundfarbe oder die helleren Flecken überwiegen, heller oder dunkler, und beide Farben mit und ohne Band vor. Formen mit mehreren Bändern, wie sie Hartmann beschreibt, habe ich aus Nassau noch nicht gesehen; auch weicht keine der Formen genügend ab, um eine der von Albers angeführten Varietäten darin zu erkennen.

In Ebenen und Vorbergen an den Ufern der Gewässer, an feuchten Stellen und in Gärten. In Nassau ist sie nur sehr wenig verbreitet. Sie fehlt ganz im Lahngebiet, mit Ausnahme der nächsten Umgegend von Marburg auf buntem Sandstein, wo sie aber nach Dunker's Ansicht absichtlich angepflanzt ist; es kommen dort mitunter Exemplare vor, die fast nur aus Epidermis bestehen und sich sehr der *var. picea* nähern. Am Rheinufer; bei Wiesbaden selten, nur im Wellritzthal (Thomae). An verschiedenen feuchten Puncten in der Umgegend von Frankfurt; im Weidengestrüpp am Main bei Oberrad (Römer-Büchner), im Frankfurter Wald, am Mühlberg ohne Band (Dickin). Im Schwanheimer Wald nur am Wurzelborn; am Mainufer oberhalb Nied sehr dunkel und ziemlich dünnschalig. Im Rödelheimer Wäldchen und am grossen Rebstock häufig.

Im Herrngarten und auf der grossen Woogswiese bei Darmstadt (Ickrath). Von Langenbrombach im vorderen Odenwald erhielt ich sie durch Herrn Lehrer Buxbaum. — Mönchbruch (Ickr.)

Im Maingenist sind leere Gehäuse sehr häufig und manche Fundorte mögen durch Verpflanzung mit dem Geniste bei Sommerfluthen entstanden sein.

I. Untergattung **Chilotrema** Leach.

50. **Helix lapicida** Linné.

Steinpicker.

Gehäuse offen und ziemlich weit genabelt, linsenförmig niedergedrückt, scharf gekielt, fest, wenig durchsichtig, sehr fein, aber vollkommen deutlich gekörnelt, daher nur matt gelbglänzend, gelblich hornfarbig, oben mit unregelmässigen rostbraunen Flecken, unten mit eben solchen Streifen; die fünf platten Umgänge erheben sich nur sehr wenig und sind durch eine seichte von dem Kiele gebildete Naht vereinigt; bei der Mündung krümmt sich der letzte Umgang weit unter den Kiel herab und beide Mundränder fliessen auf der Mündungswand in eine freie, gelöste Lamelle zusammen, wodurch der Mundsaum ein zusammenhängender, gelöster wird. Mündung quereirund, sehr schief, gedrückt; Spindelrand bis an den Kiel zurückgebogen, weiss und scheinbar gelippt; Aussenrand erst herab und dann ein wenig nach aussen gebogen, bei der Vereinigung mit dem Innenrand an dem Kiel eine kleine Bucht bildend; Nabel offen, weit und bis zur Spitze sichtbar. Höhe 8 Mm., Durchmesser 14—16 Mm.

Thier graubräunlich, fein gekörnelt; von den Oberfühlern aus gehen zwei dunkele Linien über den Rücken; Augenpuncte schwarz, Sohle schmutzig gelblich. Kiefer mit 4—8 starken, parallelen Rippen und gezahntem Rand. Ein gekrümmter, an der Basis zweischneidiger Liebespfeil mit verdickter Spitze.

Allenthalben im Gebirge verbreitet in den Fugen der Mauern, unter Steinen, an Felsen, mitunter auch an Baumstämmen; in der Ebene seltener und fast nur in Waldungen an Buchenstämmen. Im ganzen Gebiete gemein, besonders an den Burgen Sonnenberg, Frauenstein, Idstein, Eppstein, Königstein, Cronberg, Hohenstein, Adolphseck, Katz, Liebenstein, Sternberg, auf Rheineck, Kammerburg, Sauerburg, Stein und Nassau, an Felsen im Lahnthal bei Runkel, an der Leichtweisshöhle bei Wiesbaden (Thomae). Bei Weilburg und Dillenburg gemein (Sdbrg. Koch). Auf allen Ruinen des Taunus; am Bruchrainweiher an Baumstämmen (Dickin). Längs der ganzen Bergstrasse häufig (Ickrath). Um Biedenkopf an allen Mauern und Felsen (besonders den aus Grünstein bestehenden) gemein; an Baumstämmen nur im Hambachskopf bei Breidenbach.

Eine constant weisse Form fand Koch bei Burg. — *Hel. lapicida* scheint überhaupt sehr zu Missbildungen geneigt, obwohl sie sonst den Typus der Art ganz ungemein festhält und keine Varietäten bildet. Ich fand sehr häufig Exemplare, bei denen der Kiel nicht ganz genau mit der Naht zusammenfiel, sondern über dieselbe emporstand, einmal ein solches, bei dem der letzte Umgang vollständig unter den vorletzten herabging, so dass das Gehäuse doppelt erschien. Ein anderes Exemplar, das ich gleichfalls bei Biedenkopf fand, zeichnete sich durch den gänzlichen Mangel jeder Wölbung aus; die obere Fläche war platt, wie ein Tisch.

In Folge des Aufenthaltes findet man die Gehäuse nicht selten beschädigt und ausgebessert, und im Frühjahr, wenn sie ihre Schlupfwinkel verlässt, sind sie mit Koth und Spinnweben überzogen, wie *Bulimus obscurus* und *Succinea oblonga*, bei denen man eine besondere Absicht darin finden will.

K. Untergattung **Tachea** Leach.

Gehäuse ungenabelt, kugelig oder etwas gedrückt, weiss, röthlich oder gelb mit scharfen Binden oder einfarbig; fünf Umgänge, der letzte gewölbt, etwas erweitert, nach der Mündung hinabsteigend; Oeffnung weit mondförmig, etwas eckig. Mundsaum zurückgebogen, gelippt, mit verdicktem Spindelrand.

Der Kiefer hat 2—7 starke Querleisten und einen gezähnten Rand. Ein Liebespfeil mit vier Schneiden.

Die Tacheen leben in Hecken, in und auf Gebüschen und selbst niederen Bäumen, mit Vorliebe in der Nähe cultivirter Ländereien; sie lieben das Licht, ohne sich gerade der Sonne auszusetzen. An feuchten Stellen sind sie meist lebhafter gefärbt, an sonnigen einfarbig und heller. Unsere beiden Arten unterscheiden sich wie folgt:

Mundsaum dunkelkastanienbraun, Liebespfeil lang, gekrümmt.
Hel. nemoralis L.

Mundsaum weiss, Gehäuse kleiner und zierlicher, Liebespfeil kurz, fast gerade.
Hel. hortensis Müll.

51. **Helix nemoralis** Linné.
Waldschnirkelschnecke.

Gehäuse ungenabelt, kugelig, **nicht stark gestreift**, zuweilen etwas runzelig, glänzend, lebhaft citrongelb bis braunroth und von allen zwischen diesen Farben liegenden Abstufungen, zuweilen selbst olivengrünlich oder leberbraun, in der Regel mit fünf dunkelbraunen Bändern, von denen die beiden obersten stets die schmälsten, **die untersten die breitesten sind**; durch Zusammenfliessen oder Verschwinden mancher oder selbst aller Bänder entstehen die mannigfachsten Combinationen. Naht ziemlich seicht, zuletzt vor der Mündung leicht herabgekrümmt; Mündung breit und etwas eckig mondförmig; Mundsaum mit einer starken Lippe belegt; der bogenförmig gekrümmte, ziemlich stumpfe Aussenrand zurückgebogen, in einem merklichen Winkel mit dem geraden, wulstigen, ganz zurückgeschlagenen und mit der Columelle verwachsenen Innenrande sich verbindend. Mundsaum und Mündungswand dunkelkastanienbraun gefärbt; die Lippe ist heller als der Mundsaum selbst, der aussen dunkel graubraun gefärbt ist. Vom Nabel ist an ausgewachsenen Exemplaren nie eine Spur. Höhe 18—25 Mm., Breite 22—28 Mm.

Thier gelblichgrau bis dunkelschwarzgrau, an den Seiten über der Sohle oft gelb gefleckt; von den langen, dunklen Fühlern laufen über den Rücken zwei breitere oder schmälere, hellere oder dunklere Streifen, die meistens zwischen sich eine hellere Linie lassen, mitunter aber auch zusammenfliessen. Sohle hellgelblichgrau bis fast schwarz. Kiefer hornbraun mit einem dünnen Saum am concaven Rande und 2—7 starken, ziemlich gleichbreiten Querleisten, die breiter als die Zwischenräume sind und am Rande stark vorspringen. Liebespfeil schlank, gekrümmt, sehr zerbrechlich, mit einer deutlichen Krone, langem, schlankem Hals und zwei breiten und zwei schmalen Seitenkanten.

Varietäten. Es kommen grössere und kleinere, kegelförmige, kugelige und fast flach gedrückte Exemplare vor, aber zusammen an denselben Wohnorten, so dass man sie nicht füglich als Varietäten betrachten kann. Eher ist dies der Fall mit einer durch rosenrothe Lippe ausgezeichneten, sehr grossen Form, der *var. roseolabiata*. Ferner kommen Blendlinge mit durchscheinenden Bändern, wenn auch seltener als bei *hortensis*, links gewundene und wendeltreppenartige Formen vor. Die meisten Verschiedenheiten entstehen durch Verschwinden oder Zusammenfliessen von Bändern; es können dadurch nach Heynemann *) 89 verschiedene Formen, — wenn man die verschiedenen Grundfarben berücksichtigt, noch mehr — entstehen. Nach G. von Martens schwindet immer zuerst das zweite Band, dann das erste, dann das vierte, das fünfte, und zuletzt erst das dritte. Solche, bei denen das dritte Band früher verschwindet, sind im allgemeinen selten; ich fand indess am Schlossberg bei Biedenkopf solche Formen in allen möglichen Combinationen nicht selten, mindestens ebenso häufig, als fünfbänderige. Am häufigsten waren dort dreibänderige mit 3. 4 5. oder 3. 4. 5., dann, besonders an sonnigen

---

*) Achter Bericht des Offenbacher Vereins für Naturkunde.

Hängen, die einfarbigen; einbänderige, nur mit dem dritten Band, gehörten dort zu den grössten Seltenheiten.

Wie sich diese Bindenvarietäten bei der Fortpflanzung verhalten, ob sie erblich sind, und welche Verhältnisse bei der Vermischung verschiedener Formen eintreten, ist ein ebenso interessantes, wie leicht lösliches Problem, über welches trotzdem noch durchaus keine Beobachtungen gemacht sind.

Allenthalben im Lande häufig, an den meisten Orten häufiger, als *hortensis*; nur um Dillenburg findet nach Carl Koch das Gegentheil statt, während sie in dem benachbarten Biedenkopf ganz allein herrscht. Im Gebirg ist sie meist kleiner und dünnschaliger, als in der Ebene. Am lebhaftesten gefärbt findet man sie in feuchten Gärten und Waldungen; sie gibt dort oft den schönsten tropischen Schnecken an Farbenpracht nicht nach. Die *var. roseolabiata* findet sich wunderschön bei Frankfurt, am Südabhang des Sachsenhäuser Mühlbergs; sehr selten sind Exemplare mit einem durchscheinenden Bande darunter; ein einziges Exemplar mit drei durchscheinenden Binden, von ebendort stammend, liegt in Rossmässlers Sammlung. — Ein links gewundenes Exemplar und einige Blendlinge fand ich am Schlossberg bei Biedenkopf.

Sehr selten sind Exemplare mit mehr als fünf Bändern; sie entstehen indem entweder ein Band, meistens das zweite, sich spaltet, oder ein sechstes Band in einem Zwischenraume auftritt. Durch Herrn Professor Dunker erhielt ich unter einer grösseren Quantität *nemoralis* aus der Umgegend von Marburg mehrere sechsbänderige und auch ein Exemplar mit sieben deutlichen Binden.

52. Helix hortensis Müller.
Gartenschnirkelschnecke.

Gehäuse fast ganz dem von *nemoralis* gleich, nur kleiner und zarter, und die Lippe des Mundsaums weiss. Meistens sind alle fünf Bänder vorhanden, oder sie fehlen sämmtlich; Verschwinden einzelner Bänder ist selten, häufiger das Zusammenfliessen und nicht selten findet man sämmtliche Bänder zusammengeflossen.

Thier heller als das von *nemoralis*, aber ihm sonst vollkommen gleich. Da beide sich nicht selten fruchtbar begatten, hat man sie lange Zeit für Varietäten einer Art erkennen wollen, bis Adolf Schmidt im Liebespfeil einen constanten Unterschied nachwies.

Kiefer im ganzen zärter und zierlicher, als bei *nemoralis*, meist nur mit zwei Querleisten, doch auch bis zu 6 und 7 steigend, wie der von *nemoralis*, der meistens vier Hauptleisten trägt. Liebespfeil ziemlich gerade und viel kürzer, als bei *Hel. nemoralis*.

Von Varietäten ist besonders die Form mit brauner Lippe zu bemerken, *var. fuscolabiata* oder *hybrida*, von den Belgiern sehr unnöthigerweise als *Helix Sauveuri* Colbeau als eigene Art unterschieden. Sie wird von vielen für einen Bastard von *hortensis* und *nemoralis* gehalten, doch sind entscheidende Versuche meines Wissens noch nicht gemacht worden. Ueber sonstige Varietäten gilt ganz dasselbe, wie über die von *nemoralis*, nur sind Exemplare mit durchscheinenden Bändern weit häufiger.

Ziemlich allenthalben in Nassau, doch nur um Dillenburg und Nassau an der Lahn häufiger, als *nemoralis*. Thomae nennt sie sparsam verbreitet und führt als besondere Fundorte an: alter Todtenhof, Geisberg, Clarenthal bei Wiesbaden, Liebenstein und Sternberg, Oranienstein, Gutenfels. Um Biedenkopf kommt sie nur an wenigen Puncten und ganz einzeln vor: am Schlossberg habe ich sie nie gefunden, aber ein paar hundert ausgesetzt, die sich wohl einbürgern werden. Auch im Garten des Breidenbacher Pfarrhauses habe ich eine Anzahl Exemplare ausgesetzt, die sich seit mehreren Jahren fortpflanzen.

Um Frankfurt kommt sie an den meisten Puncten vor, stellenweise nur ungebändert; hinter Oberrad am Weg nach dem Schiessplatz in den Hecken ist etwa ein Drittel mit rosa Lippe und gebräuntem Gaumen, aber alle ungebändert. Koch fand die *var. fuscolabiata* auch bei Burg und im Feldbacher Wäldchen bei Dillenburg, mit ihnen auch Exemplare mit dunkelgelber Lippe.

Anmerkung. Eine dritte Form dieser Gruppe, *Hel. sylvatica* Drp., soll nach dem Verzeichniss von Speyer auch in der Wetterau vorkommen; es ist das jedenfalls ein Irrthum, da diese Art nördlicher als Carlsruhe nicht vorkommt. Wahrscheinlich haben Exemplare von *nemoralis*, bei denen die Bänder, wie bei *sylvatica*, in Flecken aufgelöst waren, Anlass zu der Verwechslung gegeben.

53. Helix pomatia Linné.
Weinbergsschnecke.

Gehäuse bedeckt durchbohrt, kugelig, bauchig, stark, doch unregelmässig gestreift, zuweilen fast gefaltet und auf den oberen Umgängen mit feinen Spirallinien versehen; gelblich oder bräunlich mit schmäleren oder breiteren, dunkleren oder helleren Bändern, von denen zuweilen einige zusammenfliessen oder verschwinden; selten sind alle fünf Bänder vorhanden; mitunter kommen auch bänderlose Blendlinge vor. Die fünf Umgänge nehmen schnell an Weite zu und sind durch eine stark bezeichnete Naht vereinigt. Mündung weit, fast eirund; Mundsaum etwas nach aussen gebogen, an ausgewachsenen Exemplaren etwas verdickt, röthlich oder violett lederfarben; Spindelrand als eine breite Lamelle vor den engen Nabel gezogen, der dadurch fast bedeckt wird. Winterdeckel hart, kalkig, stark, aussen gewölbt, innen ausgehöhlt, ganz vorn in der Mündung stehend, dahinter ist noch eine dünne, durchsichtige Haut ausgespannt. Höhe 30—40 Mm., Breite etwa ebensoviel.

Thier schmutzig-gelblichgrau, Kopf und Fühler fein, die übrige Oberseite des Thieres grob gekörnelt; die Zwischenräume der Körner bilden ein vertieftes schwarzes Netz; die Augen auffallend klein. Kiefer stark lichtbraun, mit 4—10, in der Regel 6 starken Querleisten, die durch weite, ebene Zwischenräume getrennt sind und am Rande als spitze Zähnchen vorspringen. Zunge 11—12 Mm. lang mit etwa 124 Längs- und 230 Querreihen, also etwa 26000 Zähnchen. Liebespfeil 8—10 Mm. lang, mit deutlich unterscheidbarer Krone, Kopf, Hals und Spitze.

Die Weinbergsschnecke legt mehrmals im Jahre erbsengrosse Eier mit weisser, häutiger Schale in kleinen Häufchen in eine Höhlung, die sie sich selbst in die feuchte Erde gräbt und dann wieder mit Lehmklümpchen zuwölbt.

Varietäten. Man kann zwei Hauptformen unterscheiden, eine mehr kugelige, wie sie die Abbildung nach einem Exemplar aus Biedenkopf darstellt und eine mehr kegelförmige. Hartmann nennt die erstere *var. rustica*. Ueber die Vertheilung beider Formen in Nassau ist mir nichts Näheres bekannt. Auf Kalkboden sind die Exemplare viel grösser und lebhafter gefärbt, als auf Schiefer und Sandboden.

Allenthalben an sonnigen Rainen, in Hecken und Vorhölzern, aber im Gebirge mit Vorliebe in der Nähe der Wohnungen oder an Ruinen, wenigstens um Biedenkopf. Auffallend war mir ihr gänzliches Fehlen im sogenannten Breidenbacher Grund.

Im Frankfurter Wald ist sie auch auf Sandboden häufig längs

aller Chausseen, welche mit Kalksteinen gedeckt werden, aber sie entfernt sich nur selten weiter davon, als der Kalkstaub vom Winde getrieben wird. An den mit Basalt gedeckten Chausseen habe ich sie nicht in dieser Weise beobachtet.

Missbildungen sind nicht selten. Linksgewundene Exemplare fanden Sandberger bei Weilburg und Koch bei Dillenburg. Eine sehr schöne Scalaride erhielt ich leer bei Biedenkopf. Noch weit häufiger findet man Krüppel und ausgebesserte Exemplare, denn die Weinbergsschnecke ist durch ihre Grösse und Schwere vielen Verletzungen ausgesetzt, wo sie, wie um Biedenkopf, an steilen, steinigen Gehängen lebt; sobald sie durch irgend einen Zufall ihren Halt verliert, kommt sie ins Rollen und stösst nicht selten mit solcher Gewalt an, dass die Schale zerbricht. An manchen Stellen habe ich vergeblich nach einem unverletzten Exemplare gesucht.

Soviel mir bekannt, werden die Weinbergsschnecken in unsrer Provinz nirgends gewerbsmässig gesammelt oder gemästet, wie es in der Umgegend von Ulm und in den Schweizer Klöstern geschieht. Dort werden die Weinbergsschnecken in eignen Zwingern, die mit Mauern von Sägespänen umgeben sind, — das Wasser scheut *Hel. pomatia* nicht sehr, — gemästet und, wenn sie im Winter eingedeckelt sind, versandt oder verspeisst. Schon die Römer hatten eigene Schneckenbehälter; im Mittelalter waren besonders die Mönche dieser Speise hold und führten sie in Livland, Norwegen und England, wo sie früher nicht vorkam, ein. In ähnlicher Weise ist die verwandte *Hel. aspersa* Müll. aus Südeuropa an verschiedenen Puncten ausserhalb ihres eigentlichen Verbreitungsbezirkes verwildert und *Hel. punctata* Müll. von den baskischen Einwanderern in die Laplatastaaten eingeführt worden.

Zehntes Capitel.

VIII. BULIMINUS Ehrenberg
Frassschnecke.

Unter dem Namen *Bulimus*, wörtlich Vielfrassschnecke, aber entstanden aus der Verketzerung von *Bulin*, womit Adanson eine Physaart benannte, und eben so unpassend, wie der obenstehende deutsche Büchername, fasste Bruguière alle Gehäuseschnecken zusammen, deren Mündung höher als breit ist, also ausser den gar nicht zu den Heliceen gehörigen Gattungen *Limnaea*, *Physa*, *Auricula* und *Melania* auch *Clausilia*, *Pupa*, *Achatina* und *Succinea*. Mit dem Bekanntwerden grösseren Materials musste hier eine Scheidung eintreten und Draparnaud und Lamarck trennten die genannten Arten ab. Es blieb dann der Name nur noch den Arten mit ganzrandiger, ungleichseitiger Mündung, die höher als breit ist, und mit nicht abgestutzter Spindel. Sie bilden aber immer noch eine ungeheure Gruppe, in der sich kaum zurechtzufinden war, und man muss es mit Freude begrüssen, dass die anatomische Untersuchungen der Neuzeit in diesem Chaos verschiedene Typen, besonders durch die Kieferbildung getrennt, nachwies. Gestützt darauf hat man die europäischen Arten, die sämmtlich einen schmalen, nur schwach gestreiften Kiefer haben, als *Buliminus* abgetrennt und lässt den alten Namen den tropischen Formen mit starkgeripptem Kiefer.

Ein neuer deutscher Name wäre ebenfalls wünschenswerth, denn es ist komisch, eine Schnecke als Vielfrassschnecke zu bezeichnen, die durchaus nicht mehr frisst, als andere Schnecken, und wohl nirgends in genügender Menge vorkommt, um ernstlichen Schaden zu thun. Der Form nach könnte man sie vielleicht nicht unpassend Thurmschnecken nennen.

In der dermaligen Umgränzung stellt sich nun der Gattungscharacter, wie folgt:

Gehäuse länglich eiförmig oder thurmförmig, die Mündung ganz, höher als breit, der äussere Mundsaum weit länger, als der innere; die Spindel ist gerade, am Grunde weder abgestutzt noch ausgeschnitten; Mundsaum bald gerade und schneidend, bald verdickt oder umgeschlagen; Mündung mit oder ohne Zähne. Keine unserer Arten überschreitet die Höhe von 20—25 Mm.

Thier dem von Helix sehr ähnlich, aber der Geschlechtsapparat einfacher gebaut, ohne die zahlreichen Anhangsdrüsen und ohne Liebespfeil. Kiefer halbmondförmig, schmal, mit zahlreichen flachen, streifenartigen Querleisten.

Von den fünf deutschen Arten kommen vier in Nassau vor; sie lassen sich leicht nach folgendem Schema unterscheiden:

a. Mündung mit Zähnen.

Bul. tridens Müll.

b. Mündung ungezähnt.
    Gehäuse kalkig, weiss oder mit braunen Streifen.
                              Bul. detritus Müll.
    Gehäuse braun, gekörnelt, 20 Mm. hoch.
                              Bul. montanus Drp.
    Gehäuse braun, nur seicht gestreift und höchstens 10 Mm. hoch.
                              Bul. obscurus Müll.

54. Buliminus tridens Müller.
Dreizähnige Thurmschnecke.

Syn. *Pupa tridens* Drp.

Gehäuse mit einem feinen, schiefen, oft stark bezeichneten Nabelritz, eiförmig-länglich, Gewinde zugespitzt, in eine stumpfe Spitze endend, unregelmässig feingestreift, wenig glänzend, gelbbraun oder schmutziggelblich. Die 6—7 sehr wenig gewölbten Umgänge sind durch eine stark bezeichnete Naht vereinigt; Mündung buchtig, oben mit einem spitzen Winkel; Mundsaum getrennt oder zuweilen durch einen Wulst von dem Aussenrande bis zum Spindelrand auf der Mündungswand fast oder ganz verbunden. Mundsaum gelippt mit drei Zähnen, von denen einer auf dem Aussenrand, einer auf der vortretenden Spindel und einer näher nach dem Aussenrande hin auf der Mündungswand steht; bei alten Exemplaren bildet meistens die Verbindungswulst auf der Mündungswand einen vierten Zahn. Der Lippe entspricht aussen am Mundsaum eine weissliche Einfassung. Höhe 8—14 Mm., Breite $2^1/_2$—5 Mm.

Thier leimfarbig, oben schwärzlich, an den Seiten grau. Ruthe mit winzigem Flagellum und einer kurzen Auftreibung dicht über dem Zurückziehmuskel; am Blasenstiel ein bis zur Eiweissdrüse reichendes Divertikel. (Ad. Schmidt). Kiefer gestreift, mit schwachem Vorsprung in der Mitte (Moquin-Tandon).

An trockenen, warmen Abhängen zwischen Kräutern und Moos, oft mit den Xerophilen zusammen, und wie diese im oberen Lahnthal und an der Dill fehlend. Sie hält sich bei trockenem Wetter sehr verborgen und man findet dann trotz allen Suchens nur leere abgebleichte Gehäuse. Auf dem Hessler bei Wiesbaden, um die Kalksteinbrüche bei Hochheim, auf Sandhügeln im Mombacher Kieferwald; Burg Stein bei Nassau (Thomae). Bei Hanau am grossen Damm; in Grosssteinheim an der von Stockum'schen Mauer; an trocknen Ruinen, auch auf Lehmboden bei Dorfelden und Hochstadt; Schlüchtern, Steinau (Speyer). An den verlassenen Steinbrüchen hinter Offenbach (Heyn.). An der Schwedenschanze oberhalb Frankfurt; häufig an der Bieberer Höhe (Dickin). Eberstadt bei Darmstadt; sehr grosse Exemplare einzeln auf dem Exercierplatz (Ickrath). Am Eisenbahndamm zwischen Höchst und Nied, wahrscheinlich beim Aufschütten von den Hochheimer Kalkbrüchen her importirt. Bei Sossenheim auf Löss (Ickrath). Bei Ems und an der Lahneck (Servain).

55. Buliminus detritus Müller
Kreideweisse Thurmschnecke.

Syn. Bul. radiatus Bruguière.

Gehäuse geritzt, eirund-conisch, bauchig, stark, undurchsichtig, unregelmässig gestreift, braungrau bis reinweiss, einfarbig oder mit braunen, unregelmässigen Querstreifen und Flecken, nicht selten der Wirbel graublau; 7, seltener 8 wenig gewölbte Umgänge, die sehr hoch auf einander laufen und daher nur durch eine feine Naht bezeichnet sind; der letzte Umgang macht reichlich die Hälfte des ganzen Gewindes aus. Mündung senkrecht, ziemlich schmal, spitzeiförmig, innen graubraun; der nicht zurückgeschlagene Aussenrand fast noch einmal so lang, als der den Nabel bis auf einen Ritz verdeckende Spindelrand; Mundsaum ziemlich deutlich weisslippig. Höhe 15—22 Mm., Breite 9 Mm.

Thier gelblich, über den Rücken hin etwas dunkler.

Diese Schnecke ist in Deutschland die einzige Vertreterin der kreideweissen Bulimusarten, die namentlich im Orient verbreitet sind. Da sie sich nicht im Löss findet und nur an wenigen Puncten vorkommt, wo kein Wein gebaut wird, könnte man annehmen, dass sie mit dem Weinstock aus dem Süden eingeführt worden sei. Dass ein solcher Transport stattfinden kann, erhellt daraus, dass ich sie in Biedenkopf, wo sie so wenig, wie um Dillenburg, vorkommt, häufig aus importirtem Getreide erhalten, mitunter in solchen Mengen, dass die Frucht vor dem Mahlen gesiebt werden musste.

Sie kommt mit den Xerophilen zusammen an kalkreichen sonnigen Hängen, Weinbergen und auf Getreidefeldern vor. Ausserordentlich gemein um Wiesbaden, Hochheim und Flörsheim, doch nicht an der Gebirgsseite von Wiesbaden (Thomae), also nur soweit Löss und Littorinellenkalke reichen, aber nicht auf den **Taunusschiefern**. Sehr häufig bei Mombach. Bei Weilburg nur am Schellhofe auf violettem, nicht sehr kalkreichem Schalstein, nach einer neueren Mittheilung von Herrn Professor Sandberger im Aussterben begriffen, weil der früher offene Fundort mehr und mehr von Gebüsch überwachsen und dadurch feucht wird. Von Diez bis Lahnstein im ganzen Lahnthale häufig (Sdbrg.). Um Hanau fehlt sie, findet sich dagegen häufiger im oberen Theil der Provinz Hanau, seltner bei Gelnhausen und Wächtersbach (Speyer). Am Mathildentempel und im Mühlthale bei Darmstadt sehr häufig, meist kalkweiss (Ickrath). Um Frankfurt nur auf Kalkboden (Heyn.). Im Ried um Leeheim und Wolfskehlen in Unmasse auf den Feldern (Lössboden) von mir gefunden; am Eisenbahndamm zwischen Höchst und Nied von Flörsheim her eingeschleppt. Bei Cronthal (Wiegand).

Die Frankfurter Exemplare sind meist ächte *detritus*, rein weiss, höchstens mit ein paar dunklen Streifen; die gestreifte Form, *var. radiatus*, findet sich dagegen sehr schön bei Mombach und an der Erbenheimer Chaussee bei Wiesbaden (Lehr). Die ganz durchscheinende, hornfarbige Form, *var. corneus*, ist meines Wissens in Nassau noch nicht gefunden worden; sie scheint nur dem Süden anzugehören. Rein milchweisse Exemplare dagegen finden sich nicht ganz selten an den Flörsheimer Kalkhügeln.

56. Buliminus montanus Draparnaud.
Berg-Thurmschnecke.

Gehäuse schwach genabelt, länglich conisch, etwas bauchig, durchscheinend, rothbraun oder braungelb, bei Blendlingen mitunter grünlich, undeutlich gekörnelt oder eigentlich durch unregelmässige Streifen und undeutliche, unterbrochene Spirallinien unregelmässig gegittert; 8 ziemlich gewölbte, sehr langsam zunehmende Umgänge, durch eine ziemlich tiefe Naht vereinigt; Mündung schief, spitzeiförmig; Mundsaum stark zurückgebogen, scharf, innen mit einer flachen Lippe; Aussenrand stärker gebogen, als der Innenrand, der sich vor den Nabel zieht und nur einen deutlichen Ritz von ihm übrig lässt. Höhe 16—20 Mm., Breite 6—7 Mm.

Thier gelblichgrau, obere Fühler und Rücken schwärzlich, der Mantel schwarz punctirt und gefleckt; oft ist das ganze Thier dunkelgefleckt. Kiefer von dem mancher Helices aus der Gruppe Fruticicola kaum zu unterscheiden, so dass in einem blos auf die Kiefer gegründeten Systeme unsre Schnecke von den Fruticicolen nicht zu trennen wäre, während Bul. detritus dann zu den Xerophilen käme.

In Berggegenden in Wäldern an den Stämmen der Bäume. Aus dem Rheinthal sind mir Fundorte nicht bekannt, aus dem Mainthal nur der Wald am Buchrainweiher bei Frankfurt (Dickin). Ruine Hattstein im Taunus (Heyn.). Bei Dillenburg in den Wäldern von Oberscheld, Langenaubach und Erdbach auf Kalkboden (Koch). Bei Biedenkopf ziemlich selten am Schlossberg und am Hartenberg bei Dexbach; an letzterem Orte auch subfossil im Kalktuff.

57. Buliminus obscurus Müller.
Kleine Thurmschnecke.

Gehäuse ganz ein *Bul. montanus* im kleinen, mit deutlichem Nabelritz, oval länglich, ziemlich bauchig, mit verschmälerter, abgestumpfter Spitze, ziemlich glänzend, fein gestreift, nicht gekörnelt wie *montanus*, gelb oder rothbraun, durchsichtig, dünn; Naht ziemlich vertieft; Umgänge sieben, gewölbt; Mündung oval, oben links durch die Mündungswand schräg abgestutzt; Mundsaum leicht zurückgebogen, mehr oder weniger deutlich weiss oder röthlich gelippt; Aussenrand gebogener und länger, als der Innenrand. Höhe 8—10 Mm., Breite 3—4 Mm.

Thier heller oder dunkler blaugrau, zuweilen gelbgrau; der Oberfühler und zwei von ihnen ausgehende Rückenstreifen dunkelgrau. Kiefer sehr zart, dünn, gestreift, fast hufeisenförmig gebogen.

Ziemlich weit verbreitet an alten Mauern, Felsen, im Moos und Gesträuch und unter der Bodendecke, im Sommer auch an und auf Bäumen bis ziemlich hoch hinauf. Junge Exemplare sind fast immer und auch alte häufig mit Koth und Spinnweben überdeckt; man übersieht sie leicht, besonders an Bäumen, wo sie Knospen täuschend ähnlich sehen.

Im Wald bei der Gerbermühle unfern des Schindangers und in Hecken am Hohlweg nach dem alten Gaisberg, an den Burgruinen Sonnenberg und Scharfenstein (bei Kiedrich), Burg Stein und Nassau, Spurkenburg, bei der „wilden Scheuer" zu Stecten bei Runkel, im Hasenbach- und Wörsbachthale (Thomae). Gemein um Wiesbaden, an der Frauensteiner Burg (Sandb.), an der Walkmühle

(Lehr), Kupfermühle (A. Römer). Bei Weilburg im Webersberg, bei Kirschhofen im Gebück (Sandb.). Bei Dillenburg an den Schlossmauern, an den Steinkammern bei Erdbach, Wildeweiberhäuschen bei Langenaubach, Feldbacher Wäldchen, Thiergarten (Koch). Im ganzen Taunus (Speyer). Königstein, Falkenstein (Heyn.). An der Oberschweinsteige an Buchstämmen sehr häufig (Dickin). Auf dem Frankenstein häufig (Ickrath). Auf dem Malberg bei Ems und an der Silberschmelze im Emsbachthal (Servain). Um Biedenkopf an Gartenmauern, besonders solchen, die aus Grünstein bestehen und oben mit einer Hecke bepflanzt sind, am vorderen Theile des Schlossbergs und den Schlossmauern, sowie den unterhalb derselben befindlichen moosigen Thonschieferfelsen, junge häufiger auf den Kirschbäumen an der Vorderseite des Schlossbergs; am Hartenberg bei Dexbach; meistens immer einige beisammen, doch nicht in grösseren Mengen.

Anmerkung. Ausser diesen Arten findet sich in Deutschland noch *Bulimus quadridens* Linné, mit *tridens* verwandt, aber links gewunden. Sie wurde in Nassau noch nicht gefunden, kommt aber nach Goldfuss (Verh. d. naturh. Ver. Rheinl. Westph. 1856 p. 74) im Rheinröhrig angeschwemmt, und nach Hartmann (Gastrop. I. p. 151) auch lebend bei Neuwied in den Leien ob Friedrichstein vor. Auch bei Creuznach sammelte sie Herr H. C. Weinkauff.

Elftes Capitel.

IX. CIONELLA Jeffreyss.

Achatschnecke.

Gehäuse langeiförmig, gestreift oder glatt, glänzend; 6—7 Umgänge, der letzte gerundet; Mündung eiförmig, $1/3-1/2$ des Gehäuses ausmachend; die Spindelsäule kurz, gebogen, mehr oder weniger abgestutzt; Mundsaum gerade, öfter verdickt.

Thier wie bei Helix, aber mit einfacherem Geschlechtsapparat. Kiefer wenig gebogen, zart, fein, quergestreift, am concaven Rande kaum gezahnt. Zunge mit fast quadratischen, in gerade Querreihen geordneten Zähnen (Albers).

Die Cionellen wurden anfangs zu Bulimus, dann zu Achatina,

deren Name ja von ihnen stammt, oder zu Glandina gestellt. Manche machen auch aus ihnen drei Gattungen, *Cionella, Azeca* und *Acicula*, denen immer je eine unserer nassauischen Arten angehört. Sie leben in Mulm und Moos mit den Hyalinen, Carychien und Vitrinen.

Es kommen in Deutschland drei Arten vor, die sich sämmtlich in Nassau finden. Sie lassen sich leicht folgendermassen unterscheiden:
a. Gehäuse länglich-eiförmig, glänzend horngelb.
  Mit ungezahnter Mündung.
  C. lubrica Müller.
  Mit gezahnter Mündung.
  C. Menkeana C. Pfeiffer.
b. Gehäuse sehr klein, spindelförmig, glashell, nach dem Tode des Thieres milchweiss.
  C. acicula Müller.

58. Cionella lubrica Müller.
Gemeine Achatschnecke.

Syn. *Achatina s. Bulimus lubricus. Ferrusacia subcylindrica* Bourg.

Gehäuse rechts gewunden, länglich oval, gelb hornfarbig, glänzend, durchsichtig. Von den 6 ziemlich bauchigen Umgängen ist der letzte fast ebenso gross, wie alle übrigen zusammengenommen. Mündung oval, oben und unten etwas spitz. Mundsaum verdickt, röthlich. Spindelsäule nur undeutlich abgestutzt. Höhe 4—6½ Mm., Breite 2—2½ Mm.

Thier blaugrau, Fühler und Rücken dunkler.

In Gebirgsgegenden findet man eine constant kleinere Form, die Ziegler als *C. lubricella* unterschied.

Unter Steinen, Moos und abgefallenem Laube, besonders am Fusse alter Mauern und an feuchten, moosigen Ruinen allenthalben häufig, doch fast nie in grösserer Gesellschaft beisammen. In dem ganzen Gebiete gemein (Thomae). Um Weilburg, Diez, Dillenburg, sehr verbreitet, aber nirgends häufig; eine sehr schöne grosse Form dieser Art, *var. major*, zwischen Langenaubach und Breitscheid mit der folgenden Art, aber noch seltener als diese, dieselbe kommt auch öfter mit der Hauptform bei Wiesbaden vor (Sandb. u. Koch). Bei Hanau, Wächtersbach, Oberzell, Schwarzenfels (Speyer), Frankfurt (Heyn.), Homburg (Trapp), Darmstadt (Ickrath). Um

Biedenkopf allenthalben, aber nur die kleine Form und ziemlich einzeln. Im Geniste der Flüsse und Bäche überall häufig.

59. Cionella Menkeana C. Pfeiffer.
Gezahnte Achatschnecke.

Syn. Carychium Menkeanum C. Pfeiffer., *Azeca tridens* Pulteney, *Achatina Goodalli* Férussac, *Azeca Matoni* Leach.

Gehäuse eirund-elliptisch, zugespitzt, Wirbel stumpflich; horngelb, stark glänzend, durchsichtig, nach unten fast ebenso wie nach oben verschmächtigt; Umgänge sieben, wenig gewölbt, Naht sehr wenig vertieft. Mündung schief birnförmig, durch Zähne und Falten verengt, senkrecht; Mundsaum durch eine auswärts gebogene Wulstleiste verbunden; Aussenrand ziemlich gestreckt, zunächst oben eine seichte Bucht bildend, alsdann etwas vorgezogen und mit einer deutlichen, oben mit einem Zahne beginnenden, rothgelblichen Lippe belegt; Spindel in eine zusammengedrückte Lamelle sich erhebend, unten abgestutzt, und mit einem querstehenden, faltenartigen Zahne versehen; auf der Mitte der Mündungswand eine erhabene Falte, rechts daneben ein kleines Zähnchen; am Gaumen meistens drei Zähnchen. Der Spindelrand fehlt gänzlich, indem sich die Lippe des Aussenrandes unmittelbar mit der Verbindungsleiste verbindet. Höhe $6^{1}/_{2}$ Mm., Breite 2 Mm.

Thier hellhlaugrau mit ziemlich langen oberen und sehr kurzen unteren Fühlern.

Diese allenthalben seltene Schnecke ist innerhalb Nassau nur in der Gegend von Dillenburg von Koch aufgefunden worden, und zwar an einer sehr sumpfigen, fast unzugänglichen Stelle im Breitscheider Walde sehr einzeln und selten.

60. Cionella acicula Müller.
Nadelschnecke.

Gehäuse klein, spindel-walzenförmig mit verschmälertem, stumpfwirbeligem Gewinde, dünn, durchsichtig, fast glashell, nach dem Tode des Thieres rasch kreideweiss und undurchsichtig werdend; 6 langsam zunehmende, wenig gewölbte Umgänge. Naht wenig vertieft; Mündung lanzettlich, spitz, schmal, Mundsaum durch einen Umschlag der Mündungswand zusammenhängend, geradeaus, einfach, scharf; Aussenrand convex. Höhe $5^{1}/_{2}$ Mm., Breite 1 Mm.

Thier schlank, sehr zart, schwefelgelb, Kopf und Fühler weiss; vier walzenförmige Fühler, die oberen an der Spitze stumpf, ohne Knopf und ohne Augen. Kiefer nicht aus einem Stück, sondern aus schmalen Lamellen zusammengesetzt.

Allenthalben wahrscheinlich gemein, da man sie im **Geniste** aller Bäche in Menge findet. Lebend trifft man sie freilich nur selten, die sich im Sommer unter der Erde aufhält und nur im Winter, selbst bei Schnee, hervorzukommen scheint. Ausführliche Verhandlungen über Vorkommen und Lebensweise finden sich im ersten Jahrgange des Nachrichtsblattes der deutschen malacozoologischen Gesellschaft.

In allen Anschwemmungen; lebend nur von Sandberger im Haingarten bei Weilburg und von Koch im Aubachthale zwischen Langenaubach und Rabenscheid gefunden.

Zwölftes Capitel.

X. PUPA Draparnaud.

Windelschnecke.

Gehäuse nie gross, bei unseren Arten höchstens 10 Mm. hoch, meist kleiner, bei vielen fast microscopisch, meist geritzt, zuweilen durchbohrt, nie mit einem erweiterten Nabelloch, zuweilen ganz ungenabelt. Gestalt walzenspindelförmig oder verlängert eiförmig, seltener vollkommen walzen- oder eiförmig; zahlreiche Umgänge, der letzte nicht oder nur wenig grösser, als der vorletzte. Oberfläche glatt, gestreift oder regelmässig gerippt, meist einfarbig, grau oder braun, nie glänzend. Mündung halbeiförmig oder eckig, oft von Falten oder Zähnen verengert und daher buchtig. Mundsaum einfach oder ausgebreitet, mit gleichen, fast parallelen, häufig durch einen Wulst auf der Mündungswand verbundenen Rändern.

Thier dem von Helix sehr ähnlich, generisch kaum zu unterscheiden, klein, schlank, mit 4 Fühlern, von denen aber die unteren sehr klein sind und bei einer Anzahl der Untergruppe *Vertigo*, ganz fehlen. Athem- und Geschlechtsöffnung liegen bei den rechtsgewundenen auf der rechten, bei den linksgewundenen auf der linken Seite. Kiefer zart, nur wenig gebogen, feingestreift, ohne Zähne am concaven Rand, nur zuweilen mit einem feinen Vorsprung in der Mitte.

Die Zungenzähne bilden einen nach vorn schwach convexen Bogen, der Mittelzahn ist kleiner, als die anderen. Bei *Vertigo* sind sie nach Heynemann dreilappig. Der Geschlechtsapparat ist einfacher, als bei den Heliceen, ohne Anhangsdrüsen. Die Pupen legen ihre Eier in eine kleine, selbstgegrabene Höhlung des Bodens. Einige Arten sind auch lebendig gebärend.

Die Pupen vermitteln den Uebergang zwischen *Buliminus* und *Clausilia*. Von den Clausilien unterscheiden sie sich durch den Mangel des Schliessknöchelchens und der Spindelfalte, von den Bulimusarten durch die fast gleichlangen Mundränder und die Gestalt des Kiefers. Doch ist hier die Gränze ziemlich unbestimmt, und manche Arten mit gezahnter Mündung, namentlich solche, deren Thier man noch nicht genauer kennt, schwanken noch zwischen beiden.

Die Lebensweise ist bei den verschiedenen Arten verschieden. Die grösseren aus der ersten Unterabtheilung leben an Felswänden oder auf dem Boden, die anderen in Mulm, in hohlen Bäumen, auf feuchten Wiesen, unter Laub und Moos. Zu ihnen gehören unsere kleinsten Schnecken. Um sie bequemer sammeln zu können, legt man an Stellen, wo sie häufiger sind, halbfaule Breter oder Steine aus, unter denen sie sich sammeln; auch kann man sie bei feuchtem Wetter mit einem engmaschigen Netz von den Wiesen abkätschern. Nach einer von Scholtz mitgetheilten Beobachtung von Charpentier's, die Heynemann und ich bestätigen können, kann man sie auch in Menge erhalten, wenn man Heuhaufen, die eine Zeit lang auf Wiesen gelegen haben, über einem weissen Tuche ausklopft und dann den Staub untersucht. Todte Exemplare findet man in Menge im Genist der Flüsse nach den Winterfluthen.

Will man diese winzigen Thiere microscopisch untersuchen, so zerdrückt man das Gehäuse und spült die Scherben mit Wasser ab, oder (nach Heynemann) man nimmt das Gehäuse zwischen zwei Finger und wartet geduldig ab, bis das Thierchen hervorkommt und mit lang ausgestrecktem Körper nach einem Ruhepuncte umher tastet; dann schneidet man mit einer Scheere den Kopf ab und bringt ihn mit einem Tropfen Glycerin zwischen zwei Glasplatten; ein gelinder Druck macht ihn durchsichtig genug zur microscopischen Betrachtung.

In unserem Gebiete sind bis jetzt 12 Arten aufgefunden, die sich folgendermassen unterscheiden:

A. Gehäuse 8—10 Mm. hoch, länglich, ei-spindelförmig mit spitzem Wirbel (Gruppe *Torquilla* Studer).

9 Umgänge, Nacken weiss mit vier durchscheinenden Strichen, Mündung eiförmig mit 8 Falten.

P. frumentum Drp.

9 Umgänge, Gehäuse schlanker, hellbraun, verwittert violettgrau, Nacken nicht weiss, nur drei durchscheinende Striche, in der Mündung nur sieben Falten.

P. secale Drp.

B. Gehäuse cylindrisch mit stumpfem oder abgerundetem Wirbel, 5—9 Umgänge, die Mündung rundlich mit wenig oder gar keinen Zähnen (Gruppe *Pupilla* Leach).

9 Umgänge, die oberen dicker als die unteren, in der Mündung drei wenig entwickelte Falten; Höhe 5—7 Mm.

P. doliolum Brug.

6—7 Umgänge, im Nacken ein dicker weisser Wulst, auf der Mündungswand ein Zähnchen. Höhe 3—4 Mm.

P. muscorum L.

6 Umgänge, Gehäuse vollständig cylindrisch, zierlich gestreift, Mündung rundlich, zahnlos, Höhe nur $1^1/_2$—2 Mm.

P. minutissima Hartm.

5 Umgänge, Gehäuse mehr eiförmig, ganz glatt, etwas glänzend, Mündung zahnlos; Höhe 2—3 Mm.

P. edentula Drp.

C. Gehäuse winzig klein, mit fünf rasch zunehmenden Umgängen, Mündung buchtig mit 5—7 Falten; Thier ohne Unterfühler (Gruppe *Vertigo* Müll.).

a. Gehäuse rechts gewunden.

Gehäuse ziemlich bauchig, Mündung mit 5 Zähnchen und zwei langen Gaumenfalten.

P. septemdentata Fér.

Gehäuse schlanker, Mündung mit nur vier Zähnchen und einer Gaumenfalte.

P. pygmaea Drp.

Gehäuse sehr bauchig, der letzte Umgang grösser, als die drei ersten zusammengenommen; in der Mündung 6, mitunter nur 5 Zähne.

P. ventrosa Heyn.

Gehäuse ziemlich cylindrisch mit stumpfer Spitze; Mündung halbeiförmig mit 4 Zähnchen.

P. Shuttleworthiana Charp.

b. Gehäuse links gewunden.

Gehäuse eng durchbohrt, Mündung halbeiförmig, im Schlund 6 Zähnchen.

P. pusilla Müll.

Gehäuse kaum geritzt, Mündung fast herzförmig, im Schlunde nur 4 Zähnchen.

P. Venetzii Charp.

61. Pupa frumentum Draparnaud.
Achtzähnige Windelschnecke.

Gehäuse schief geritzt, ziemlich walzenförmig, mit kegelförmig ausgezogenem, ziemlich spitzem Wirbel, dicht und sehr zart gestreift oder vielmehr sehr fein und schräg gerippt; wenig glänzend, braungelblich, der letzte Theil des letzten Umganges hinter der Mündung weiss. Die 9 wenig gewölbten Umgänge sind durch eine feine, scharfbezeichnete Naht vereinigt, an Höhe sehr allmählig zunehmend, die beiden letzten fast gleich hoch. Mündung halbeiförmig, oben durch die Mündungswand in einer fast geraden Linie schräg abgestutzt, verengert. Mundsaum hufeisenförmig, wenig nach aussen gebogen, aussen mit einer breiten, oft ziemlich dicken und erhabenen Wulst eingefasst, von der aus auf dem Nacken nach hinten vier feine, weisse Linien — die durchscheinenden Gaumenfalten — auslaufen. Inwendig ist der Mundsaum ringsum mit 8 Falten besetzt, die in das Innere des Schlundes laufen; vier davon stehen auf der Spindelsäule und zwei auf der Mündungswand; von diesen letzteren steht die linke ganz tief in der Mündung, die rechte, eigentlich aus zwei verschmolzenen bestehend, ganz vorn neben der Einfügung des Aussenrandes, der hier einen kleinen Bogen macht und mit dem sie zusammenhängt. Nabelritz gerade, fein, mit dem Spindelrand einen Winkel beschreibend. Höhe 6—9 Mm., Durchmesser 2—3 Mm.

Thier oben schwärzlichgrau, Fusssohle hellgrau mit schwärzlichen Puncten.

Gesellig an sonnigen Abhängen auf frischem, sandigem oder kalkhaltigen Boden, im Grase und an Graswurzeln, auf und unter Steinen. Das Vorkommen ist meist auf einen kleinen Umkreis beschränkt. Dem oberen Lahngebiet und überhaupt den gebirgigen Theilen unseres Gebietes fehlt sie ganz. Zwischen Fachbach und Ems (Schenkel bei Thomae). Auf der Mombacher Haide; an Graswurzeln im Erbenheimer Thälchen; um die Kalksteinbrüche von Flörsheim und Hochheim (A. Römer). An letzterem Fundorte sammelte ich sie ebenfalls sehr häufig in schattigen Parthieen der Steinbrüche unter kleinen flachen Steinen und im Moos der sonnigen Abhänge. Bei Rossdorf in der Wetterau (Heyn.). An der Ebersbacher Papiermühle bei Darmstadt (Ickrath). Häufig im Geniste des Main und Rhein. Sämmtliche mir bekannte Fundorte befinden sich auf Kalkboden oder kalkreichem Lehm (Löss).

62. Pupa secale Draparnaud.
Gerstenkorn-Windelschnecke.

Gehäuse deutlich geritzt, fast walzenförmig, nach oben zu verschmälert und mit einem stumpflichen Wirbel endend, hellbraun, im leeren, verwitterten Zustande violettgrau, sehr fein gestreift, ohne Glanz, schlanker als *frumentum*; 9 sehr allmählig zunehmende, wenig gewölbte Umgänge; Mündung halbeiförmig; Mundsaum weiss, zurückgebogen. Aussenrand etwas eingedrückt, etwas länger als der Spindelrand; von den 7 Falten stehen drei innen auf dem Aussenrande, und je zwei auf der Spindel und der Mündungswand; von den letzteren ist die eine tief eingesenkt, die andere ganz vorgerückt, mit der Einfügung des Aussenrandes verbunden, und besteht eigentlich aus zwei Falten, einer kleineren und einer grösseren. Aeusserlich am Nacken scheinen die drei Falten des Aussenrandes als feine Striche durch. Um den deutlich punctförmigen Nabelritz herum ist die Basis des letzten Umganges kielförmig zusammengedrückt. **Höhe 7 Mm., Breite 2 Mm.**

Thier bräunlichgrau, Kopf, Hals und Fühler schwarzgrau, Augen schwarz.

Vorzugsweise anf Kalkboden, unter Laub und Moos am Boden. Von Herrn Dr. Noll bei St. Goar häufig gefunden. Nach A. Römer auch auf den bemoosten Kalkhügeln von Hochheim; aber die von dort stammenden Exemplare in dem Wiesbadener Museum sind, wie ich mich selbst überzeugte, nur eine schlankere Form von *frumentum*.

63. Pupa doliolum Bruguière.
Fässchenschnecke.

Gehäuse mit schiefem, seichtem Nabelritz, verkehrt eiförmig-walzig, oben breiter als unten, mit ganz abgerundeter Spitze, graugelb, durchsichtig, ziemlich glänzend, auf den oberen Umgängen ziemlich regelmässig rippenstreifig, auf den unteren fast glatt. Umgänge 9, wenig gewölbt, sehr langsam zunehmend; Naht wenig vertieft; Nacken gewölbt; Mündung halbeiförmig gerundet; Mundsaum zurückgebogen, schwach weisslippig; auf der Mündungswand eine ziemlich erhabene, lamellenartige Falte, welche schon an jungen Exemplaren vorhanden ist. An der Spindel 2 Falten, davon eine ziemlich verkümmert. Höhe 5—6 Mm., Breite $2^1/_2$ Mm.

Thier hellbraungraulich, Rücken ziemlich dunkel schwarzbraun; untere Fühler äusserst kurz.

Unter der Bodendecke, besonders unter Steinen, mitunter sehr tief im Boden. Sie scheint nur den gebirgigen Gegenden anzugehören. Auf der Ruine Falkenstein bei Cronberg, (Menke, Rossmässler); im Sandberger'schen Garten in Weilburg, an der Lahneck (Sandb.), bei Schlangenbad (C. von Heyden), auf der Burg Sickingen und an der wilden Scheuer bei Steeten (A. Römer). Leere Gehäuse in den Anspülungen des Sonnenberger Baches bei Wiesbaden (Thomae). Erdbach bei Dillenburg (Koch), Spurkenburg, Lahneck (Servain).

64. Pupa muscorum Linné.
Moosschraube.

Gehäuse eirund-walzenförmig, stumpf, braunroth, fast glatt, wenig glänzend; 6—7 wenig gewölbte, sehr langsam zunehmende Umgänge; Mündung halbrund, frei oder mit einem Zähnchen auf der Mündungswand; Mundsaum zurückgebogen, aussen mit einem schmalen, weisslichen Wulst umgeben; Nabel bald mehr bald weniger bezeichnet, meist ein ziemlich deutliches, enges Loch. Höhe $3^1/_2$—4 Mm., Breite 1 Mm.

Thier blassgrau, Hals, Rücken und Fühler schwärzlich.

Unter Laub, Moos und Steinen, am Fusse alter Mauern fast überall, doch mit Vorliebe an nicht zu feuchten Stellen. Allenthalben, jedoch nicht häufig (Thomae). Bei Weilburg sehr häufig (Sandb.). Bei Dillenburg häufig in den Anschwemmungen der Dill

(Koch). Häufig im Frankfurter Wald unter Steinen und altem Holz, besonders um das Forsthaus und an der Mörfelder Chaussee (Dickin). Am Kugelfang des Darmstädter Exercierplatzes (Ickrath). An moosigen Grünstein-Mauern auf der Ostseite des Biedenköpfer Schlossberges, im Moos im Pfarrgarten zu Breidenbach. Am Bahndamm unterhalb Flörsheim. Im Geniste der Flüsse ist *Pupa muscorum* eine der häufigsten Schnecken; trotzdem findet sie sich nur äusserst selten lebend im Moos des Ufers, die Feuchtigkeit scheint ihre Ansiedelung zu hindern.

65. Pupa minutissima Hartmann.
Kleinste Windelschnecke.

Syn. *Vertigo cylindrica* Fér.

Gehäuse winzig klein, walzenförmig, stumpf, gelblich, unter der Loupe sehr zierlich gestreift, die drei letzten der 5—6 stark gewölbten Umgänge einander fast gleich und durch eine ziemlich tiefe Naht vereinigt; Mündung fast rund, Mundsaum etwas zurückgebogen; Seitenrand etwas buchtig, oben in einem Bogen angeheftet; Nabelspalte deutlich bezeichnet. Höhe $1^{1}/_{2}$ Mm., Breite $^{1}/_{2}$ Mm.

Thier gelbgrau.

Unter Moos und Steinen ziemlich verbreitet, aber ihrer Kleinheit wegen häufig übersehen. Zwischen dem Canstein'schen Garten und dem neuen Palais in Wiesbaden, nicht selten (Thomae; jetzt ist freilich der Platz verbaut). An der Armenruhmühle bei Wiesbaden und in den Rheinanschwemmungen zwischen Biebrich und Schierstein (A. Römer). Königstein am Taunus (Speyer). Im Moos an Felsen des Weilweges bei Weilburg sehr selten; an moosigen Mauern bei Schlangenbad (Sandb.). Im Lahngenist bei Biedenkopf leere Gehäuse und ein lebendes Exemplar von mir gefunden. Nicht häufig auf der Ruine Stein (Servain).

66. Pupa edentula Draparnaud.
Zahnlose Windelschnecke.

Gehäuse sehr klein, engdurchbohrt, walzenförmig-eirund, stumpf, gelbbräunlich, glänzend, glatt, durchscheinend, die 5—6 Umgänge etwas gewölbt, Naht seicht; Mündung halbeiförmig; Mundsaum getrennt, geradeaus, scharf, einfach, zahnlos. Höhe 2 Mm., Breite $^{3}/_{4}$ Mm.

Thier?

Unter abgefallenem Laub einzeln hier und da, besonders im Herbste zu finden. Im Feldbacher Wäldchen (Koch). Am Bach an der Oberschweinsteige (Dickin). Nicht selten unter abgefallenem Laub unter einzeln im Nadelholz stehenden Eichenbüschen an der Goldküste bei Biedenkopf, aber nur im Herbst; im Frühjahr konnte ich trotz eifrigen Suchens kein Exemplar auftreiben. Ziemlich selten an Baumwurzeln an der Burg Nassau (Servain).

67. Pupa septemdentata Férussac.
Siebenzähnige Windelschnecke.

Syn. Vertigo antivertigo Drp.

Gehäuse rechts gewunden, sehr klein, kaum deutlich geritzt, eiförmig, stumpf, aus wenigen Umgängen rasch entwickelt, lebhaft braungelb, durchsichtig, glatt, stark glänzend; Mündung etwas herzförmig durch den an den beiden Zähnen stark eingedrückten Aussenrand. Schlund verengert, mit sieben Zähnen; von diesen stehen zwei auf der Mündungswand, drei auf der Spindel, und zwar der oberste kleinste genau im Winkel der Mündungswand und der Columelle, und zwei im Gaumen, und zwar der untere längere, faltenförmige etwas tiefer eingesenkt, als der obere, etwas kürzere, der genau auf der Stelle steht, welche einem äusserlich befindlichen strichförmigen Eindrucke entspricht. Mundsaum etwas zurückgebogen; Nacken wulstartig aufgetrieben. Höhe 2 Mm., Breite 1,2 Mm.

Thier schwarzgrau, ohne Unterfühler

Diese Schnecke lebt mit Vorliebe an feuchten Stellen mitunter fast im Wasser, unter Laub, Moos und Steinen. Um den Canstein'schen Garten und im Dambachthal bei Wiesbaden (Thomae). Am Zimmerplatz bei Burg selten unter altem Holz (Koch). Am Metzgerbruch bei Frankfurt auf feuchten Wiesen (Speyer). Im Moos am Rand von Gräben in der Umgebung des Sandhofes häufig. Um Biedenkopf auf feuchten Wiesen unter Steinen und in feuchten Waldthälchen überall gemein; ich habe nicht selten *Hydrobia Dunkeri* und *Pisidium fontinale* mit ihr zusammen, mitunter an demselben Blatte sitzend gefunden, besonders im Badseiferthälchen.

68. Pupa pygmaea Draparnaud.
Zwergwindelschnecke.

Syn. Vertigo vulgaris Jeffr

Gehäuse sehr klein, rechts gewunden, etwas schlanker, als die vorige, walzig-eiförmig mit stumpfem Wirbel, glatt, matt glänzend, durchscheinend, gelbbraun; 5 gewölbte Umgänge; Nacken mit einer starken Wulst und dahinter eingedrückt; Nabel punctförmig; Mündung halbeiförmig, fünfzähnig, ein Zahn steht auf der Mündungswand, zwei auf dem Gaumen, wovon einer fast auf dem Mundsaum, und zwei auf der Spindel, davon der untere sehr klein, aber nie ganz fehlend. Mundsaum getrennt, etwas zurückgebogen, Nacken dicht hinter dem Mundsaum wulstartig aufgetrieben. Höhe 2 Mm., Durchmesser 1 Mm.

Thier blaugrau, der obere Theil des Halses und die Fühler schwarz.

Sie gleicht in der Lebensweise der vorigen, mit der man sie häufig zusammen findet; sie kommt aber auch an trocknen Stellen vor und ist überhaupt viel häufiger und verbreiteter, wie sie denn auch eine der häufigsten Arten im Geniste ist. Nicht selten findet man sie auch im Inneren hohler Baumstämme und unter der losgesprungenen Rinde.

Um den Canstein'schen Garten in Wiesbaden, auf der Feldwiese am Schiersteiner Weg, im Erbenheimer Thälchen, an dem Schloss Dehrn im Lahnthale (Thomae). Bei Weilburg am Gänsberg und Schellhof nicht selten im Grase (Sandb.) Am Burger Zimmerplatz (Koch). Am Wege vor dem Forsthaus bei Frankfurt (Dickin). Um Biedenkopf unter Steinen und Hecken und auf Wiesen mit der vorigen allenthalben nicht selten.

69. Pupa ventrosa Heynemann.
Bauchige Windelschnecke.

Gehäuse kaum durchbohrt, kurzeiförmig, sehr bauchig, glatt, glänzend, kastanienbraun. Vier ziemlich gewölbte, sehr rasch zunehmende Umgänge, der letzte bedeutend grösser, als die drei ersten zusammengenommen, an der Basis ein klein wenig zusammengedrückt. Die Mündung schief herzförmig mit sechs oder fünf Zähnen, von denen zwei am Spindelrand und zwei am Aussenrand immer vorhanden sind. Der fünfte ist eine hohe, in der Mitte der Mündungswand ganz vorn stehende Falte, die alsbald auffällt; der sechste, an der Aussenseite dicht daneben stehende Zahn fehlt häufig. Höhe 2,5 —3 Mm., Durchm. 1, 5—2 Mm.

Von Heynemann am Schilfe des Oberhorstweihers bei Frankfurt entdeckt und dort früher häufig, jetzt aber ausgestorben. In 1869 fand sie Ickrath häufig am Schilfe des Bessunger Teiches bei Darmstadt, 2—3' über dem Schlamm munter umherkriechend, aber nur Abends zu finden; am Tag fand man nur bei sehr genauem Nachsuchen hier und da ein Stück unter modernden Schilfblättern am Boden; auch Morgens war sie nicht zu finden. Seitdem hat sie Heynemann auch wieder unter einem Heuhaufen in der Nähe des Wassers am Enkheimer Fusspfade gefunden, und wahrscheinlich kommt sie noch an mehr Punkten in der Mainebene vor, wohl auch sonst in Deutschland, denn ich erhielt sie aus Dänemark und Kärnthen. Sie wird meistens für synonym mit *Vert. Moulinsiana* gehalten, ist aber davon sehr verschieden.

70. Pupa Shuttleworthiana von Charpentier.

Gehäuse tief geritzt, eiförmig, leicht gestreift, glänzend, durchsichtig, gelbhornfarben, die Spitze wenig verschmälert, sehr stumpf; die fünf Umgänge wenig gewölbt, der letzte am Nabelritz etwas zusammengedrückt; Mündung halbeiförmig mit vier Zähnen, einem zusammengedrückten auf der Mündungswand, einen spitzen am Spindelrand und zwei kürzeren im Gaumen. Mundsaum weiss, am rechten Rande etwas eingebogen, sehr schmal ausgebreitet, am Spindelrande etwas breiter. Höhe 2 Mm., Durchmesser $1^{1}/_{4}$ Mm., Höhe der Mündung $^{2}/_{3}$ Mm. (L. Pfeiffer).

Selten in alten Mauern, an den nassauischen Fundorten immer mit *Balea fragilis* zusammen. Ich fand sie nicht ganz selten in der Mauer des alten Kirchhofes zu Buchenau bei Biedenkopf. Am Beilstein (Heyn.). Nach Heynemann gehört hierher auch die von Koch angeführte Varietät von *pygmaea* aus dem Breitscheider Walde und von Burg.

71. Pupa pusilla Müller.
Kleine Windelschnecke.

Gehäuse sehr klein, linksgewunden, eng durchbohrt, horngelb, glänzend, dünn, durchsichtig, äusserst fein gestreift; fünf ziemlich gewölbte Umgänge. Naht tief; Mündung halbeiförmig; Schlund durch 6 Zähne verengert, von denen je zwei auf Spindel, Mündungswand und Gaumen stehen. Mundsaum fein zurückgebogen, der Nacken dahinter, namentlich unten, wulstartig aufgetrieben. Höhe 2, 2 Mm., Breite 1 Mm.

Thier weiss, der obere Hals und die Fühler aschgrau.

Ziemlich selten; an trockenen Stellen unter Steinen. Selten im Erbenheimer Thälchen der Hammermühle gegenüber; an der Gartenmauer des Holzhackerhäuschens bei Wiesbaden (A. Römer). An der Grüneburg bei Frankfurt (Speyer). Häufig am Forsthaus (Dickin). Am Beilstein (Heynemann). Ich fand sie nicht selten mit *pygmaea* zusammen unter kleinen flachen Steinen in den Hecken am Südabhang des Kratzenbergs bei Biedenkopf, und mit der vorigen in der Mauer des alten Kirchhofs in Buchenau. Ruine Nassau (Servain). Bei Mönchbruch (Ickrath).

72. Pupa Venetzii von Charpentier.
Schlanke Windelschnecke.

Syn. P. angustior Jeffreys.

Gehäuse winzig klein, linksgewunden, ziemlich schlank, mit kaum vertieftem Nabelritz, gelb, deutlich gestreift, durchsichtig, glänzend, Nacken in der Mitte mit einer ziemlich vertieften Längsfurche, an der Basis höckerig; Mündung wegen eines Eindrucks der Aussenwand fast herzförmig; Schlund verengert; auf der Mündungswand zwei ziemlich egale Zähne, auf dem Gaumen, entsprechend der Nackenfurche, eine lange Leiste, hinten herabgekrümmt, unter ihrem Vorderende ein kleines Zähnchen; Spindel mit einer stark entwickelten Lamelle. Höhe $1^{1}/_{2}$ Mm., Breite $^{3}/_{4}$ Mm.

Thier bläulichweiss, durchscheinend, Fühler graublau mit schwarzen Augen; von ihnen aus gehen zwei graublaue Streifen über den Rücken.

Diese kleine Schnecke lebt auf moosigen Wiesen, ist aber lebend in Nassau noch nicht gefunden worden. Ein leeres Gehäuse fand Koch am Ufer des Aubachs bei Dillenburg. Im Maingenist findet sie sich auch, aber selten (Heyn.).

Dreizehntes Capitel.
XI. BALEA Prideaux.

Die Baleen gleichen an Gestalt, innerem Organismus und Lebensweise vollkommen den Clausilien und unterscheiden sich von ihnen nur durch den Mangel des Schliessknöchelchens und der Spirallamelle. In Deutschland kommt nur eine Art vor.

73. Balea fragilis Draparnaud.

Syn. Cochlodina perversa Fér.

Gehäuse links gewunden, geritzt, spindelförmig gethürmt, der letzte Umgang am breitesten, olivengrünlich, hornbraun, dünn, zart, durchsichtig, sehr fein rippenstreifig, seidenglänzend. Neun Umgänge, sehr langsam zunehmend, gewölbt; Naht ziemlich vertieft; Nacken aufgetrieben. Mündung gerundet birnförmig, höher als breit; Mundsaum zusammenhängend, wenig lostretend, sehr fein weiss gesäumt, etwas zurückgebogen. Spindel einfach, nur selten mit der Andeutung einer Falte; auf der Mündungswand eine kleine, mit dem Mundsaum zusammenhängende Falte. Höhe 9—11 Mm., Breite 2 Mm.

Thier bläulichgrau, Hals und Fühler dunkler, fein gekörnt, Fusssohle gelblich, Augen schwarz, Kiefer wenig gebogen, fein gestreift, in der Mitte etwas vorspringend. Nach den Beobachtungen von Sporleder (Mal. Bl. VII. p. 116) bringt diese Schnecke lebendige Junge zur Welt, die bei der Geburt schon etwas mehr als zwei Umgänge haben.

An bemoosten Mauern in den meisten Gegenden, aber stets nur auf engbegränzten Fundorten, so dass sie häufig übersehen wird. Am Idsteiner Schloss (Thomae). Beim Kalkbruch unterhalb Steeten im Lahnthal; an Mauern bei Sonnenberg (Römer). Bei Dillenburg an der Brückenmauer bei Burg (Koch), am Schlossberg hinter der Kirche (Trapp). Reiffensteiner Schloss (Heynemann). Im Kreis Biedenkopf an der Mauer des Pfarrgartens zu Breidenbach und an der alten Kirchhofsmauer zu Buchenau, sowie auf dem Breidensteiner Schloss.

Servain führt von den Mauern der Burg Nassau noch eine *Balea Rayana* Bourg. an; dieselbe ist für ein deutsches Auge so wenig zu unterscheiden, wie viele andere, von Herrn Bourguignat als neu beschriebene Arten.

Vierzehntes Capitel.

XII. CLAUSILIA Draparnaud.

Gehäuse schlank, spindelförmig, meist linksgewunden, mit mehr oder weniger spitzem Wirbel; 9—14 meist wenig gewölbte, glatte, gestreifte oder gerippte Umgänge. Die Mündung ist unregelmässig, eiförmig, birnförmig oder fast rund, durch Lamellen verengt und oft gezähnt oder gefaltet, der Mundsaum zusammenhängend, meist gelöst. Im Schlunde ein kalkiges Deckelchen auf elastischem Stiele, das sog. Schliessknöchelchen, *Clausilium.*

Thier schlanker als das von *Helix* und im Verhältniss zum Gehäuse auffallend klein, aber sonst ihm vollkommen ähnlich. Die Athemöffnung liegt an der linken Seite des Halses, die gemeinsame Geschlechtsöffnung hinter dem linken Oberfühler. Der Kiefer ist gebogen, fein quergestreift, häufig mit einem kleinen zahnförmigen Vorsprung in der Mitte. Die Zungenzähne sind stumpf lanzettförmig, ohne deutlichen Mittelzahn; die Zähne des Mittelfeldes haben nur schwache Zahneinschnitte, die der Seitenfelder 2—3 kleine seitliche Zähnchen neben dem Hauptzahn. Der Geschlechtsapparat unterscheidet sich von dem von *Helix* nach Adolf Schmidt fast nur durch das fehlende Flagellum der Ruthe. Viele Arten bringen lebende Junge zur Welt.

Die Clausilien bilden eine der artenreichsten Gattungen, während gleichzeitig der Gattungstypus von ihnen im höchsten Grade festgehalten wird. L. Pfeiffer zählt im sechsten Bande seiner *Monographia Heliceorum viventium* 563 Arten auf, die Gesammtzahl dürfte sich vielleicht auf 600 belaufen, zu denen aus den noch wenig durchforschten Theilen des Orientes alljährlich noch eine gute Anzahl hinzukommt. Die Unterscheidung ist natürlich nicht leicht und erfordert ein ganz besonderes Studium; dem entsprechend haben wir auch für die Beschreibung der Clausilien eine ganz eigene Kunstsprache. Man legt dabei besonderes Gewicht auf die in der Mündung sichtbaren Falten und Lamellen, die bei den einzelnen Arten merkwürdig constant sind. Adolf Schmidt schlägt in seinem „System der europäischen Clausilien, Cassel 1868" vor, ein für allemal den Namen Lamellen auf die auf der Mündungswand befindlichen Erhebungen zu beschränken, die anderen als Falten zu bezeichnen. Wir haben dann drei Lamellen: die Oberlamelle, die Unterlamelle und die Spirallamelle; verschiedene kleinere kommen bei unseren Arten nicht in Betracht. Die Oberlamelle verläuft dicht unter der Naht und parallel mit derselben, die Unterlamelle etwa in der Mitte der Mündungswand; die Spirallamelle ist eine mit der Naht parallele Leiste, die bald mit der Oberlamelle zusammenhängt, bald von ihr getrennt ist. Herr von Vest bemerkt in seiner ausgezeichneten Arbeit über den Schliessapparat der Clausilien, dass auch bei den Arten, wo die beiden Lamellen verbunden sind, sie in der Jugend getrennt erscheinen.

Ausserdem finden wir noch im Gaumen mehrere Falten, die Gaumenfalten, meist 1—4, und unten an der Spindel, ihren Windungen folgend, aber häufig nicht bis in die Mündung vortretend, die immer vorhandene Spindelfalte, welche als Stützpunct für den Schliessapparat von grösster Wichtigkeit ist. Endlich haben wir noch eine im letzten Umgang an den Gaumenfalten quer verlaufende, halbmondförmig gekrümmte, meist von aussen als hellerer Strich erkennbare Falte zu erwähnen, die Mondfalte, an welche sich das Schliessknöchelchen anlegt; sie findet sich übrigens nicht bei allen Arten. Den Raum zwischen Ober- und Unterlamelle nennt man das Interlamellar; es trägt bei einigen Arten noch mehrere Fältchen.

Ueber den eigentlichen Schliessapparat, der für die Gruppirung der Clausilien sehr wichtig ist, hat namentlich Wilhelm von Vest in seiner schon oben erwähnten Arbeit genauere Untersuchungen angestellt. Er kommt zu der Ansicht, dass das Schliessknöchelchen nicht nur zum Schutz gegen Feinde diene, sondern noch mehr um das Austrocknen des Thieres zu verhüten, in ähnlicher Weise, wie nach meiner Ansicht der Winterdeckel der Helices. Er macht darauf aufmerksam, dass die Arten, welche nebelige Höhen und die Meeresküsten bewohnen, das schmalste Clausilium haben. Damit stimmt eine Beobachtung überein, die ich zu machen Gelegenheit hatte: nach dem furchtbar trocknen Sommer von 1868 hatte an dem Schlossberg zu Biedenkopf die Zahl der Helices, besonders *nemoralis* und *incarnata*, in sehr auffallender Weise abgenommen, aber *Clausilia laminata* und *nigricans* fand ich an denselben Stellen in unverminderter Anzahl.

In einer anderen Beziehung ist freilich das Clausilium kein Vortheil für das Thier, wie ich an meinem Aquarium oft genug zu beobachten Gelegenheit hatte. Fiel nämlich eine Helix vom Felsen ins Wasser, so machte sie stunden- und tagelang alle möglichen Rettungsversuche und rettete sich auch nicht selten auf Wasserpflanzen oder an die Wandungen des Gefässes; Clausilien dagegen schlossen sofort ihre Mündung und blieben unbeweglich, bis sie erstickten. Es mag damit im Zusammenhang stehen, dass eine Verbreitung von Clausilien längs eines Flusses eben so selten ist, wie die von Helix häufig.

Das Schliessknöchelchen ist bei den meisten Arten von aussen nicht sichtbar; um es zu finden, muss man der Mündung gegenüber einen Theil des letzten Umganges abbrechen. Das Schliessknöchelchen besteht aus einem langen, dünnen, elastischen Stiel, der vornen in ein birnförmiges oder gelapptes Blättchen übergeht. In geschlossenem Zustand stützt es sich auf die Gaumenfalten, die Mondfalte, wenn diese vorhanden ist, und die Spindelfalte. Kriecht das Thier heraus, so legt sich das Knöchelchen in den Raum zwischen der **Unterlamelle** und der Spindelfalte, die sogenannte **Nische**; zieht sich das Thier zurück, so klappt es durch die Elasticität des Stieles von selber zu. Es schliesst aber den Raum fast bei keiner Art vollkommen ab, sondern lässt immer an der Spindelseite etwas Raum frei.

Die Clausilien sind vorzugsweise Gebirgs- und Felsenbewohner; in der Ebene findet man sie besonders an Steinen, alten Mauern und bemoosten Baumstämmen. Einige Arten halten sich auch auf dem Boden unter Laub und Moder auf. Am zahlreichsten findet man sie auf Ruinen, und hier mitunter ganz isolirt Arten, die sonst auf viele Meilen in die Runde nicht vorkommen, wie z. B. *Cl. lineolata* Held auf der Ruine Hattstein im Taunus. Wie alle Schnecken erscheinen sie auch besonders bei feuchtem Wetter; nach einem tüchtigen Regen findet man hunderte an Mauern, die vorher ganz unbelebt schienen. Im Sommer muss man sie Abends spät und Morgens früh suchen. Winterquartiere beziehen sie sehr spät, in milden Wintern gar nicht; ich habe sowohl *Claus. laminata* als *dubia* mitten im Winter unter der Bodendecke munter gefunden.

Ihre höchste Entwicklung erreichen sie in den südöstlichen Ausläufern der Alpen, in Kärnthen, Krain und Dalmatien, überhaupt im Orient. Bei uns kommen nur neun Arten vor, deren Unterscheidung, obschon nicht immer leicht, doch nicht die Schwierigkeiten bietet, wie in reicheren Gegenden. Besonders sind es die kleineren, von den älteren Autoren als *rugosa* Drp. und *obtusa* Pfr. erwähnten Arten, deren Formenchaos zu sichten selbst Rossmässler sich für unfähig erklärte. Dem scharfen Auge Adolf Schmidts ist es dennoch gelungen, und seine, auf ein wahrhaft colossales Material gestützten „Kritische Gruppen der europäischen Clausilien" gewähren uns einen festen Anhalt. Demgemäss treten an die Stelle der oben genannten Arten die Namen *Claus. dubia* Drp. und *nigricans* Pult., und kommt zur nassauischen Fauna eine Art, *lineolata* Held, neu hinzu.

Ueber die Anordnung der Clausilien in natürliche Gruppen gehen die Ansichten noch weit auseinander, je nachdem man das eine oder das andere Merkmal in den Vordergrund stellt. Am natürlichsten scheint sie durch die Berücksichtigung der Gestalt des Schliessknöchelchens sich zu geben, aber wo es sich, wie hier, hauptsächlich um Erleichterung der Bestimmung handelt, hält man sich am besten an die in die Augen fallenden und ohne mühsame Präparation erkennbaren Unterschiede, wie sie Gestalt, Sculptur und Mündungsfalten darbieten.

Nach folgendem Schema lassen sich unsre nassauischen Arten leicht bestimmen:

A. Gehäuse glatt, 15—20 Mm. gross, keine Mondfalte.
Cl. laminata Mont.

B. Gehäuse rippenstreifig, Mondfalte ausgebildet.
  a. Spirallamelle nicht mit der Oberlamelle verbunden, eine mittlere Gaumenfalte vorhanden, Streifung stark, Grösse 15—18 Mm.
    α. Mundsaum ohne Fältchen.
Cl. biplicata Mont.
    β. Mundsaum mit zahlreichen kleinen Fältchen.
Cl. plicata Drp.
  b. Spirallamelle mit der Oberlamelle verbunden, nur eine obere Gaumenfalte vorhanden.
    aa. Höhe 15—20 Mm., Streifung stark, keine weisse Strichelung.
      α. Mündungsachse senkrecht, Interlamellar ohne Falten, die Lamellen in der Mündung ein sehr deutliches liegendes K bildend.
Cl. ventricosa Drp.
      β. Mündungsachse schief, Interlamellar gefältelt, auf dem Gaumenwulst ein in die Augen fallendes weisses Emailpünctchen.
Cl. lincolata Held.
    bb. Höhe unter 12 Mm., Gehäuse mehr oder weniger glänzend.
      α. Interlamellar mit 2—3 deutlichen Falten.
Cl. plicatula Drp.

β. Interlamellar fast stets glatt, höchstens mit kleinen Fältchen; Gehäuse mit weissen Strichelchen an der weissen Naht.
αα Gehäuse mehr bauchig, Mündung ei-birnförmig, senkrecht.
Cl. dubia Drp.
ββ. Gehäuse schlanker, kleiner, Mündung rhombisch, schiefstehend.
Cl. nigricans Pult.
γ. Interlamellar glatt, Gehäuse nur ganz fein gestreift, ohne weisse Strichelchen, klein, höchstens 8 Mm. hoch; Mondfalte in Gestalt eines C.
Cl. parvula Drp.

74. Clausilia laminata Montagu.
Zweizähnige Schliessmundschnecke.

Syn. Cl. bidens Drp. (non L.).

Gehäuse kaum geritzt, spindelförmig, etwas bauchig, nicht schlank, mit wenig verschmälerter abgestumpfter Spitze, gelbroth oder rothbraun, ziemlich glänzend, fast durchscheinend, aber leicht verwitternd und dann undurchsichtig; die 10—11 ziemlich gewölbten, sehr langsam zunehmenden Umgänge sind durch eine stark bezeichnete Naht vereinigt; Mündung ei-birnförmig, innen bei dunklen Exemplaren rothbraun, fast stets mit einer deutlichen, bei hellen Exemplaren weisslichen Gaumenwulst; Mundsaum nicht gelöst, durch eine mehr oder minder starke Wulst auf der Mündungswand verbunden, wenig zurückgebogen; die Lamellen laufen hinten sehr dicht zusammen, die oberste ist scharf zusammengedrückt, hängt vorne mit der Verbindungswulst der Mundränder zusammen, ist aber von der Spiral-Lamelle getrennt; die untere sehr zusammengedrückt, bogig und steht weit nach vorn; unter den vier Gaumenfalten, von welchen die erste, dritte und vierte in der Gaumenwulst entspringen, ist die oberste die längste, dicht unter ihr, an ihrem hinteren Ende steht die zweite, sehr kurze, die dritte und vierte stehen, durch einen breiten Zwischenraum getrennt, tief unten. Mondfalte fehlt, die Spindelfalte tritt etwas vor, bleibt jedoch immer hinter der Unterlamelle zurück; Schliessknöchelchen vor der Spitze tief ausgebuchtet. Höhe 12—16 Mm., Breite 3—4.

Thier grau, Kopf, Fühler und Rücken schwärzlich.

Sie lebt fast immer unter dem abgefallenen Laub, seltener an

Bäumen und Steinen und dürfte sich fast überall in Nassau finden. Bei Biedenkopf ist sie häufig im Schlossberg und auf der Ruine Hohenfels. Im Frühjahr fand ich immer nur stark verwitterte Exemplare; vermuthlich rührt es daher, dass sie im Winter sich nicht tief verkriecht und bei warmem Wetter unter dem Laub zu jeder Zeit lebendig ist. Ferner wurde sie gesammelt von Sandberger in der Umgegend von Weilburg an mehreren Orten, von Koch bei Dillenburg am Haunstein, bei Oberscheld, Erdbach und Langenaubach, von Heynemann in der Umgegend von Frankfurt, von Thomae an der Lohmühle im Wolkenbruch bei Wiesbaden, an der wilden Scheuer bei Runkel, an der Waldschmiede im Hasenbachthal. Im Taunus nur einzeln (Wiegand). Am Auerbacher Schlossberg (Ickrath).

75. Clausilia biplicata Montagu.
Gemeine Schliessmundschnecke.

Syn. Cl. similis v. Charp.

Gehäuse kaum geritzt, spindelförmig, schlank, selten etwas bauchig, mit oben schlank ausgezogenen Windungen und etwas abgestumpfter Spitze, ziemlich stark, wenig durchsichtig, wenig glänzend, gelblich oder röthlich-hornbraun, dicht rippenstreifig mit weissen Fleckchen an der Naht; 11—13 Umgänge, ziemlich gewölbt und durch eine seichte Naht vereinigt. Mündung länglich birnförmig, schmal, an der Basis mit einer Rinne, die dem Kamm des Nackens entspricht; am Gaumen eine längslaufende weisse Falte; Mundsaum zusammenhängend, gelöst vortretend, zurückgebogen, weisslich, entweder einfach oder mit einer schwachen, selten bedeutenderen Lippe belegt; die obere Lamelle vortretend, zusammengedrückt, stark ausgedrückt, die untere weit hinten stehend, nicht sehr erhaben; Interlamellar nackt, selten mit einigen Fältchen. Nacken eingedrückt, dann weiter unten etwas wulstig und ganz unten mit einem deutlich ausgedrückten Kamm oder Kiel, der sich hinter dem Spindelrande um die Nabelgegend, die dadurch deutlich bezeichnet wird, herumlegt. Höhe 12—18 Mm., Breite $2^{1}/_{2}$—3 Mm.

Thier gelblich- bis schwarzgrau.

Findet sich in den meisten Theilen Nassaus gemein an alten Mauern, unter Steinen, an Baumstämmen, in Hecken und unter der Bodendecke. In der Umgegend von Biedenkopf ist sie äusserst selten; ich fand nur einmal einige junge Exemplare an einem gefällten Weidenstamm im Thale von Brungershausen nach Watzenbach.

76. Clausilia plicata Draparnaud.
Faltenrandige Schliessmundschnecke.

Gehäuse kaum geritzt, spindelförmig mit sehr schlank ausgezogener Spitze, hornbraun, sehr fein rippenstreifig, oft mit eben solchen Flecken, wie *biplicata*; die 12—14 wenig gewölbten Umgänge durch eine scharf bezeichnete Naht vereinigt; Mündung länglich-birnförmig, ziemlich gerundet; Mundsaum zusammenhängend, gelöst, zurückgebogen, innen weisslich oder rothbräunlich und mit kleinen Fältchen eingefasst. Obere Lamelle gewöhnlich, untere weit hinten stehend, nicht scharf ausgedrückt; Gaumen mit mehreren Längsfalten, von denen man aber innen meist nur eine sieht; Nacken stärker und schärfer gerippt, oben etwas eingedrückt, dann weiter unten ziemlich aufgetrieben und ganz unten mit einem deutlichen Kiel oder Kamm, der sich, wie bei *biplicata*, um die Nabelgegend schlingt und diese dadurch genau bezeichnet. Höhe 12—16, Br. 2—3 Mm.

Sie unterscheidet sich von *biplicata*, der sie sonst, auch durch Gestalt und Farbe des Thieres, vollkommen gleicht, durch die schlankere Gestalt, die feinere Streifung und die Fältchen der Mündung.

Die Lebensweise gleicht vollkommen der von *biplicata*; nur ist unsere Art weit weniger verbreitet. Von Heynemann auf dem Hattsteiner und von Speyer auf dem Königsteiner Schloss im Taunus gefunden. Ich besitze sie von Büdesheim bei Bingen, Schloss Idstein (Thomae). Mombach (Lehr).

77. Clausilia ventricosa Draparnaud.
Bauchige Schliessmundschnecke.

Gehäuse kaum geritzt, bauchig-spindelförmig, schwärzlich rothbraun, wenig glänzend, schwach rippenstreifig. Spitze schlank ausgezogen; 11—12 wenig gewölbte Umgänge, die ersten 5 kaum zunehmend, der letzte mit angeschwollenem Nacken und schwach gekielter Basis. Die Mündung eiförmig-rund, gerade, mit fast parallelen Seitenrändern. Mundsaum zusammenhängend, wenig gelöst, weisslich. Der Sinulus nicht gebogen; das Interlamellar ohne Falten. Die Lamellen mittelmässig, die obere gerade, mit der Spiralfalte verbunden, die untere vornen in zwei Aeste gegabelt, so dass sie ein deutliches liegendes K bilden. Gaumenwulst schwach, kirschbraun, schräg nach unten verlaufend. Im Gaumen nur eine obere Falte, die bis über das Clausilium hinaufgeht. Mondfalte bogenförmig. Clausilium vornen stumpfwinklig. (A. Schmidt).

Höhe des Gehäuses 20 Mm., Breite 4½ Mm. Höhe der Mündung 4½ Mm., Breite 3 Mm.

Thier hellschiefergrau, auf dem Rücken dunkler, mitunter hellbräunlichgelb.

Von der verwandten *biplicata* unterscheidet sie sich durch die bauchigere Gestalt, die schwächere Streifung, dunklere Farbe und das K in der Mündung, von *plicata* durch den Mangel der Falten. Am nächsten verwandt und vielfach verwechselt mit ihr ist die bis jetzt in Nassau noch nicht aufgefundene *Cl. Rolphii* Leach., die sich im Siebengebirge findet und auch dem Rheinthal nicht fehlen dürfte; sie ist bedeutend kleiner, nur 12—15 Mm. hoch und 3½ breit, heller braun und glänzender, meist mit einigen Fältchen am Mundsaum, wie *plicatula*, der Nacken weniger aufgetrieben, weitläufiger gestreift, als der vorhergehende Umgang, der Sinulus höher hinaufgezogen.

Cl. ventricosa lebt unter der Bodendecke in feuchten Waldungen, meistens am Rande von Quellen. In Nassau wurde sie bis jetzt nur von Heynemann und Dickin äusserst selten am Bruchrainweiher im Frankfurter Wald gefunden.

78. Clausilia lincolata Held.
Rippenstreifige Schliessmundschnecke.

Gehäuse mit kurzem Nabelritz, bauchig-spindelförmig, bisweilen rippenstreifig, mit weisslichen Fleckchen längs der Naht, bräunlich oder schwärzlich roth, etwas seidenglänzend; Spitze concav ausgezogen, ziemlich spitz; die 10—13 Umgänge etwas gewölbt, langsam zunehmend, der letzte aufgetrieben, nicht eingedrückt, die Mündung rundlich-eiförmig, meist etwas schräg, mit fast gleichlaufenden Seitenrändern; Mundsaum zusammenhängend, wenig gelöst, etwas ausgebreitet, weisslich; Sinulus klein, das Interlamellar gefältelt; die Oberlamelle mit der Spirallamelle vereinigt, die untere etwas zurückstehend, vornen häufig gabelförmig getheilt; der Gaumenwulst divergirt meistens mit dem Mundsaum, ist an der Basis verdickt und trägt ein weisses Emailpünctchen als Rudiment der unteren Gaumenfalte; die obere Gaumenfalte ist deutlich, die Subcolumellarfalte vornen gebogen, wenig erhaben; die Mondfalte etwas gebogen; das Clausilium vornen halbscharf. Höhe 17 Mm., Br. 4 Mm. Höhe der Mündung 3⅔ Mm., Br. 2¾ Mm. (A. Schmidt).

Lebensweise ähnlich der von *ventricosa*, doch auch an trockneren Stellen und an Baumstämmen. In den badischen Rheinwaldungen und auch sonst in Süddeutschland häufig, in unserem Gebiete aber bis jetzt erst in wenigen Exemplaren von Heynemann auf dem Hattsteiner Schloss im Taunus gefunden.

79. Clausilia plicatula Draparnaud.
Gefältelte Schliessmundschnecke.

Gehäuse kaum geritzt, spindelförmig, etwas bauchig, mit mehr oder weniger verschmälerter Spitze, dunkelrothbraun, fast kirschbraun, ziemlich glänzend, fest, wenig durchscheinend, fein gerippt; die 11 wenig gewölbten Umgänge durch eine feine Naht vereinigt; Mündung birnförmig-rund, gross, Schlund meist bräunlich gefärbt; Mundsaum zusammenhängend, gelöst, zurückgebogen, scharf, weiss oder bräunlich, zuweilen ziemlich verdickt, und wie gelippt; unten am Gaumen bemerkt man oft eine flache, weissliche Wulst; obere Lamelle ganz vorn, etwas verdickt; untere weit hinten, meist vorn abgestutzt oder zuweilen durch ein Interlamellarfältchen fortgesetzt und ästig, einem liegenden K ähnlich, wenn auch nicht so deutlich, wie bei *ventricosa*. Interlamellar mit 2—3 feinen Fältchen; Nacken aufgetrieben, an der Basis mit einem Höckerchen. Höhe 10—12, Breite 2—3 Mm.

Thier hellgrau, mit schwärzlichem Kopf, Fühlern und Rücken.

Diese sonst sehr häufige Clausilie kommt in unserem Gebiete nur an wenigen Puncten vor. Von Römer an alten Weidenstämmen bei Wiesbaden in der Nähe der Neumühle gefunden (Sandb. und Koch). Burg Stein bei Nassau; Schloss zu Idstein (Thomae). Eppstein (Dickin). Bei Mombach (Lehr).

80. Clausilia dubia Draparnaud.
Zweifelhafte Schliessmundschnecke.

Syn. Cl. rugosa C. Pfeiff., *rugosa var.* Rossm.

Gehäuse mit Nabelritz, bauchig-spindelförmig, mit oben rasch verschmälerten Windungen und zugespitztem Wirbel, gestreift, seidenglänzend, gelbgrau, gelbbraun bis kirschbraun, dicht weiss gestrichelt; 10—11 wenig gewölbte, meist durch eine weisse Naht verbundene Umgänge, von denen der letzte etwas aufgetrieben und am Grunde gekielt ist. Mündung ei-birnförmig, Mundsaum zusammenhängend, etwas zurückgeschlagen, gelöst oder angedrückt, weisslich; Sinulus mittelgross, etwas aufrecht; Interlamellar glatt; Oberlamelle etwas schief, mit der Spirallamelle verbunden, Unterlamelle zurückstehend, vorne weiss und in zwei längliche Knötchen ausgehend; Gaumenwulst breit, dem Mundsaum parallel, unten verdickt, selten fehlend; zwei Gaumenfalten, die obere deutlich, selten über die, bisweilen gekrümmte Mondfalte hinausreichend, die untere mitunter sehr stark, mitunter vornen fehlend. Spindelfalte gerade und vorgestreckt; Schliessknöchelchen unten stumpf abgerundet; an der Aussenseite etwas winkelig. Höhe 12, Breite 3 Mm. Die Mündung kaum 3 Mm. hoch und 2 breit.

Das Thier ist oben grauschwarz, die oberen Fühler etwas heller mit schwarzen Augen; die Seiten, das Fussende und die Sohle gelbgrau. (Ad. Schmidt.)

Findet sich wohl allenthalben in Nassau im bewaldeten Hügellande; in hiesiger Gegend mit Vorliebe an alten Buchenstämmen. In dem Verzeichniss von Sandberger und Koch steckt sie mit *nigricans* zusammen unter *rugosa* Drp., wie Originalexemplare die ich von Koch aus Dillenburg erhielt, beweisen.

Eine sehr schlanke Form, die Schmidt als *var. gracilis* beschreibt, — die ächte *Claus. gracilis* C. Pfeiffer — findet sich bei Marburg. Am Bruchrainweiher an Baumstämmen mit *H. lapicida.* Heynemann. Am Auerbacher Schloss und den Darmstädter Steinbrüchen (Ickrath). An Buchenstämmen im weissen Wald am Weg von Biedenkopf nach Engelbach.

81. Clausilia nigricans Pulteney.
Schwärzliche Schliessmundschnecke.

Syn. Cl. obtusa C. Pfeiff.

Gehäuse mit kurzem Nabelritz, cylindrisch-spindelförmig, ziemlich fest, feingestreift, seidenglänzend, dunkel kirschbraun bis schwärzlich, an der Naht weiss gestrichelt; die Spindel allmählig verschmälert, oben spitz zulaufend; die 10—12 kaum gewölbten, fast flachen Umgänge sind durch eine weissliche Naht vereinigt; der letzte ist an der Basis mit einer breiten Furche versehen, stumpf gekielt. Mündung ei- oder rhombisch-birnförmig; Mundsaum zusammenhängend, wenig gelöst und etwas zurückgeschlagen, gelblich oder weisslich; Sinulus klein, etwas aufgerichtet; das Interlamellar gefältet oder glatt; die Oberlamelle meistens gerade, mit der Spirallamelle verbunden, die untere gebogen, vornen einfach oder gabelig; der Gaumenwulst divergirt mit dem Mündungsrand; die obere Gaumenfalte ist deutlich und erstreckt sich bis über die Mondfalte; die untere ist ebenfalls deutlich und fehlt vornen niemals; Spindelfalte wenig erhaben; Mondfalte fast gerade; Clausilium vornen abgerundet oder am äusseren Rande etwas winklig. Höhe 9—12, Br. 2½ Mm. Mündung 2½ Mm. hoch, 1²/₃—1³/₄ breit. (Ad. Schmidt.)

Von der *Cl. dubia*, deren *var. gracilis* ihr besonders ähnlich ist, unterscheidet sie sich immer durch die mehr rhombische Form ihrer Mündung, die bogige Unterlamelle und den weniger deutlich ausgesprochenen Kiel.

Sie ist an alten Mauern, Baumstöcken, Felsen etc. allenthalben in Nassau gemein. Als Fundorte bekannt sind mir Wiesbaden, Cronberg im Taunus, Frankfurt, Dillenburg, Marburg, Biedenkopf, die Taunusruinen, Auerbacher Schlossberg, Steinbrüche bei Darmstadt. Eine kleinere Form, nicht grösser als *parvula*, mit heller Mündung, findet sich im Taunus; sie stimmt ganz mit *Claus. Villae Porro*, die von Ad. Schmidt als *var. minor* zu *rugosa* gezogen wird, dürfte aber dem Fundorte nach unbedingt zu *nigricans* zu rechnen sein. Sie findet sich auch im Lahnthal unterhalb Biedenkopf in der Nähe der Karlshütte an Grünsteinfelsen, nicht aber an den Thonschiefern, die mit denselben wechsellagern.

82. Clausilia parvula Studer.
Kleinste Schliessmundschnecke.

Gehäuse klein, geritzt, walzen-spindelförmig, sehr stumpf, dunkelbraun, sehr fein und schwach gestreift, glänzend; Nacken fein rippenstreifig, ziemlich eingedrückt, ziemlich unten mit einem Höcker, zwischen welchem und dem noch tiefer liegenden kielförmigen anderen Höcker sich eine seichte Furche befindet; Umgänge 10—11, wenig gewölbt, Naht sehr fein, Mündung birnförmig, gelbbraun; Mundsaum zusammenhängend, stark lostretend, zurückgebogen, einen feinen Lippensaum bildend, gelblich-weiss; Sinulus mittelmässig, aufgerichtet; die Oberlamelle klein, mit der Spirallamelle vereinigt, die untere tiefstehend, mitunter vorn gabelig oder dreieckförmig; das Interlamellar glatt, bisweilen mit einem Fältchen, Gaumenwulst oben stark, fast parallel mit dem Mündungsrand; obere Gaumenfalte stark, bis über die deutliche, gekrümmte Mondfalte verlängert, die untere stark, die Spindelfalte vornen etwas gekrümmt, kaum erhaben. Clausilium vorn mit einer stumpfen Spitze. Höhe 7—10½ Mm., Breite 1²/₃—2½ Mm. Höhe der Mündung 2 Mm., Breite 1²/₃. (A. Schmidt).

Thier dunkelgrau; Hals und Fühler schwarzgrau; Fusssohle hellgrau, der obere Theil fein gekörnt; Augen schwarz.

Lebt an Baumstämmen, alten Mauern, auch am Boden unter Laub und Moos und ist sehr verbreitet, wenn auch nur an einzelnen Orten, wo sie dann meist in Menge vorkommt. Oft findet sie sich mit *dubia* und *nigricans* zusammen. Häufig um Dillenburg (Koch), Weilburg (Sandb.), Wiesbaden (Römer), Ruine Hattstein; einzeln im Frankfurter Wald am Bruchrainweiher (Heyn.). Um Wiesbaden an der Mauer unter der Schwalbacher Chaussee, bei der Gerbermühle im Nerothal, an der Burg Stein, Gutenfels und Sickingen, an Felsen bei Dehrn, Steeten, Villmar (Thomae). Doch wäre es nicht unmöglich, dass an einigen Puncten Verwechslungen mit *Claus. nigricans var. minor* (*Villae Porro*) unterliefen.

Sehr häufig auf dem Frankenstein bei Darmstadt (Ickrath).

Fünfzehntes Kapitel.

XIII. SUCCINEA Draparnaud.
Bernsteinschnecke.

Gehäuse ungenabelt, zart, durchsichtig, wachs- oder bernsteingelb, oval, aus 3—4 Umgängen bestehend, von denen der letzte den grössten Theil des Gehäuses einnimmt. Mündung gross, lang, oval, oben spitz; die Columelle tritt frei an die Stelle des fast ganz fehlenden Spindelrandes.

Thier fleischig, im Verhältniss zum Gehäuse sehr gross; die unteren Fühler sehr kurz, die oberen an der hinteren Hälfte verdickt, an der vorderen mit einer kolbigen Spitze, auf der die Augen stehen. Kiefer glatt, halbmondförmig, mit flügelartig verbreitertem Fortsatz und einem starken Zahn in der Mitte des concaven Randes; an den convexen Rand schliesst sich ein quadratischer, hornartiger Fortsatz, an den sich die Muskeln ansetzen. Die Zähne der Zunge sitzen auf quadratischen Erhöhungen; sie gleichen im allgemeinen denen von *Helix*, die des Mittelfeldes sind lanzettförmig, mit einem seitlichen Einschnitt, der Mittelzahn etwas kleiner; die Seitenzähne sind mehrspitzig. Die Athemöffnung liegt auf der rechten Seite, ziemlich hoch am Halse. Geschlechtsapparat einfach gebaut, ohne die Anhangsdrüsen von Helix. Die Geschlechtsöffnungen liegen dicht übereinander hinter dem rechten Oberfühler, die weibliche oben, die männliche dicht darunter. Sie begatten sich wechselseitig und legen Eier, die im Gegensatz zu denen der übrigen Heliceen durch eine gemeinsame Schleimmasse umhüllt sind und keine Kalkschale haben. Sie bilden also auch hierin den Uebergang zu den Limnaeen.

Die Bernsteinschnecken leben an sehr feuchten Orten, an den Rändern von Teichen und Flüssen und mit Vorliebe auf den aus dem Wasser emporwachsenden Pflanzen. Sie gehen gern und oft ins Wasser und schwimmen darin gerade wie die Limnäen. In ihren Bewegungen sind sie ziemlich rasch und keck. Eine Ausnahme von der Lebensweise bildet *S. oblonga*, von der ich die Jungen stets, Erwachsene mitunter, weit vom Wasser an ganz trocknen Plätzen unter Steinen traf, mit Koth bedeckt, wie *Bul. obscurus*. Diese Lebensweise scheint Regel zu sein; denn auch Scholz, Hensche u. A. erwähnen sie als Ausnahme, und ich erhielt mehrmals Exemplare zur Bestimmung, die so gefunden waren.

Die Unterscheidung der einzelnen Arten ist ebenso schwer, als die Veränderlichkeit gross, und die Gattung ist desshalb ein Paradies für Faunisten, die ihrer Arbeit durch eine neue Art erhöhtes Interesse verleihen wollen.

Die Succineen leben von Pflanzenstoffen und sind sehr gefrässig. Es kommen in Nassau drei von den 4 deutschen Arten vor, die sich folgendermassen unterscheiden:

A. Gehäuse gelblich, Gewinde nur einen kleinen Theil des Gehäuses ausmachend, 3 Umgänge mit kaum vertiefter Naht, Mündung $2/3 - 3/4$ des Gehäuses einnehmend.

   a. Mündung etwa $2/3$ des Gehäuses, breit eirund, Thier gelblich mit zwei dunklen Rippenstreifen; Kiefer am concaven Rand mit einem Mittelzahn und zwei Seitenzähnen.

S. putris L.

   b. Mündung etwa $3/4$ des Gehäuses, länglich eiförmig. Thier dunkel, Kiefer blos mit einem Mittelzahn am concaven Rand.

S. Pfeifferi Rossm.

B. Gehäuse grüngrau, 4 Umgänge mit sehr vertiefter Naht, Gewinde grösser, Mündung nur die Hälfte des Gehäuses einnehmend.

S. oblonga Drap.

Die vierte Art, *S. arenaria* Bouch., schliesst sich zunächst an *oblonga* an, sie ist aber grösser und bauchiger, bräunlich gefärbt. Der nächste Fundort ist Westphalen (Goldfuss).

83. Succinea putris Linné.
Gemeine Bernsteinschnecke.

Syn. Succ. amphibia Drp.

Gehäuse eiförmig, bauchig, wachs- bis rothgelb, fettglänzend, innen und aussen gleichfarbig, unregelmässig gestreift, der letzte Umgang bildet fast das ganze Gehäuse; Naht kaum vertieft; Mündung wenig schief, breit eirund, oben spitz Mundsaum scharf und einfach. Dimensionen sehr wechselnd, da man des scharfen Mundsaums wegen nicht bestimmen kann, ob das Thier ausgewachsen. Höhe 15—24 Mm., Durchmesser 9—12.

Thier dick, gelblich mit zwei schwarzen Strichen über den Rücken, die bei zurückgezogenem Thiere durchscheinen und dem Gehäuse ein fleckiges Ansehen geben. Kiefer am concaven Rand mit einem Mittelzahn und zwei Seitenzähnen.

Allenthalben in Nassau am Rande von Gewässern zu finden. Eine weissliche, durch Grösse ausgezeichnete Art bei Mombach (Thomae). Besonders schöne **Exemplare im Scheldethale an der Hasenhütte** (Koch).

84. Succinea Pfeifferi Rossmässler.
Pfeiffers Bernsteinschnecke.

Gehäuse länger und schlanker, auch weniger durchsichtig und stärker gestreift als bei der vorigen; der letzte Umgang weniger stark aufgetrieben. Farbe aussen braungelb oder wachsgelb, innen perlmutterglänzend. Mündung **schief zur Axe stehend**, oft mit deutlichem Spindelumschlage.

Thier dunkelgrünbraun oder schwärzlich, unten und an den Seiten gelblichgrau, kaum im Gehäuse Platz findend, sehr dick und schleimig. Kiefer nur mit einem schwachen Zahn in dem sehr stark ausgeschnittenen concaven Rande.

Vorkommen: An der Mainspitze, wo auch eine grössere weissliche Varietät vorkommt (A. Römer). Um Frankfurt (Heyn.). Sie soll den meisten Angaben zu Folge besonders im Schilf an den Rändern von Teichen vorkommen; ich fand sie bei Biedenkopf in Menge an Grünsteinen in dem Bette des kleinen Baches, der vom Badseifertriesch nach der Billerbach herabfliesst, ausserhalb des Wassers; dann einzeln in einem Graben an der Ludwigshütte. An der Dietenmühle bei Wiesbaden (A. Römer b. Thomae). In Unmasse am Mainufer auf dem Boden kriechend, aber gegen den Herbst wieder verschwindend.

Im Bessunger Teich und an der Rutzebach bei Darmstadt (Ickrath). An der Wickerbach oberhalb der Flörsheimer Steinbrüche.

Ob diese beiden Arten wirklich als verschiedene Arten auseinander gehalten werden können, dürfte trotz der von Ad. Schmidt entdeckten Verschiedenheit der Kiefer noch nicht über allen Zweifel erhaben sein; ich habe von Heynemann eine Form aus den Rheinwaldungen bei Knielingen erhalten, die die Gestalt von *putris* mit der dunklen Farbe des Thiers von *Pfeifferi* verband und in der Gestalt des Kiefers ungefähr in der Mitte stand.

85. Succinea oblonga Draparnaud.
Längliche Bernsteinschnecke.

Gehäuse länglich eiförmig, zugespitzt, grünlich gelb oder grau, zart, durchsichtig, wenig glänzend; 4 Umgänge, durch eine tiefe Naht getrennt, stark gewölbt, der erste ganz winzig, punctförmig, der letzte sehr bauchig, doppelt so gross als das Gewinde. Mündung sehr schief, gerundet eiförmig, aber nicht so spitz, wie bei *Pfeifferi*. Höhe $3^{1}/_{2}'''$ Breite $2'''$.

Thier hellgrau, Kopf und Hals dunkler, Augen schwarz; die oberen Fühler am Grunde verdickt, an der Spitze mit einem Knöpfchen (Pfeiffer), der Kiefer trägt blos in der Mitte des concaven Randes ein Zähnchen.

Lebensweise: Scheint im ganzen weniger ans Wasser gebunden, als die vorigen Arten. Man findet sie häufig in Gärten und an Rainen, und zwar habe ich sie nicht nur, wie Bielz (sieb. Fauna) angiebt, an feuchten Orten, sondern viel häufiger an trockenen sonnigen Hängen, an der Unterseite von Steinen festklebend und meist mit Schmutz bedeckt gefunden. Auffallend war mir die Seltenheit ausgewachsener Exemplare; die wenigen, die ich fand, waren in Hecken und an feuchten Puncten mit anderen Succineen zusammen, wo ich fast nie junge Exemplare fand.

Bei Dillenburg an Brückenmauern, im Grase und unter Steinen, lebend bei Burg und Haiger, jedoch nur in wenigen Exemplaren gefunden (Koch). Bei Biedenkopf allenthalben, aber immer einzeln, und fast nur junge Exemplare. Um Frankfurt (Heyn.). Bei Wiesbaden im Thälchen von der Hammermühle nach Erbenheim hin und im Nerothal (Thomae). Einzeln am Mainufer.

Eine eingehende Besprechung des Vorkommens siehe im Nachr. Bl. 1871 Nr. 3.

XIV. CARYCHIUM O. F. Müller.

86. Carychium minimum Müller.
Zwerghornschnecke.

Gehäuse winzig klein, mit schwachem Nabelritz, oval, fast gethürmt, wasserhell, durchscheinend, mit einem gelblichen Schein, glänzend, sehr fein gestreift; die 5 Umgänge sind stark gewölbt, daher die Naht stark vertieft; Mündung eiförmig; Mundsaum zurückgebogen, mit einer feinen, aber deutlichen Lippe belegt; Aussenrand eingedrückt und innen mit einem zahnartigen Höckerchen; auf der Mündungswand und auf dem Spindelrande steht je ein kleiner Zahn, von denen der letztere bedeutend grösser, als der andere ist. Höhe 1,5 Mm., Durchm. 0,5—0,8 Mm.

Thier weiss, sehr zart, schleimig, durchscheinend; nur zwei Fühler, die kurz, unten breit, fast dreieckig sind. Die Augen stehen hinter denselben und sind schwarz. Kiefer nach Moquin-Tandon nur wenig gebogen und am Rande kaum gestreift. Die Geschlechtsöffnungen sind nach demselben getrennt, die männliche liegt vor dem rechten Fühler, die weibliche rechts an der Basis des Halses.

Diese kleine Schnecke findet sich allenthalben an feuchten Stellen, im Moos oder unter Holzstückchen und Steinen, mitunter fast im Wasser mit Paludinellen und Pisidien zusammen. Ihre helle Farbe lässt sie trotz der geringen Grösse nicht leicht übersehen werden. Nach dem Tode wird das Gehäuse schnell trüb und undurchsichtig, in diesem Zustande findet man es in Menge im Geniste der Flüsse und Bäche. Sie dürfte wohl nirgends in Nassau fehlen.

Sechzehntes Capitel.
Limnaeacea, luftathmende Wasserschnecken.

Die Limnaeaceen sind sämmtlich Wasserbewohner, athmen aber wie die Landschnecken, durch Lungen. Die Augen sitzen am Grunde der Fühler, die entweder die Gestalt von dreieckigen Lappen oder von Borsten haben. Das Gehäuse ist ei- oder scheibenförmig und hat niemals Falten auf der Spindel.

Sie athmen, trotz ihres Wasseraufenthaltes, Luft, und müssen demgemäss öfter an die Oberfläche kommen, um die Luft in ihren Athemhöhlen zu erneuern. Auch können sie eine Zeit lang ausser-

halb des Wassers aushalten, und manche Arten thun diess sehr gern;
in der Trockenheit aber gehen sie schliesslich zu Grunde. Bei
trocknem Wetter und im Winter vergraben sie sich in den Schlamm;
manche Arten verwahren dann die Mündung ihres Gehäuses mit
einem Deckel, analog dem Epiphragma der Landschnecken. Gegen
Frost sind sie ziemlich unempfindlich und können sogar ohne Schaden
einfrieren, sobald nur die Kälte nicht so stark ist, dass ihr ganzer
Körper erstarrt; sobald das Eis aufthaut, kriechen sie wieder munter
umher.

Ihre Eier legen sie in grösseren oder kleineren Mengen, von
Schleim zu einem Laich zusammengekittet, an Stengel und Blätter
von Wasserpflanzen.

Von den vier europäischen Gattungen sind drei auch in Nassau
aufgefunden worden; dieselben characterisiren sich folgendermassen:

Gewinde schraubig erhoben, rechts gewunden.

Limnaea Lam.

Gewinde schraubig erhoben, links gewunden.

Physa Drp.

Gewinde scheibenförmig aufgerollt.

Planorbis Müll.

Die vierte deutsche Gattung, *Amphipeplea* Nils., von *Limnaea*
durch den mangelnden Umschlag auf der Spindelsäule und den grossen
Mantel, der für gewöhnlich das ganze Gehäuse umhüllt, unterschieden,
wurde bis jetzt noch nicht in Nassau aufgefunden; der nächste mir
behannte Fundort ist Rinteln (Dunker).

XV. LIMNAEA Lamarck.

Schlammschnecke.

Gehäuse mit ritzförmigem, seltener lochförmigem Nabel, eirund
oder eirund-verlängert, mit spitzem, zuweilen thurmförmigem Gewinde,
meist ziemlich, oft sehr dünn, selten stark; die Umgänge erweitern
sich sehr schnell, der letzte ist meist der bedeutendste Theil des
Gehäuses und bildet es zuweilen fast allein. Mündung der Länge
nach eiförmig, oben fast stets spitz und an der Spindelseite ausgebogen. Mundsaum einfach, scharf, durch einen lamellenartigen Umschlag der Spindelsäule gewissermassen zusammenhängend; Spindelsäule oft frei hervorstehend, bogig und mit einer Falte versehen;

unter dem Umschlag der Spindelsäule bleibt oft noch ein ziemlich bedeutender Nabelritz.

Thier ziemlich dick, braungelblich bis dunkel olivengrünlich, meist gelb punctirt, glatt; der den Mund bedeckende Lappen ist vorn ausgerandet; die beiden contractilen Fühler sind zusammengedrückt dreieckig; innen an ihrer Basis sitzen die Augen. Fuss keilförmig, vorn abgestutzt, hinten spitz abgerundet. Mantel ganz eingeschlossen, mit dunkelen Flecken, die meist durch den letzten Umgang hindurchschimmern.

Der Kiefer besteht aus einem Oberkiefer, einer einfachen, ziemlich viereckigen Hornmasse ohne Leisten oder Zähnchen, und zwei lanzett- oder halbmondförmigen Seitenkiefern, die zu seinen beiden Seiten liegen und durch dünne Häutchen mit ihm verbunden sind. Die Zungenplatte hat einen durch seine Kleinheit auffallenden Mittelzahn; die Zähne des Mittelfeldes haben jederseits einen Seitenzahn und sind meistens an der Basis sehr breit. Die Zähne der Seitenfelder sind zackig, mitunter handförmig. Alle sind im Verhältniss zur Länge breiter als die Heliceen und bilden eine nur wenig nach vorn gebogene Reihe.

Die Speiseröhre ist lang und dünn und erweitert sich plötzlich zu einem nicht grossen Magen, der durch eine Quereinschnürung in zwei Abtheilungen geschieden ist. Der Darm enthält in seiner äusseren Haut Ablagerungen von Kalkkörnchen und Bindegewebszellen; sonst ist sein Bau der der Pulmonaten im Allgemeinen.

Das Nervensystem ist complicirter, als bei den anderen Gattungen; es schieben sich zwischen die drei Ganglienpaare noch einige andere ein, und auch die normalen Ganglien zerfallen noch einmal durch Einschnürungen, so dass jeder Nerv aus einem besonderen Knoten zu entspringen scheint. Die Ganglien sind roth oder bläulich.

Dass Gefässsystem bietet nichts Auffallendes; das Blut ist bläulich.

Die Athemhöhle ist gross, das Loch durch einen kräftigen Ringmuskel verschliessbar. Die eingeschlossene Luft dient nicht nur zum Athmen, sondern auch, um, wie die Schwimmblase der Fische, das Schwimmen zu erleichtern. Berührt man eine an der Oberfläche schwimmende Limnäe etwas unsanft, so lässt sie einige Luftblasen entweichen, was bei den grösseren Arten mit einigem Geräusche geschieht, und sinkt unter.

Die Geschlechtsorgane sind einfacher gebaut, als bei den Heliceen; Pfeilsack, Schleimdrüse, Flagellum fehlen. Die männliche Geschlechtsöffnung liegt hinter und unter dem rechten Fühler, die weibliche in der Nähe der Athemöffnung. Sie können sich, da diese beiden Theile zu weit von einander entfernt sind, nicht wechselseitig begatten, sondern nur abwechselnd; häufig findet man aber ganze Ketten zusammenhängend, wo nur das erste und das letzte Individuum nicht gleichzeitig als Männchen und Weibchen fungiren. Es sollen mitunter auch ringförmig geschlossene Ketten vorkommen. Karsch hat bei *Limnaea palustris* eine wechselseitige, Bär bei *auricularia* eine Selbstbefruchtung beobachtet.

Die Eier sind von einer grossen Menge klaren Eiweisses umgeben und durch Schleim zu länglichen, raupenförmigen oder ringförmigen Massen zusammengeklebt, die an die Blätter von Wasserpflanzen, die untere Blattseite der Nymphäen und dgl. abgesetzt werden. Ueber die Entwicklung siehe den allgemeinen Theil.

Abnormitäten und Krüppel sind bei den Limnäen keine Seltenheit, wenn schon nicht so häufig, wie bei den Planorben. Auch linksgewundene kommen vor, doch sind meines Wissens solche in unserem Gebiete noch nicht aufgefunden worden. Eine sehr häufige Erscheinung, fast normal zu nennen, sind netz- oder gitterförmige Eindrücke, die über den letzten Umgang verlaufen und sich auch bei den Planorben finden. Ihre Entstehung ist noch sehr unklar; Eindrücke von Pflanzenwurzeln in das frischgebaute, weiche Gehäuse können es nicht sein, da sie continuirlich über den ganzen letzten Umgang hinlaufen, obschon dieser gewiss nicht auf einmal gebaut wurde; auch kreuzen sich die Gitterstreifen fast regelmässig in rechten Winkeln, was für Pflanzenwurzeln sehr auffallend wäre. Man findet dieses Gitternetz am häufigsten bei *L. palustris* und *auricularia*.

Die Limnäen sind sämmtlich Wasserbewohner und bewohnen mit Vorliebe stehende und langsamfliessende, möglichst reich mit Pflanzen bewachsene Gewässer. Sie können ziemlich rasch kriechen, aber auch schwimmen, und zwar schwimmen sie meistens, von der Luft in der Athemhöhle getragen, mit dem Gehäuse nach unten so, dass die nach oben gerichtete Sohle in einer Ebene mit dem Wasserspiegel liegt, während die Fussränder ein wenig darüber emporragen. Es sieht dann aus, als ob sie an der unteren Fläche der auf dem Wasserspiegel ruhenden Luftschicht kröchen. Nie sieht man Limnäen in tieferen Wasserschichten sich in gleicher Weise bewegen, es ist also wahrscheinlich nicht die in der Athemhöhle befindliche

Luft allein, die die Bewegung ermöglicht; vielleicht wirkt die nach oben gekrümmte Sohle nach Art eines Nachens mit; doch schwimmt die Schnecke auch noch, wenn man die Höhlung der Sohle mit Wasser füllt.

Die Arten der Limnäen sind sehr schwer zu unterscheiden, da es sich des scharfen Mundsaumes wegen nur schwer bestimmen lässt, wann sie ausgewachsen sind, und sie, wie alle Wasserschnecken, in einem ganz anderen Masse variiren, wie die Landschnecken. Fast nie findet man in verschiedenen Gewässern dieselben Formen, ja oft sind sie an verschiedenen Stellen desselben Gewässers ganz verschieden, und wer einmal anfängt Varietäten aufzustellen, kann kein Ende mehr finden. Auffallend muss diess erscheinen, da die Planorben verhältnissmässig nur sehr wenig variiren. In einem mir vorliegenden Briefe Rossmässlers an Prof. Alex. Braun finde ich darüber die Bemerkung, dass diess durch die verschiedene Art der Windungszunahme bedingt werde. Dieselbe ist bei *Limnaea* so rasch, dass schon die geringfügigste Abweichung an den früheren Umgängen an der Mündung einen bedeutenden Unterschied macht. Bei den langsam zunehmenden Planorben ist das natürlich nicht der Fall. Dazu kommt noch, dass der Mantel der Limnäen schädlichen Einflüssen ungleich mehr ausgesetzt ist und sich ihnen weniger entziehen kann, als bei den Landschnecken. Man muss sich begnügen eine Anzahl Typen statt fester Arten aufzustellen und unter diese die einzelnen Formen so gut wie möglich unterzuordnen.

Seltene Limnäen gibt es nicht; manche Arten sind vielleicht in den Sammlungen selten, aber wo sie vorkommen, sind sie häufig, und wenn ich von einer Limnäe höre, dass sie nur in einzelnen Exemplaren mit anderen Arten vorkomme, bin ich, wie bei den Unionen, immer geneigt, sie für eine abnorme Bildung zu halten.

Die Limnäen gehören besonders stehenden Gewässern, und somit vorzüglich der Ebene an; von den neun nassauischen Arten kommen nur drei im Gebirge vor. Im Winter sitzen sie an geschützten Stellen ruhig fest, kriechen aber bei wärmerem Wetter wieder umher; bei strengerer Kälte vergraben sie sich in den Schlamm und verschliessen die Mündung mit einem dünnen häutigen Winterdeckel. Auch im Sommer, wenn die Gräben eintrocknen, vergraben sie sich in den Schlamm, gehen aber, wenn die Trockenheit andauert, schliesslich doch zu Grunde.

Unsere neun nassauischen Arten lassen sich folgendermassen unterscheiden:

a. Gewinde klein, der Umgang sehr aufgetrieben, über $^2/_3$ des ganzen Gehäuses ausmachend.

Gehäuse genabelt, Gewinde klein, der letzte Umgang fast das ganze Gehäuse ausmachend; der Aussenrand der Mündung bildet an der oberen Einfügung mit dem oberen Theil der Spindel einen rechten oder spitzen Winkel.

L. auricularia Drp.

Gehäuse kaum geritzt, Gewinde spitz, ziemlich schlank, höher als bei den anderen Arten, mit sehr tief eingeschnittener Naht, Mündung kaum $^3/_4$ des Gehäuses ausmachend, rund eiförmig, oben etwas abgestutzt.

L. vulgaris Rossm.

Gehäuse geritzt, Gewinde klein, gerundet, plumper als bei den anderen Arten, Mündung eiförmig, $^3/_4$ des Gehäuses ausmachend; der Aussenrand bildet an der oberen Einfügung mit dem oberen Theil der Spindel einen stumpfen Winkel.

L. ovata Drp.

Gehäuse verlängert eiförmig, mit deutlichem Nabelritz, Mündung länglich eiförmig, kaum $^2/_3$ des Gehäuses ausmachend.

L. peregra Drp.

b. Gewinde hoch, spitz, Mündung kaum halb so hoch, als das Gehäuse.

aa. Der letzte Umgang nicht aufgetrieben.

α. genabelt.

Naht sehr tief, das Gehäuse wendeltreppenartig, klein.

L. minuta Drp.

β. ungenabelt.

Gehäuse gethürmt, Mündung aussen weiss gesäumt, kaum $^1/_3$ des Gehäuses ausmachend.

L. elongata Drp.

Gehäuse verlängert-eiförmig, stark, undurchsichtig, 18—30 Mm hoch; Mündung weniger als $^1/_2$ der Höhe.

L. palustris Drp.

Gehäuse verlängert-eiförmig, dünn, durchscheinend, 10—15 Mm. hoch; Mündung weniger als $^1/_3$ der Höhe.

L. fusca C. Pfr.

bb. der letzte Umgang stark aufgetrieben.

Gewinde hoch, spitz, sehr schlank, die Mündung über ½ des Gehäuses; Gesammthöhe 30—40 Mm.

L. stagnalis L.

87. Limnaea auricularia Draparnaud.
Ohrförmige Schlammschnecke.
Taf. IV. Fig. 4. 5. 8.

Gehäuse genabelt, aufgetrieben blasenförmig, dünn, durchscheinend, ziemlich glänzend, gelblichgrau, faltenstreifig bis fast ganz glatt, oft mit krankhaften gitterförmigen Eindrücken, die dem Gehäuse ein narbiges Ansehen geben. 4—4½ Umgänge, von denen der letzte fast allein das Gehäuse bildet; die ersten bilden ein kurzes, spitzes, aber stets frei und ziemlich stark hervortretendes Gewinde von 3—4 Mm. Höhe. Mündung sehr erweitert, gross, eiförmig gerundet, oft beinahe halbkreisförmig, oben stumpfwinkelig, an der Spindelseite durch die Krümmung der Spindelsäule stark bogig. Mundsaum zusammenhängend; der obere Rand bildet mit der oberen Hälfte der Spindel einen rechten oder selbst spitzen Winkel, nie einen stumpfen, und inserirt sich etwa in der Mitte des vorletzten Umganges ausserhalb einer Linie, die man senkrecht von der Spitze nach dem unteren Ende der Spindel zieht. Spindelrand zurückgebogen, gerade, und eine ziemlich lange Nabelrinne bildend, unten in einem Bogen mit dem sehr erweiterten, etwas auswärts stehenden, innen oft eine seichte Rinne bildenden Aussenrande verbunden. Der Rand zeigt eine bedeutende Neigung, sich nach aussen umzulegen. Grösse sehr wechselnd; mein grösstes Exemplar ist 32 Mm. hoch.

Thier graugelblich mit gelben Puncten, der Mantel mit dunkleren Flecken, die durch das Gehäuse durchscheinen.

Ich habe vorstehend die Diagnose der Schnecke gegeben, die ich mit Hartmann (Erd- und Süsswassergastropoden, I p. 63, Taf. 16) für die ächte *auricularia* halte, abweichend von Rossmässler, dessen Form ich nur für eine Varietät halten kann, die freilich das Ueberwiegen der Mündung über die Umgänge in noch höherem Grade zeigt. Es ist die von Hartmann als *var. ampla* beschriebene Form, deren Gewinde ganz kurz, höchstens 2 Mm. lang ist; der Mundrand inserirt sich fast in der Mittellinie und zwar an der Naht zwischen dem zweiten und dritten Umgang; er steigt von da nach oben, so dass er das Gewinde bedeutend überragt, und zeigt eine grosse Neigung, sich flach nach aussen umzulegen und selbst zurückzubiegen, so dass hinter ihm eine Rinne entsteht; die Spindelsäule zeigt nicht die starke Biegung, wie bei der Stammform, sie ist vielmehr fast ganz gerade und hat nur eine schwache Spindelfalte. *L. ampla* zeigt schon in früher Entwicklungszeit ihre characteristische Form und könnte vielleicht mit Fug und Recht als eigene Art abgetrennt werden.

Bildet sich diese Form noch weiter aus, so erscheint das Gewinde vollkommen eingesenkt und ist von vornen her durchaus nicht sichtbar; der Spindelumschlag tritt von dem Gehäuse los und steigt senkrecht in die Höhe, so dass sich der Aussenrand oberhalb der Spitze und häufig noch über der Mittellinie drüben ansetzt. Hartmann beschrieb diese schöne Form als *L. Monnardi*.

Beide Varietäten finden sich zusammen in den schlammigen Buchten des Mains sehr häufig, doch *Monnardi* seltener, als *ampla*; ebenso am Rhein. Sie kriechen träge an Steinen und im Schlamme umher, seltener an Wasserpflanzen, etwa noch am ersten an den Dickichten von *Ceratophyllum*; nie habe ich sie, wie *stagnalis peregra* und *palustris* und auch die Normalform, herumschwimmen sehen. Sie scheinen nur von Algen zu leben und rühren gesunde Wasserpflanzen nicht an. Die Durchschnittsgrösse dürfte für den Main 20—24 Mm. sein; aus dem Rhein erhielt ich durch Herrn Ickrath Exemplare bis zu 36 Mm. Höhe, aber dafür flacher, als ich jemals ein Exemplar im Main gefunden. In den kleineren Flüssen unseres Gebietes scheint sie zu fehlen; doch fand ich auch in der Wickerbach oberhalb Flörsheim schöne Exemplare.

Die Normalform scheint ihre vollkommene Entwicklung nur in grösseren, ganz ruhigen, nicht zu stark verwachsenen Teichen zu erreichen. Das auf Taf. IV. Fig. 4 abgebildete Exemplar erhielt ich mit ca. 100 ganz gleichen aus einem fast ausgetrockneten Teiche bei Darmstadt. Aehnlich wird sie wohl auch noch an anderen Puncten in unserem Gebiete vorkommen.

Einen Uebergang von der Normalform zu der *var. ampla* bildet Taf. IV. Fig. 8, die häufigste Form in dem oberen Lahnthal, namentlich im Breitenbacher Grund, von wo auch das abgebildete Exemplar stammt. In dem harten, schnell fliessenden Wasser ist das ganze

Gehäuse fester und dicker geworden, das meist angefressene Gewinde ragt weniger weit hervor, der Mundsaum kann sich nicht weit ausbreiten oder gar umlegen, er verliert seine regelmässige Rundung und bildet nach oben und aussen einen Winkel und das ganze Thier ist unscheinbarer geworden. Fast immer findet man auch bei dieser Form das Gitternetz stark entwickelt, so dass das Gehäuse ganz mit dunklen, quadratischen Flecken bedeckt erscheint. Ich halte diese Form für die *var. angulata* Hartmann.

Eine andere Form, die ich leider nicht mit abbilden konnte, fand ich in einigen Exemplaren im Sande des Mains nach den Hochfluthen des Winters 1869–70, allem Anschein nach aus einem ruhigen, klaren Gewässer weiter oberhalb herbeigeschwemmt. Sie ist ungeheuer aufgetrieben, die Umgänge fast so stark gewölbt, wie bei *Paludina vivipara*, dabei fast vollkommen durchsichtig und nur ganz fein gestreift; der Mundsaum ist einfach, scharf, nicht umgebogen. Hartmann hat diese Form *ventricosa* genannt. Vermuthlich stammt sie aus der Gegend von Hanau; wenigstens sah ich bei Heynemann ein ähnliches, dort gesammeltes Exemplar. Aehnlich gestaltete, aber weniger durchsichtige Exemplare finden sich mitunter im Main lebend.

An sie schliesst sich eine Form an, die ich, wie so manche andere schöne, Herrn Dickin verdanke, aber leider erst nach Beendigung der Tafeln erhielt. Sie nähert sich in der Form dem *L. ampullaceus* Rossm., den ich für die correspondirende Varietät von *ovata* halte, ist aber durch das spitze Gewinde als Form von *auricularia* characterisirt; besonders ausgezeichnet ist sie durch die auffallend starke, fast faltenartige Rippenstreifung. Im Museum zu Frankfurt war sie als *L. costellatus* Mus. franc. bezeichnet. Sie stammt aus dem Main bei Sachsenhausen.

Leider besitze ich zu wenig Material aus unserem Gebiete, um genau die Verbreitung der einzelnen Formen in unserem Lande anzugeben, und muss mich begnügen, die Fundortsangaben meiner Vorgänger anzuführen. Hoffentlich habe ich später einmal Gelegenheit, die nassauischen Limnäen eingehender zu bearbeiten.

In den Festungsgräben bei Castel und Mainz, in den Buchten des Mains und Rheins (Thomae). Im Braunfelser Weiher und in der Lahn bei Weilburg (Sandb.). In dem nun ausgetrockneten Weiher der Schelder Hütte (Koch). Um Marburg und Giessen. Wahrscheinlich findet sie sich noch an mehr Puncten, denn es ist unmöglich, anzugeben, welche von den als *vulgaris* aufgeführten Formen hierhergehören. Ich werde bei *ovata* näher darauf eingehen.

88. Limnaea ovata Draparnaud.
Eiförmige Schlammschnecke.
Taf. IV. Fig. 6. Taf. VIII. Fig. 2.

Gehäuse geritzt, eiförmig, immer höher als breit, zart, durchscheinend, horngelblich, ziemlich glänzend, fein und schwach gestreift; von den 4—5 schön gewölbten, durch eine stark bezeichnete Naht vereinigten Umgängen ist der äusserste bauchig aufgetrieben, die übrigen bilden ein kurzes Gewinde, kürzer als bei den typischen *auricularia*, aber bei weitem stärker und gerundeter, gedrungener. Mündung eiförmig, oben spitz, unten breit, an der linken Seite leicht ausgeschnitten; Mundsaum einfach, scharf, etwas auswärts gebogen, doch bei weitem weniger, als bei *auricularia*, und nie so ganz umgelegt. Spindelrand mehr senkrecht, Collumellarfalte meist ziemlich unmerklich; der Umschlag lässt noch eine ziemlich bedeutende Nabelspalte offen. Grösse erreicht nur selten die der vorigen, die Höhe überschreitet gewöhnlich nicht 10—12 Mm. Durch Herrn Dickin erhielt die Normalsammlung der malacologischen Gesellschaft freilich Exemplare von 27 Mm.; ähnliche sammelte Ickrath in Menge bei Sossenheim. Nicht selten kommen, besonders im Gebirge, zwerghafte Formen von nur 3—4 Mm. Höhe vor und werden solche mitunter für *minuta* genommen.

Thier dem von *auricularia* sehr ähnlich, doch mehr einfarbig grau und weniger lebhaft gefleckt, der Fuss ringsum lappig gekerbt.

Diese Art variirt nicht minder stark, als *auricularia*, und es kommen Formen genug vor, die man nicht ohne Willkür herüber oder hinüber bringen kann. Noch schlimmer ist es nach *vulgaris* hin. Dennoch kann ich mich nicht entschliessen, die drei Formen zu einer einzigen Form zusammenzuziehen, da jede wieder ihren Varietätenkreis hat und die Varietäten mitunter correspondirende sind. So kommt von *ovata* eine stark aufgetriebene Form in stillen Teichen vor, die sich zu der Grundform ebenso verhält, wie *ventricosa* Hartm. zu *auricularia*, und ähnlich auch eine Form die man mit *ampla* vergleichen kann.

Im Laufe dieses Sommers, nachdem der Druck der Tafeln und mein Manuscript grösstentheils abgeschlossen war, erhielt ich durch Herrn Dickin noch zwei äusserst interessante hierhergehörige Formen.

Die eine ist die ächte *ampullacea* Rossm.; das mir vorliegende Exemplar könnte als Original zu Rossmässlers Fig. 114 gedient haben. Die andere ist eine weitere Ausbildung der auf Taf. VIII. Fig. 2 abgebildeten, schon durch das hohe Gewinde auffallenden Form, mit stark aufgetriebenem, dünnen, durchsichtigen, stark gestreiftem, sehr zerbrechlichem Gehäuse; das grösste Exemplar misst 28 Mm. Höhe, die Mündung 20 Mm., das Gewinde also fast $1/3$ der Gesammthöhe. Ich nenne diese Varietät nach ihrem Entdecker *var. Dickinii*. Sie kommt mit *ampullacea* zusammen in Wiesengräben bei Sachsenhausen vor; auch aus der Umgebung von Bockenheim erhielt ich jüngere Exemplare, die schon deutlich den Typus dieser Varietät zeigten.

Vorkommen. In Gräben und Teichen, weniger in Flüssen. Im Main habe ich sie nie beobachtet *). In fast allen Bächen, zumal in den Mühlteichen (Thomae). In der Weil bei Weilburg (Sandb.). In der Aubach bei Dillenburg, selten (Koch). Sehr schön in den Wiesengräben bei Frankfurt und auch sonst in der Mainebene. Bei Erfelden im sog. Ried. Die Zwergform bei Breidenbach, Kr. Biedenkopf. Die stark aufgetriebene Form (Taf. VIII. Fig. 2) in Wiesengräben bei Sachsenhausen (Dickin). Eine Varietät, die an *Succinea putris* erinnert, sammelte Ickrath in Menge bei Mönchbruch.

89. Limnaea vulgaris Rossmässler.
Gemeine Schlammschnecke.
Taf. VIII. Fig. 3.

Gehäuse kaum bemerkbar geritzt, eiförmig, ziemlich bauchig, dünn, feingestreift, hornfarbig, durchscheinend, glatt; der letzte der 4—5 Umgänge setzt sich den übrigen nicht so deutlich als Bauch entgegen, wie bei *auricularia* und *ovata*; Gewinde spitz und schlank, wie bei *auricularia*, aber weit höher ausgezogen, 3—5''' hoch, nicht so plump, wie bei *ovata*; Naht sehr tief eingeschnitten, was dem Ge-

---

Anmerkung. In der langen Zeit, die zwischen der Beendigung des Manuscriptes (Mai 1870) und der des Druckes verflossen ist, habe ich eine Varietät von *ovata* doch noch im Main aufgefunden, aber ganz analog der *L. ampla* ausgebildet, so dass ich sie noch in meiner Arbeit „Zur Kenntniss der Untergattung *Gulnaria*" in Mal. Bl. 1870, als Subvarietät *obtusa* zu *ampla* zog. Mach Vergleichung zahlreicher unausgewachsener Exemplare kann ich nicht mehr zweifeln, dass sie wirklich zu *ovata* gehört. Sie weicht auch in der Lebensweise von *ampla* ab: ich fand sie in grosser Gesellschaft freischwimmend in einem Maintümpel am rothen Hamm unterhalb Frankfurt.

häuse fast das Ansehen einer Scalaride gibt. Mündung eiförmig, oben abgestutzt, sonst regelmässig und nur an der Spindelseite ein wenig durch die Spindelfalte ausgebogen, nicht ganz $^3/_4$ der ganzen Höhe ausmachend. Mundsaum geradeaus, einfach; an seinem oberen Ansatz, der immer weit tiefer unter der Naht liegt, als bei *auricularia*, bildet er anfangs einen rechten Winkel mit der Spindelsäule, wendet sich aber dann, wie bei *auricularia*, rasch in einem fast rechten Winkel nach unten; bei alten Exemplaren legt er sich eher nach innen, als nach aussen um.

Thier gelblichgrau mit kleinen gelblichweissen Puncten besät.

L. vulgaris ist wahrscheinlich die Form unter den Limnäen, über die am meisten Unklarheit herrscht; gewöhnlich dient sie als Rumpelkammer, in der man alle Formen unterbringt, die man zu keiner der beiden anderen bringen kann. *L. vulgaris* C. Pfeiffer ist, wie schon Rossmässler nachgewiesen, nur eine junge *auricularia* und desshalb ganz aus der Reihe der Arten zu streichen. Dagegen ist *vulgaris*, wie ihn Rossmässler unter Fig. 53 der Iconographie beschreibt, entschieden eine gute und scharf characterisirte Art; die Höhe des Gewindes und die Richtung des Mundsaumes unterscheiden ihn leicht von *auricularia*, das schlanke Gewinde von dem plumperen *ovata*. Leider ist Fig. 53 nicht von Rossmässler selbst lithographirt und lässt alle möglichen Deutungen zu; auch in der Diagnose vermisse ich die Betonung der tief eingeschnittenen Naht, die unsre Form alsbald auffallen lässt. Wirklich habe ich mich auch nachträglich an den Originalexemplaren der Rossmässlerschen Sammlung von der Richtigkeit meiner Ansicht überzeugen können.

Demnach glaube ich diese Form entschieden als die von Rossmässler gemeinte Schnecke ansehen zu müssen, auch der schlanken Spitze und der Glätte des Gehäuses wegen, das nur selten mit Schlamm überzogen ist und fast nie die gitterartigen Eindrücke zeigt, die bei *auricularia* fast Regel sind. Auch diese Art ist variabel, wie alle Limnäen und es finden sich Uebergänge nach allen Richtungen hin, sowohl nach *auricularia* und *ovata* als auch ganz besonders nach *peregra* hin. Hier ist es in der That nicht möglich eine Gränze zu ziehen, und die auf Taf. VIII. Fig. 4 und 5 abgebildete Form kann ich nicht anders bezeichnen, als wie sie auch in der Rossmässlerschen Sammlung bezeichnet war, als *peregrovulgaris*. Aber soll man desshalb alle die vier Arten zu einer zusammenwerfen, in der man dann doch die vier Haupttypen nebst ihren Varietätenreihen unterscheiden muss? Ich denke, nein! denn dann muss überhaupt aller Artunterschied aufhören.

Was das Vorkommen unserer Art anbelangt, so kenne ich sie mit Sicherheit nur aus der Salzbach bei Wiesbaden und aus mehreren Gräben der Mainebene um Frankfurt, besonders characteristich und schön aus einem Graben in der Nähe des Offenbacher Bahnhofs (Dickin). Im oberen Lahnthal kommt sie nicht vor. Was von den als *vulgaris* angeführten Formen hierher und was zu *auricularia* und *ovata* gehört, kann ich natürlich nicht entscheiden; ich glaube aber kaum, dass die ächte *vulgaris* sehr verbreitet ist.

90. Limnaea peregra Draparnaud.
Wandernde Schlammschnecke.
Taf. IV. Fig. 12.

Gehäuse ungenabelt oder mit einem deutlichen Nabelritz, verlängert eiförmig, spitz, etwas bauchig, ziemlich dünn, fein und dicht gestreift, hornbraun, rostgelb oder rostroth, in eisenhaltigen Quellen und Gräben wohl auch schwarz, mattglänzend oder glanzlos. Von den 4—5, durch eine tiefe Naht vereinigten Umgängen ist der letzte viel grösser, als das Gewinde, doch nicht in dem Masse wie bei *auricularia* und *ovata*. Gewinde ziemlich kurz, spitz, oft der Wirbel oben abgebrochen oder angefressen, in kohlensäurereichen Quellen oft auch der letzte Umgang; die defecten Stellen sind aber immer durch eine Lage Perlmuttersubstanz wieder ausgebessert. Mündung spitz eirund, oben allmählich verschmälert. Mundsaum innen meist mit einer deutlichen weissen Lippe belegt. Spindelrand halb so lang, als der Aussenrand. Nabel oft ganz fehlend, oft auch noch als ein Ritz vorhanden. Höhe wechselnd; meine grössten nassauischen Exemplare sind 18 Mm. hoch, die meisten 12—14. Die grösste Form, die ich überhaupt besitze, aus einem Teiche bei Ebersbach in der Lausitz, ist 23 Mm. hoch.

Thier gelbgrau, Augen schwarz mit weissen Pünctchen umgeben; Mantel immer kaltgrau mit dunkelgrauen oder schwärzlichen Flecken, nie braun oder gelblich. Sohle bei manchen Exemplaren hellgrau, fast weiss, bei anderen ganz dunkelgrau, fast schwarz. Beide Formen fand ich nie zusammen, konnte aber bis jetzt einen Unterschied weder im Gehäuse noch in den anatomischen Verhältnissen finden.

Diese Form variirt sehr; selten gleichen sich Exemplare von

zwei Fundorten ganz. Doch fehlt es auch hier noch an genügenden Untersuchungen, und, mir wenigstens, an genügendem Material, um haltbare Varietäten aufstellen zu können. Im Allgemeinen lassen sich zwei Hauptformen unterscheiden, die eine bauchiger, mit kurzem niedrigem Gewinde und ziemlich dickschalig, die andere schlanker mit längerem, spitzem Gewinde und dünnschaligem, weniger aufgetriebenem Gehäuse. Erstere Form gehört mehr dem Gebirge, letztere mehr der Ebene an, und nur bei ersterer habe ich bis jetzt Decollation und Cariosität beobachtet. Sie ist im Gebirge um Biedenkopf die herrschende, und nur an einem Puncte, in einem schlammigen Graben bei Elmshausen, fand ich bis jetzt die schlankere Form, die dagegen im Mainthal die herrschende zu sein scheint. Sie wurde von Hartmann *var. excerpta* genannt. Von dieser Schnecke hat sich seit O. F. Müller und Voith die Sage erhalten, auf die auch ihr Name hindeutet, dass sie nämlich im Winter das Wasser verlasse und auf Bäume steige. Es ist diess bereits durch Hartmann widerlegt worden. Im Gebirge um Biedenkopf habe ich *peregra* im Winter sehr häufig gesammelt; sie zog sich aus den Bächen in die Quellen zurück und sass dort im Wasser an den Stengeln und Wurzeln der perennirenden Wassergewächse; immer habe ich sie munter, nie mit zugedecktem Gehäuse gefunden. Ob sie sich in Gräben, in deren Nähe keine Quellen sind, im Winter in den Schlamm gräbt und eindeckelt, kann ich nicht sagen; ich habe sie auch an solchen Puncten schon sehr frühe im Frühjahr munter gefunden. Im Sommer dagegen graben sie sich in den Schlamm ein, wenn ihre Wohnstätten austrocknen; ich fand abgelegene Pfützen, die in jedem Sommer austrocknen, ganz von ihnen erfüllt; doch gehen in jedem Sommer eine Menge zu Grunde.

Sie steigt hoch in die Gebirge hinauf und scheint das kalte Gebirgswasser entschieden vorzuziehen. In unserem Gebiete findet sie sich allenthalben, so dass es unnöthig ist, specielle Fundorte anzugeben. Besonders schöne Exemplare fand ich in einer Quelle im Pferdsbach bei Biedenkopf; ähnliche erhielt ich aus einer Pfütze im Röder Wäldchen durch Herrn Dickin.

Stark angefressene Exemplare erwähnt A. Römer aus einem Tümpel an der Platte. Ich fand solche in allen Graden in den Bergquellen des Hinterlandes; an manchen Exemplaren besteht die ganze Schale ausser einem schmalen Streifen an der Mündung nur aus Perlmuttersubstanz und fehlt fast das ganze Gewinde.

91. Limnaea minuta Draparnaud.
Kleine Schlammschnecke.

Syn. L. truncatula Müll.

Gehäuse genabelt, oval-conisch, dünn, nicht sehr glänzend, gelblichgrau oder hellhornbraun, fein gestreift; fünf, zuweilen sechs stark gewölbte, durch eine tiefe Naht wendeltreppenartig abgesetzte Umgänge; der letzte, sehr bauchige, ist etwas bedeutender, als das conischspitze Gewinde. Mündung eirund, oben nur leicht stumpfwinkelig; der Umschlag der Columelle tritt nach unten bald los, wodurch ein deutlicher Spindelrand gebildet wird und ein deutliches Nabelloch bleibt. Höhe 3—6 Mm., Breite 2—3 Mm.

Thier dunkelgrau, Sohle heller, Augenpuncte schwarz; Fühler kurz, sehr zusammengedrückt, durchscheinend.

Man kann, wenn man will, eine *var. major* und eine *var. minor* unterscheiden, letztere die in kalten Quellwässern, erstere die in der Ebene häufigere Form.

Diese kleinste Limnäe ist in unserem Gebiete noch verbreiteter wie *peregra*, da sie ebenfalls im Gebirge bis zu den Quellen emporsteigt und sich mit Vorliebe in kleinen Gewässern, besonders in den Bewässerungsgräben der Wiesen findet. Nicht selten findet man sie auch ausserhalb des Wassers an feuchten Mauern. Immer lebt sie gesellig. Besonders schöne grosse Exemplare um Frankfurt am Sandhof und an der Grüneburg (Dickin).

92. Limnaea elongata Draparnaud.
Längliche Schlammschnecke.

Syn. L. glaber Müll., *leucostoma* Lam.

Gehäuse ohne Nabelritz, gethürmt-verlängert, dünn, durchscheinend, sehr fein gestreift, gelblich, des Kothüberzugs wegen aber fast überall braun oder schwarz erscheinend. Die 7—8 durch eine tiefe Naht vereinigten Umgänge nehmen nur sehr allmählich zu, so dass der letzte kaum grösser ist, als der vorletzte und der drittletzte, was dem Gehäuse ein ganz vom Limnäencharacter abweichendes Ansehen gibt. Mündung auffallend klein, bedeutend weniger als $1/3$ des Gehäuses ausmachend, elliptisch-eiförmig, oben spitz; Mundsaum am Aussenrande innen stets mit einer schwachen, aber deutlichen weissen Lippe belegt. Höhe 9—10 Mm., Breite 3—4 Mm.

Thier dunkelstahlgrau, Fühler hellgrau, durchscheinend, Augen schwarz.

Diese Schnecke, die eher einem Bulimus, als einer Limnäe gleicht, kommt in unserem Gebiete nur im Mainthal vor, wo sie auch zuerst in Deutschland von C. Pfeiffer in einem Graben zwischen Bürgel und Mühlheim gefunden wurde. Soviel mir bekannt findet sie sich nur auf dem linken Mainufer im Bereich des Frankfurter Waldes in den meisten Gräben bis nach Schwanheim hin; auch bei Mönchbruch (Ickrath). Eine auffallend lange, 12—14 Mm. lange Form entdeckte Dickin im Königsbruch im Frankfurter Wald.

Thomae führt *elongata* auch aus Wiesengräben um Idstein an; an den Originalexemplaren im Wiesbadener Museum habe ich mich aber überzeugt, dass es *fusca* ist.

93. Limnaea palustris Draparnaud.
Sumpf-Schlammschnecke.

Gehäuse ungenabelt, eiförmig-länglich, ziemlich stark, horngrau, meist mit einem blaugrauen Schmutzüberzug, dicht, aber fein gestreift, oft mit den gitterartigen Eindrücken. 7 Umgänge, der letzte wenig bauchig, kleiner als das Gewinde, das stark und gewölbt, nie, wie bei *stagnalis*, spitz ausgezogen ist. Mündung spitz-eirund, kürzer als die halbe Länge des Gehäuses, inwendig dunkel violettbraun mit einer breiten, dunklen, fast nicht erhabenen Lippe. Umschlag fest auf der Columelle aufliegend, nur selten eine Spur von einem Nabelritz lassend. Höhe 12—18 Mm., Breite 4—10 Mm.

Thier grünlich schwarzgrau, etwas ins Violette spielend. Sohle am dunkelsten, der ganze Körper mit gelben Pünctchen bedeckt.

Diese Form variirt noch stärker als *peregra* und man kann zahllose Varietäten davon unterscheiden. Zunächst eine riesenhafte, dickschalige Form, 20—28 Mm. hoch, 9—12 Mm. breit, mit dickschaligem, stark geripptem Gehäuse und stets mit starken netzartigen Zeichnungen, nur in Teichen und grösseren Sümpfen vorkommend, *var. corvus* Gmel. Dann eine kleinere, dünnschalige Form aus kleineren fliessenden Gräben, ohne Gitterzeichnung und sehr fein gestreift. Man bezeichnet diese Form gewöhnlich als *fusca* C. Pfeiffer, und wenn dies richtig ist, kann *fusca* von *palustris* nicht getrennt werden. Ich möchte aber *fusca* für die nachfolgende Form in Anspruch nehmen, die ich für specifisch verschieden von *palustris* halte, und die jetzt bald als *fusca*, bald, wenn auch irrthümlich, als *elongata* genommen wird.

In den Gewässern der Ebene, besonders in Teichen und den Altwassern der Flüsse. Beim Turnplatz und auf der Ingelheimischen Aue bei Biebrich (Thomae). Im Metzgerbruch, im Steinbruch; cariöse Exemplare bei Bockenheim (Dickin). In der alten Nied bei Höchst, wo ich Exemplare von 40 Mm. Höhe fand; in den Sümpfen und Gräben im Ried. Die kleinere, gewöhnlich *fusca* genannte Form in allen Graben des Frankfurter Waldes. In mehreren Teichen um Darmstadt (Ickrath).

94. Limnaea fusca C. Pfeiffer?
Bräunliche Schlammschnecke.

Gehäuse ungenabelt, ziemlich dünn und durchscheinend, hornbraun, wenig glänzend, dicht und mitunter deutlich gestreift, meist, doch nicht immer, ohne die Gitternarben von *palustris*. 6—7 nicht sehr rasch zunehmende Windungen, die letzte weniger aufgetrieben, als bei *palustris*, desshalb das ganze Gehäuse viel schlanker. Mündung kaum $1/3$ des Gehäuses einnehmend, spitzeiförmig, nur wenig durch die Mündungswand eingedrückt, Spindelsaum fest anliegend, die Falte weniger vortretend, wie bei *palustris*, die violette Lippe im Inneren habe ich bei keinem Exemplar beobachtet. Höhe 12—18 Mm., Breite 5—7 Mm.

Thier wie bei *palustris*.

Wie schon bei voriger Art erwähnt, ist das Recht dieser Art auf den Pfeiffer'schen Namen durchaus nicht unbestreitbar, da seine Abbildung trotz der schlanken Form die dunkle Lippe in der Mündung zeigt, und auch seine Beschreibung auf die kleinere Form von *palustris* passt. Unsere Art kann aber unmöglich zu *palustris* gehören; sie steht zwischen dieser und *elongata* mitten inne, und ich habe sie öfter als *elongata*, wie als *fusca* erhalten. Aber die Abneigung, das Namenchaos der Limnäen noch mit einer Art zu vermehren, bringt mich zu dem Entschluss, den Pfeiffer'schen Namen vorläufig beizubehalten und auf unsere Art zu beschränken.

Was das Vorkommen anbelangt, so kann ich über die älteren Angaben natürlich nichts sagen; nur die von Thomae über *L. elongata*, „Wiesengräben bei Idstein", gehört sicher hierher. Auch die von Speyer erwähnte *var. elongata* von *fusca* dürfte hierhergehören, wenigstens sah ich bei D. F. Heynemann Exemplare die er von Herrn A. F. Speyer als *elongata* Drp. erhalten hatte. Ich selbst sammelte sie in den Gräben des Frankfurter und Schwanheimer Waldes nicht selten.

Wiederholen will ich noch einmal, dass ich diese Form von sehr verschiedenen Puncten als *L. elongata* Drp. erhalten habe, aber stets nur von solchen, wo diese selbst nicht vorkommt; denn wenn man beide neben einander hat, ist eine Verwechslung mit der Bulimusartigen *elongata* nicht mehr möglich; die Enge der Mündung und die geringe Verschiedenheit des letzten und des vorletzten Umganges lässt sie nicht verkennen.

95. Limnaea stagnalis Müller.
Grosse Schlammschnecke.

Gehäuse ungenabelt, gestreckt-eirund mit mehr oder weniger thurmförmig ausgezogenem, schlankem, in eine scharfe Spitze auslaufendem Gewinde, gelblich hornfarbig, aber fast immer mit einem Kothüberzug bedeckt, zerbrechlich, unregelmässig gestreift, auf dem letzten Umgang meist mehr oder weniger narbig-runzelig. Von den 6—8 Umgängen ist der letzte sehr aufgetrieben, bauchig, grösser als die übrigen zusammen, oben mit einer stumpfen Kante und von da an oft senkrecht eingedrückt. Die Umgänge des Gewindes sind ganz flach, das Gewinde selbst sehr schlank, fast ausgehöhlt, mit einer sehr flachen, fast kantigen Naht. Mündung undeutlich eirund, an der Spindelseite durch die Falte der Spindelsäule herzförmig ausgeschnitten, unten breit gerandet. Aussenrand bogig ausgeschweift, bei ausgebildeten Gehäusen sehr vorgezogen, selbst umgeschlagen; der breite Umschlag der Spindel, der die beiden Ränder verbindet, liegt dicht auf und lässt nur eine ganz unbedeutende Nabelspalte. Von unten her kann man die ganze Spirale bis zur Spitze übersehen und einen Draht in fast gerader Richtung bis zur Spitze durchführen; es fehlt demgemäss die untere Naht. Höhe 40—70 Mm., Breite 22—28 Mm., doch kommen stellenweise auch viel kleinere Formen vor.

Thier schmutzig gelblichgrau bis dunkel olivengrün, mit gelblichen Pünctchen bestreut; Sohle stets dunkler mit hellerem Rand. In Mainlachen am rothen Hamm fand ich im Herbst 1870 ganz auffallend gelb gefärbte Exemplare; auch die Sohle war auffallend hell mit einem hochgelben Ring; vielleicht war hier die Nahrung Ursache, da die Thiere nur von rothen Algen leben mussten. Bei Sossenheim in Wiesengräben fand Ickrath das Thier fast rein weiss.

Das Gehäuse variirt sehr. Am auffallendsten ist die kurze, gedrungene Form der Schweizer Seen, fast gebaut wie *auricularia*, aber immer sicher durch das ausgehöhlte, spitze Gewinde und die eigenthümliche Spira erkennbar, man hat sie als *L. lacustris* Studer unterschieden; sie kommt nur in Seen vor und fehlt desshalb in unserem Gebiete; dagegen haben wir die Form, welche sie an den typischen *stagnalis* anknüpft und von Hartmann *var. media* genannt wurde.

Ferner kann man zwei Grundformen unterscheiden, je nach dem Vorwalten der Kante auf dem letzten Umgang oder deren Fehlen, in Folge dessen bei der einen die Mündung viereckig, bei der anderen mehr rundlich ist. Erstere nennt Hartmann *var. turgida* Menke, letztere *vulgaris* Leach. Eine schlanke Form mit sehr dünnem Gehäuse ist *var. roseolabiata* Sturm; junge Exemplare davon, vielleicht auch von anderen Formen, veranlassten die Aufstellung einer *L. fragilis*.

Bourguignat, welcher aus dieser Art acht verschiedene gemacht hat, von denen freilich drei auf Missbildungen und zwei auf unausgewachsene Exemplare kommen, unterscheidet eine kurze, gedrungene Form als *L. borealis*; sie soll besonders im Norden Europas vorkommen. Ich erhielt Exemplare, welche seiner Abbildung vollkommen entsprechen, aber etwas kleiner sind, durch Herrn Ickrath aus den Abflüssen kalter Quellen bei Sossenheim, gemischt mit anderen Formen. Ihr Aufenthaltsort sind dichtbewachsene, kleine Gräbchen mit etwa 8—9° R. Auch hier fand ich vielfach das Thier gelb, vielleicht auch in Folge des der Art sonst nicht zusagenden Aufenthaltsortes, an welchem sie gleichwohl sehr häufig ist.

Eine interessante Form, die soviel mir bekannt noch nirgend beschrieben ist, habe ich in hiesiger Gegend gefunden; es ist eine ziemlich kantenlose Form, deren äusserer Mundsaum auffallend weit nach aussen vorgezogen ist und sehr bedeutende Neigung zeigt, sich nach aussen umzulegen. An ruhigen Stellen und ganz besonders im Aquarium geht die Umbiegung so weit, dass der Rand die Aussenwand des Gehäuses berührt und so eine 2—3 Mm. breite Hohlrinne längs des ganzen Mundsaumes bildet; bei besonders exquisiten Exemplaren biegt er sich sogar noch einmal weiter. Da diese Form an ihrem Fundorte ausschliesslich und in Menge vorkommt, kann man sie nicht wohl als krankhafte Form betrachten, sondern muss sie als ächte Varietät anerkennen, und als solche nenne ich sie *reflexa*.

Als Missbildung kommen sehr lang ausgezogene Scalaridenformen mit tiefer Naht vor.

Nur in der Ebene und besonders in grösseren Gewässern; im Gebirge fehlt sie ganz, und im Lahnthal tritt sie erst unterhalb Limburg auf. Im Rhein- und Mainthal ist sie dagegen allenthalben nicht selten; so in den Festungsgräben bei Mainz und Castel (Thomae), im ganzen Ried, in mehreren Teichen um Darmstadt (Ickrath), bei Frankfurt (Heynemann, Dickin), in den Lachen des Nieder Wäldchens (!), Hanau (Speyer). Die *var. media* fand Herr Dickin in mehreren Exemplaren bei Frankfurt, sie scheint aber in den heissen Sommern des letzten Jahrzehntes ausgegangen zu sein. Die *var. roseolabiata* in einem Sumpfe bei Limburg (Liebler bei Sandb. und Koch), an der Lamboibrücke (Speyer); auch hier und da in klaren Gräben der Mainebene. Die *var. reflexa* fand ich zuerst im Bassin des botanischen Gartens zu Frankfurt, später in Menge in der alten Nied bei Höchst, mit *palustris* zusammen. In einem zum Theil durch Quellen gespeisten Teiche vor Niederrad sind fast sämmtliche Exemplare angefressen, aber weniger an der Spindel, als am letzten Umgang.

Achtzehntes Capitel.

XVI. PHYSA Draparnaud.
Blasenschnecke.

Muntere, rasch bewegliche Thierchen mit dünnen, langen Fühlern, an deren Grunde nach innen die Augen sitzen. Die Oeffnungen für die Athemhöhle und die Geschlechtswerkzeuge liegen auf der linken Seite. Mantel entweder gezackt und um den Rand des Gehäuses geschlagen, oder einfach; der Fuss nach hinten schmal und schlank.

Gehäuse links gewunden, dünn und zerbrechlich, durchsichtig, glänzend, ungenabelt; Mündung länglich-eiförmig, höher als breit, nach oben verengt; Mundsaum gerade, scharf, Spindel gedreht, ohne Falten.

Sie legen durchsichtige Eier, 15—20 Stück zu einem wurmförmigen Laich vereinigt, an Wasserpflanzen. Die irrige Angabe von

Altens, dass sie dabei ihr Gehäuse verliessen, ist schon von Carl Pfeiffer widerlegt und erklärt worden.

Die Blasenschnecken leben besonders in stehenden, reich bewachsenen Gewässern und gehören desshalb vorwiegend der Ebene an. Im Gebirge um Dillenburg und Biedenkopf kommen sie gar nicht vor.

Wie in ganz Deutschland kommen in Nassau auch nur zwei Arten vor, die so verschieden sind, dass man zwei verschiedene Gattungen daraus gemacht hat. Sie unterscheiden sich folgendermassen:

Gewinde spitz, 6 Umgänge.

Ph. hypnorum L.

Gewinde kurz, abgestumpft, Gehäuse blasenartig aufgetrieben mit nur 3—4 Windungen.

Ph. fontinalis L.

96. Physa hypnorum Linné.
Moosblase.

Gehäuse langeiförmig mit spitzigem Gewinde, dünn, durchsichtig, feingestrichelt, sehr glänzend, gelblich-hornfarben bis bernsteingelb; 6 Umgänge, von denen der letzte stark vergrössert ist. Mündung spitz-eiförmig, ungleichseitig; Mundsaum scharf, der Spindelsäulenrand etwas zurückgeschlagen, etwas ausgeschweift und schwielig, röthlichweiss. Höhe 10—15 Mm.

Thier schwärzlich mit einfachem, ungelapptem Mantel, 8—10 Mm. lang, die Fühler 3—4½ Mm. lang.

In Nassau bis jetzt nur an wenigen Puncten gefunden, aber dann immer in grösserer Gesellschaft. In einem Graben an der Taunusbahn zwischen Castel und Hochheim (Thomae). In einem Wiesengraben unterhalb des Löhnberger Schlosses (Sandb.) Im Lamboiwald bei Hanau und bei Bergen (Speyer). Im Metzgerbruch (Heyn.). Ich fand sie im Hauptabzugsgraben der Schwanheimer Waldwiesen, jedoch nicht häufig. Bei Mönchbruch (Ickrath).

97. Physa fontinalis Linné.
Quellen-Blasenschnecke.

Gehäuse eiförmig, blasenartig aufgetrieben, blassgelblich bis hornfarbig, glänzend, durchsichtig, sehr zart und zerbrechlich, der

Länge nach fein gestreift; 3—4 Umgänge, von denen der letzte sehr bauchig aufgetrieben ist und fast das ganze Gehäuse ausmacht, während die oberen ein kurzes, stumpfes Gewinde bilden. Mündung weit, länglich eiförmig, nach oben zugespitzt, unten abgerundet; Mundsaum einfach, scharf, geradeaus, gegen die Spindel etwas schwielig verdickt und weisslich. Höhe 6—12 Mm., Breite 5—7 Mm.

Thier in ausgewachsenem Zustande schwärzlich violett mit weisslichgelben Fühlern; Mantel schmutziggelb, durch zahlreiche dunkle Puncte zierlich netzartig gezeichnet; der durchscheinende Mantel gibt dem lebenden Thiere ein ganz nettes Aussehen. Der Mantelrand besteht aus zwei fingerförmig geschlitzten Lappen, die das Thier für gewöhnlich um den Schalenrand schlägt und so die ganze Schale so einhüllt, so dass das Thier einem Schmutzklümpchen gleicht. Die Zunge ist sehr dünn und desshalb nur sehr schwer unzerrissen zu präpariren. Sie ist vorn zweitheilig und läuft in zwei nach Aussen gebogene Spitzen aus; der Mittelzahn ist anscheinend aus zweien zusammengesetzt. Die Seitenzähne sind alle gleich, sehr breit, mit 6—8 Zähnchen an einer Seite, einem Sägeblatt ähnlich; sie stehen in schiefen Reihen, die in der Mitte in einem sehr spitzen Winkel zusammentreffen und dadurch der Zunge ein gefiedertes Ansehen geben. Der Kiefer ist eine schmale, dünne, in einem Winkel gebogene Hornplatte mit undeutlicher Streifung, die bei starker Vergrösserung durch Reihen von rundlichen Hornschüppchen hervorgebracht erscheint.

Es gleicht diese Schnecke in ihrer Lebensweise der vorigen, findet sich aber auch in fliessendem Wasser und ist sehr flink in ihren Bewegungen, was sie zu einer besonderen Zierde für Aquarien, in denen sie sich sehr gut hält, macht.

In Nassau nur wenig verbreitet. Thomae führt sie gar nicht an. Häufig im Braunfelser Weiher (Sandb.). In der Umgegend von Frankfurt ist sie nicht selten, im Metzgerbruch, in den Altwassern des Mains, wo ich sie besonders am rothen Hamm zahlreich fand und in einem quelligen Teiche dicht vor Niederrad. Sehr schöne Exemplare, zu denen das abgebildete gehört, erhielt ich durch Herrn Wiegand aus Wiesenquellen bei Sossenheim. Bei Hanau nicht selten im Lamboiwald, Bulauwald, Sumpf hinter Rückingen; bei Dietesheim, Mühlheim, Bürgel (Speyer).

Neunzehntes Capitel.

XVII. PLANORBIS Müller.

Tellerschnecke.

Gehäuse in eine flache, meist oben und unten vertiefte oder oben flache und unten vertiefte Scheibe aufgerollt, so dass oben wie unten alle Umgänge sichtbar sind. Mündung durch die Mündungswand stets mehr oder minder mondförmig ausgeschnitten, nie kreisrund, was sie von den Valvaten unterscheidet; Mundsaum einfach scharf, meist durch einen flachen Wulst auf der Mündungswand verbunden, der Aussenrand stets mehr als der Innenrand vorgezogen; daher die Mündung in Beziehung zur Axe stets schief. Die Umgänge können stielrund, von der Seite her bandförmig zusammengedrückt, wie bei *Pl. contortus* sein, sind aber meist von oben her zusammengedrückt und mehr oder weniger deutlich gekielt.

Thier ziemlich schlank, der Kopf endet nach vorn in einen ausgerundeten Lappen; die Fühler sind lang, borstenförmig, an der Basis etwas verbreitert, innen neben der Basis sitzen die Augen. Fuss ziemlich kurz, gleichbreit, vorn abgestutzt, hinten gerundet. Das ganze Thier meistens dunkel gefärbt.

Der innere Bau gleicht im Ganzen dem der Limnäen. Der Kiefer ist ebenfalls aus drei Stücken zusammengesetzt, aber das Mittelstück ist im Verhältniss zu den beiden Seitenstücken weit kleiner, als bei den Limnäen. Die Zungenzähne bilden ganz gerade Reihen über die Zungenhaut; der Mittelzahn ist schmäler, aber nicht kürzer, als die Seitenzähne, und fällt desshalb weniger ins Auge, als bei den Limnäen. Das Blut, das manche Arten, z. B. der grosse *Pl. corneus*, schon bei der geringsten unsanften Berührung von sich geben, ist röthlich. Das Nervensystem ist, wie bei den Limnäen, gelb gefärbt, aber die Ganglien sind weniger zahlreich.

Geschlechtsöffnung und Athemöffnung liegen auf der linken Seite, während dem Gehäuse nach das Thier rechts gewunden ist und man sie desshalb auch auf der rechten Seite erwarten sollte. Diese eigenthümliche Abweichung veranlasst manche Naturforscher, die Tellerschnecken im Gegensatz zu den Rechts- oder Linksgewundenen als Geradeausgewundene, *Rectorsae* zu bezeichen. Begattung und Entwicklung erfolgt ganz in derselben Weise, wie bei den Limnäen; die Eier werden in ovalen Laichen abgesetzt.

Nach den Angaben von Ficinus (Zeitschr. f. d. ges. Naturwissenschaften XXX. p. 363) zeigen die Planorben im Bau ihrer Geschlechtstheile zwei wesentlich verschiedene Typen: die einen haben im männlichen Glied einen durchbohrten Kalkstachel, durch welchen das *var. deferens* hindurchgeht, die anderen nicht. Zu den ersteren gehören *vortex*, *leucostoma*, *contortus*, *albus* und *spirorbis*, zu den letzteren *corneus*, *marginatus*, *carinatus*, *complanatus* und *nitidus*. Für die Scheidung in Unterabtheilungen scheint dieser Unterschied nicht recht verwendbar zu sein.

Die Planorben kommen meistens mit den Limnäen zusammen vor und scheuen, wie diese, die harten, kalten Gebirgswässer. Im Bezirk Biedenkopf fand ich nur zwei Arten, *albus* und *leucostoma*, und beide nicht häufig, während die Mainebene 13 Arten beherbergt, die alle schlammigen, bewachsenen Gräben bevölkern.

In einem Punct weichen sie aber von den Limnäen sehr ab. Während man bei diesen, wie wir gesehen haben, kaum von „guten" Arten sprechen kann und sich begnügen muss, Typen mit umgebendem Variationsgebiet aufzustellen, halten die Planorben ihren Artcharacter hartnäckig fest und variiren kaum nennenswerth. Es ist diess eine natürliche Folge der langsamen Zunahme der Windungen, während bei den Limnäen die rasche Zunahme das Gegentheil bedingt.

Sehr häufig sind dagegen Abweichungen von der normalen Windungsebene, scalare und halbscalare Formen. Man kann sicher annehmen, dass von allen übrigen Gattungen zusammengenommen nicht soviel ganz freie Scalariden bekannt sind, als von den kleineren Planorben. Hartmann fand einmal in einem ganz kleinen, mit Eichenlaub erfüllten Tümpel 26 mehr oder weniger scalare Exemplare von *Plan. lenticularis*. Der Grund für diese Häufigkeit liegt in den flachen Windungen, die sich nur mit der schmalen Seite berühren; es kann sich da leicht ein fremder Körper dazwischen drängen und eine Abweichung verursachen. Hartmann sucht in dem angeführten Fall die Ursache gewiss mit Recht in den Verletzungen der neuangebauten Schalentheile durch die scharfen Ränder der Eichblätter. Von *Pl. contortus*, dessen bandförmig zusammengedrückte Umgänge sich mit der breiten Seite berühren, sind mir keine Scalariden bekannt, auch nicht von *Pl. corneus*. Dagegen findet man von diesem häufig Exemplare, die bald nach der einen, bald nach der anderen Seite abweichen, gewissermassen hin und her schwanken und so ein sonderbar verschrobenes Ansehen bekommen; hier ist die

Berührungsfläche schon zu gross und eine Ausgleichung kleiner Störungen leichter möglich.

Ich möchte bei dieser Gelegenheit bemerken, dass auch bei den Landschnecken Scalariden vorzüglich bei den Arten mit stielrunden oder gekielten Umgängen, weniger oder nicht bei den von der Seite zusammengedrückten vorkommen.

Dass man mitunter cariöse, selbst ringförmig durchbohrte Exemplare findet, ist bereits in dem allgemeinen Theile erwähnt worden.

In unserem Bezirke kommen dreizehn Arten vor, die sich nach folgendem Schema bestimmen lassen:

A. Gehäuse gross, 20—30 Mm. breit, Umgänge stielrund.
Pl. corneus L.

B. Gehäuse mittelgross, 8—15 Mm. breit, mehr oder weniger flach, gekielt oder scharfrandig.
  a. mit echtem abgesetztem Kiel, nur 4—5 nicht ganz flache Umgänge.
    Kiel am unteren Rand der letzten Windung, nur von unten her sichtbar, Mündung fast rund.
Pl. marginatus Drp.
    Kiel auf der Mitte des letzten Umgangs, von beiden Seiten her sichtbar, die Mündung nach aussen hin zugespitzt.
Pl. carinatus Müller.
  b. ohne ächten Kiel, 7 ganz flach zusammengedrückte Umgänge.
Pl. vortex Müller.

C. Gehäuse klein, 4—6 Mm. breit.
  a. Gehäuse ungekielt.
    Umgänge 7, von der Seite zusammengedrückt, bandartig aufgerollt, ziemlich hoch.
Pl. contortus Müller.
    Vier stielrunde Umgänge, der letzte nicht erweitert, innen mit einer weissen Lippe.
Pl. Rossmässleri Auersio.
    Umgänge 3—4, der letzte stark erweitert mit netzartigen Furchen.
Pl. albus Müller.
    Vier Umgänge, der letzte wenig erweitert, ohne alle Sculptur.
Pl. laevis Alder.
  b. Gehäuse ohne ächten Kiel, aber mit einer stumpfen Kante.

Oben concav, unten flach, 6 halbstielrunde Umgänge, der
letzte nicht erweitert, mit schwacher Lippe.
Pl. leucostoma Mich.
Oben und unten concav, 5 stielrunde Umgänge, der letzte
stark erweitert mit starker weisser Lippe.
Pl. spirorbis Müller.
c. Gehäuse plattgedrückt, scharfrandig, aber der Kiel nicht abgesetzt.
Gehäuse oben flach, unten gewölbt, sehr klein, drei Umgänge,
der Kiel ganz am oberen Rande des Umgangs.
Pl. cristatus Drp.
Gehäuse linsenförmig, von beiden Seiten gleichmässig zusammengedrückt, Kiel ganz in der Mitte.
Pl. complanatus Drp.
Gehäuse scheibenförmig, oben gewölbt, unten glatt, Kiel am
unteren Rande des Umganges, innen 2 Querscheidewände.
Pl. nitidus Müll.

98. Planorbis corneus Linné.
Grosse Tellerschnecke.

Gehäuse oben tief eingesenkt, unten seicht ausgehöhlt; grünlich
oder bleigrau hornfarbig, die äussere Wölbung der Umgänge am
dunkelsten, oben schwach, unten meist stark weisslich, dicht feingestreift und daher seidenglänzend; die 5—6 ziemlich regelmässig stielrunden, oben durch eine ausgehöhlte, unten durch eine tiefe Naht
vereinigten Umgänge nehmen reissend schnell zu, so dass die beiden
ersten sehr klein sind, der letzte Umgang ist oben etwas flach und
fast stets mit netzartigen Eindrücken versehen, mitunter wie gehämmert. Mündung mondförmig gerundet; Mundsaum einfach, auf
der Mündungswand durch eine flache, weissliche Lage von Schalensubstanz zusammenhängend, schwarz gesäumt, innen mit weissem
Saum, dahinter der Schlund dunkelbraun. Höhe 10—12 Mm.,
grösster Durchmesser 30—36 Mm., kleinster 24—30 Mm.

Thier purpurschwarz, gegen das Licht wie Sammet reflectirend,
Fühlhörner sehr lang, dünn, mit verbreiteter, zusammengedrückter
Basis. Es legt mehrmals im Sommer 36—40 Eier zu flachgewölbten,
braunweissen Laichen vereinigt.

In seiner Verbreitung gleicht dieses Thier ganz der *Limnaea stagnalis*, mit der es fast immer zusammen vorkommt. Auch es geht nicht in die Gebirge hinauf und fehlt desshalb im ganzen Lahngebiete, ist aber im Rhein- und Mainthal allgemein verbreitet. Im Main nur einzeln in den durch die Uferbauten abgetrennten Tümpeln. Sehr häufig in der Rheinebene, dem sogenannten Ried, von wo ich Exemplare erhielt, die dem von Dunker in der neuen Ausgabe von Martini-Chemnitz abgebildeten *Pl. grandis* durchaus nichts an Dicke nachgeben. Ich bemerke bei dieser Gelegenheit, dass ich aus Königsberg in der Neumark Exemplare besitze, die vollkommen so gut als Originale zu der erwähnten Figur hätten dienen können, wie das eigentliche Original unbekannten Fundortes in der Cuming'schen Sammlung; die Art ist demnach in die Synonymie von *Plan. corneus* zu verweisen.

Eine sehr interessante Form findet sich im grossen Abzugsgraben der Schwanheimer Wiesen, der schlammigen Boden und ziemlich reiche Vegetation hat und sein Wasser aus moorigen Wiesen und einigen Waldquellen erhält. Dieselbe ist constant flacher, als die Exemplare aus dem Main, analog der schwedischen *var. ammonoceras*, und an den inneren Windungen immer stark cariös, so dass manche Exemplare im Inneren durch Verlust der Embryonalwindungen ganz durchbohrt sind; viele hatten eine Oeffnung von 2 Mm. Durchmesser in der Mitte, ein anderes war sogar noch an einer zweiten Stelle durchbohrt. Dabei waren fast sämmtliche Exemplare, die ich dort sammelte, ca. 20, mehr oder weniger abnorm gewunden, indem die Windungen an einem und demselben Exemplar bald über, bald unter die normale Windungsebene hinausgingen. In einigen fanden sich im letzten Umgang auch perlenartige Perlmutterconcretionen.

99. Planorbis marginatus Draparnaud.
Gerandete Tellerschnecke.

Syn. Plan. complanatus L. (*non* Drp.), *umbilicatus* Müller.

Gehäuse mittelgross, scheibenförmig, unten fast eben, oben etwas ausgehöhlt, hornbraun, fein aber dicht und deutlich gestreift, daher seidenartig glänzend, mit einzelnen, entfernt stehenden Wachsthumstreifen. Es ist meistens mit einem fest aufsitzenden, schwer zu entfernenden Ueberzuge von schwärzlicher Farbe bedeckt; reine Exemplare, die nach Hartmann in der Schweiz eben so häufig sein sollen, als schwarze, habe ich nie gefunden. Die 5—6 sehr allmählig zunehmenden Umgänge sind nach unten fast flach, nach oben stark gewölbt, daher auch die Naht oben sehr tief, unten seicht. Der letzte Umgang ist nicht sehr erweitert, nach unten hin durch einen deutlich abgesetzten, fadenförmigen Kiel eingefasst, den man der ungleichen Wölbung wegen nur von unten, nicht auch von oben sieht. Die Mündung ist quereiförmig, nach aussen nicht zugespitzt, innen durch den Kiel auf der Mündungswand herzförmig ausgeschnitten. Mundränder einfach, scharf, auf der Mündungswand deutlich verbunden. Höhe 2,5 Mm., Breite 9—12 Mm.

Thier schwärzlich bis tiefschwarz, mit blässeren, bisweilen röthlichen Fühlern; es kann sich sehr weit ins Gehäuse zurückziehen. Im Vorsommer setzt es mehrere Laiche, jeder 10—12 Eier enthaltend, ab.

Varietäten. Nicht selten findet man Exemplare, bei denen auch die Unterseite etwas gewölbt ist, so dass der Kiel mehr in die Mitte rückt und auch von oben her sichtbar wird. Solche Formen, die Jan als *Plan. submarginatus* beschrieb, werden mitunter für die folgende Art gehalten.

In schlammigen Teichen und Gräben, an Wasserpflanzen und schwimmenden Blättern sitzend. Im Aquarium kriecht er gern aus dem Wasser am Glase empor und klebt sich über dem Wasserspiegel mit der Unterseite fest. Ich weiss nicht, ob das ganz freiwillig geschieht, aber manche Exemplare mochte ich noch so oft ablösen und ins Wasser werfen, nach kurzer Zeit fand ich sie wieder in der alten Stellung.

Die gerandete Tellerschnecke ist weiter verbreitet, als *corneus*, fehlt aber auch im Dillthal und im oberen Lahnthal. Dagegen findet sie sich in den Altwassern der Ohm bei Marburg und im botanischen Garten daselbst, vielleicht eingeschleppt, wie *Hel. arbustorum* und *fruticum*. Bei Giessen habe ich sie nie gesehen. Bei Weilburg nach Sandberger selten; in einem Sumpfe bei Limburg (Liebler). In der ganzen Rhein- und Mainebene allenthalben gemein.

100. Planorbis carinatus Müller.
Gekielte Tellerschnecke.

Syn. *Helix planorbis* Linné.

Gehäuse scheibenförmig, sehr zusammengedrückt, unten bis auf den letzten Umgang ganz flach, oben eingesenkt, blass hornfarben oder horngrau, sehr fein gestreift und daher glänzend, meistens ohne bituminösen Ueberzug. Der letzte Umgang ist auch nach unten etwas gewölbt, der Kiel rückt dadurch ziemlich genau in die Mitte und ist von beiden Seiten her gleich gut sichtbar; er ist noch schärfer abgesetzt, wie bei der vorigen Art. Die einzelnen Umgänge nehmen rascher zu als bei *marginatus;* sie greifen an der Oberseite stärker über einander, als an der Unterseite und scheinen dadurch oben dichter gewunden, als unten. Naht oben tief, unten nur sehr seicht. Mündung nach aussen zusammengedrückt und zugespitzt, innen durch den Kiel auf der Mündungswand stark ausgeschnitten. Dimensionen wie bei *marginatus*.

Thier grau mit hellerer, durchscheinender Sohle, am Saum mit schwärzlichen Pünctchen; Fühler bleichröthlich.

Weniger flache Exemplare, die dadurch der in der Mitte gekielten Varietät von *marginatus* nahe treten, nannte Hartmann *Pl. dubius,* von Charpentier *Pl. intermedius;* durch sie wird die Unterscheidung mitunter erschwert, so verschieden eigentlich die extremen Formen sind; besonders häufig werden an Orten, wo der ächte *carinatus* fehlt, Formen von *marginatus* dafür gehalten.

Mehr in klaren, ruhigen Gewässern, in grösseren Teichen und Seen, in unserem Gebiete nicht sehr verbreitet. Häufig bei Marburg (C. Pfr.). Nicht häufig bei Hanau im Lamboiwald, Bulauwald, den Rückinger Schlägen, bei Mühlheim, Dietesheim (Speyer). In den Mainzer Festungsgräben (Thomae). Hier und da in der Mainebene; in der alten Nied bei Nied und in einer Lache an der Chaussee daselbst (!).

101. Planorbis vortex Müller.
Flache Tellerschnecke.

Syn. Pl. compressus Michaud.

Gehäuse ganz flach zusammengedrückt, flacher als bei einer anderen Art, unten ganz platt, oben etwas ausgehöhlt, durchscheinend, schmutzig gelb, etwas glänzend, fein gestreift. Die sieben Umgänge nehmen sehr langsam zu, sind oben etwas convex, gewissermassen dachförmig, unten ganz platt und greifen oben mehr auf einander über, als unten, so dass die obere Spirale enger erscheint, als die der kaum geritzten Unternaht. Der letzte Umgang ist verbreitert und geht nach aussen allmählig in einen scharfen, aber nicht fadenförmig aufliegenden Kiel über, der meist unter der Mitte herläuft. Mündung lanzett-herzförmig. Höhe etwa 1 Mm., Breite 8—10 Mm.

Thier sehr schlank, braunröthlich mit weisslichen Fühlern. Trotz seiner Dünne ist es unschwer aus dem Gehäuse zu entfernen.

Man findet sie mit Vorliebe in den mit Wasserlinsen bedeckten Gräben und Teichen der Ebene; aus dem Gebirge und auch aus dem unteren Lahnthal ist mir kein Fundort bekannt; dagegen ist sie in der ganzen Mainebene und um Mainz, sowie rheinaufwärts im Ried gemein.

102. Planorbis contortus Müller.
Runde Tellerschnecke.

Gehäuse klein, scheibenförmig, aber im Verhältniss zum Umfange ziemlich hoch, oben nur wenig eingesenkt, unten perspectivisch genabelt, braun, sehr fein und dicht gestreift. Die sieben nur sehr wenig zunehmenden Umgänge sind von der Seite her zusammengedrückt und sehr eng, wie ein Riemen, aufgerollt. Mündung etwas schief, schmal, mondförmig. Höhe 1,5 Mm., Br. 4—6 Mm.

Thier braunschwarz, Fühler aschgrau, durchscheinend, an den Spitzen wenig verdickt. Es setzt im Vorsommer 5—10 Laiche ab, die immer nur wenige Eier enthalten.

Auch diese Art fehlt an der oberen Lahn und im Dillthal. Sandberger fand sie selten bei Weilburg, Thomae um Idstein. In der Mainebene um Frankfurt in allen Gräben und Lachen häufig. In Gräben am Hof Goldstein. Bei Sulzbach (Wiegand). Bei Hanau häufig (Speyer). In einem quelligen Teiche bei Niederrad.

103. Planorbis Rossmässleri Auerswald.
Rossmässlers Tellerschnecke.

Gehäuse niedergedrückt, oben etwas vertieft, unten weit ausgehöhlt, genabelt, braungelblich, äusserst fein gestreift und daher schwach seidenglänzend. 4 fast stielrunde Umgänge ohne Kiel oder Kante, sehr schnell an Breite zunehmend, so dass der letzte sehr vorwaltet. Mündung durch die Mündungswand sehr wenig mondförmig ausgeschnitten, fast senkrecht, ziemlich gerundet, jedoch fast immer etwas gedrückt und an dem Puncte, wo Aussenrand und Innenrand in einander übergehen, mit einer mehr oder weniger deutlichen Andeutung einer abgerundeten Ecke. Mundsaum mit einer starken weissen Lippe, aussen mit einem feinen, schwarzen Saum. Höhe 1½ Mm., Br. 5 Mm.

In Gräben um Frankfurt von Herrn Dickin gefunden.

104. Planorbis albus Müller.
Weissliche Tellerschnecke.

Syn. Pl. hispidus Vall., *villosus* Poir., *reticulatus* Risso.

Gehäuse ziemlich klein, bräunlich oder grauweisslich, selten rein weiss, sehr fein netzförmig gestreift (nicht behaart, wie manche angeben), daher etwas rauh und nur matt glänzend, oben ziemlich flach, nur in der Mitte etwas eingesenkt, die untere weit genabelt. Umgänge 3—4, ungekielt, gerundet, der letzte im Verhältniss zu den übrigen auffallend erweitert, so dass Hartmann das Gehäuse nicht mit Unrecht posthornförmig nennt, und gegen sein Ende hin fast immer frei von dem, das übrige Gehäuse bekleidenden Schmutzüberzuge. Mündung rundlich, nur wenig durch das Hineinragen des letzten Umganges ausgeschnitten, weit und sehr schief. Mundsaum geradeaus, scharf, oben auffallend vorgezogen. Höhe 1—1½ Mm., Durchmesser 4—7 Mm.

Thier sehr klein, graubräunlich mit helleren Rändern; Fühler fadenförmig, schmutzig-gelblich.

Diese Form steigt auch in die Gebirge empor und ist desshalb allgemein verbreitet. Einzeln findet sie sich noch in der Lahn um Biedenkopf und höher hinauf in der Perf. Im Weiher am Steinsler Hof bei Weilburg, bei Braunfels, in der Weil (Sandb.). In den Anschwemmungen der Dill (Koch). Im unteren Teich des Schlossgartens zu Biebrich, in der Wellritzbach (Thomae). Einzeln im Main im todten Wasser. Selten bei Hanau im Lamboiwald, Puppenwald, Ehrensäule, nächst dem Römerbad neben der Chaussee nach Rückingen; bei Dietesheim, Hochstadt bei der alten Ziegelei; im Metzgerbruch bei Frankfurt; in der Teufelskaute bei Steinheim (Speyer). Im Waschteiche bei Niederrad häufig

105. Planorbis laevis Alder.
Glatte Tellerschnecke.

Syn. Pl. cupaecola v. Gall., *Moquini* Req., *glaber* Jeffreys, *regularis* Hartm.

Gehäuse niedergedrückt, beiderseits im Centrum vertieft, dünn, durchscheinend, schmutzig hellgrüngelblich, sehr fein gestreift, glänzend; Umgänge 4, gedrückt-stielrund, ohne Kante, ziemlich schnell zunehmend; Mündung sehr schief, quer eiförmig-gerundet, kaum etwas mondförmig ausgeschnitten; Mundsaum durch eine dünne aufgedrückte Lamelle zusammenhängend, dünn, einfach. Höhe 1 Mm., Durchmesser 4 Mm.

Zunächst mit *albus* verwandt, aber durch die Kleinheit, den Mangel der Sculptur, sowie die geringere Erweiterung des letzten Umganges davon genügend unterschieden. Diese erst von wenigen Fundorten bekannte Tellerschnecke wurde nach einer gütigen Mittheilung des Herrn Professor Sandberger im Sommer 1869 durch Herrn A. Römer in mehreren Exemplaren im Salzbach bei Wiesbaden entdeckt.

106. Planorbis leucostoma Michaud.
Weisslippige Tellerschnecke.

Gehäuse scheibenförmig, niedergedrückt, oben etwas concav, unten flach, röthlich gelb, durchscheinend, fast ganz fein gestreift, glänzend, gewöhnlich mit einem schwärzlichen Ueberzuge bedeckt; die 6 sehr langsam zunehmenden Umgänge sind oben sehr stark gewölbt, unten sehr flach, der äusserste ist nur sehr wenig breiter, als der vorletzte; er hat nach unten hin eine stumpfe Kante, auf der die Unternaht, die, wie auch die obere, stark bezeichnet ist, hinläuft. Mündung fast gerundet, durch die Kante aussen nur schwach eckig, ohne herzförmigen Ausschnitt, innen mit einer schwachen, weissen Lippe. Höhe $3/4$—1 Mm., Br. 4—6 Mm.

Thier grau, Fühler weisslich und so lang als Kopf und Fuss des Thiers zusammen.

Diese Form scheint in unserem Gebiet selten zu sein. Sandberger fand sie selten in der Lahn bei Weilburg, Thomae bei Mombach. Ich selbst fand sie nicht selten im Lahngenist bei Biedenkopf. Bei Mönchbruch (Ickrath).

107. Planorbis spirorbis Müller.
Gekräuselte Tellerschnecke.

Gehäuse scheibenförmig, auf beiden Seiten etwas concav, meist mehr auf der unteren, gelblich, glatt, ziemlich glänzend, mit Ausnahme des letzten Umganges von Schmutz bedeckt. 5 Umgänge, rascher zunehmend, als bei *leucostoma*, stielrund, unten etwas abgeplattet, mit einer schwachen, stumpfen Kante. Mündung gerundet, Mundsaum innen mit einer ziemlich starken, weissen Lamelle belegt, die aussen durchscheint; Mündungsränder auf der Mündungswand durch eine glänzende Lamelle verbunden. Höhe $^{3}/_{4}$—1,5 Mm., Breite 3—5 Mm.

Thier roth mit braunem Kopf und Hals; Fühler hellroth, Augen schwarz.

In den Mombacher Sümpfen nicht selten (Thomae). Nicht selten um Hanau an vielen Puncten (Speyer).

108. Planorbis cristatus Draparnaud.
Kleinste Tellerschnecke.

Syn. Pl. nautileus Gmel., *imbricatus* Müll.

Gehäuse sehr klein, ziemlich plattgedrückt, gekielt, oben fast flach, unten offen genabelt, zerbrechlich, zart, durchscheinend, etwas glänzend, meist aber mit Schlamm überzogen. Umgänge drei, sehr schnell zunehmend, an den Seiten zahnartig gerippt, die Rippen oben vorspringend, aber bei älteren mitunter ganz verschwindend. Mündung schief, länglich rund, Mundsaum zusammenhängend, der rechte Rand abgerundet vorgezogen, der linke seicht ausgebuchtet. Höhe 0,5 Mm., Breite 1—1,5 Mm.

Thier gelblichgrau. Lebt im stehenden Wasser an faulenden Pflanzenstoffen.

In der Salzbach an der Kupfermühle, sehr selten (A. Römer). Zwischen Mombach und Budenheim (Thomae). In stehendem Wasser um Frankfurt (Heynem.). Im Rüstersee bei Frankfurt; an der Chaussee von Hanau nach Rückingen neben dem Römerbade links (Speyer).

109. Planorbis complanatus Draparnaud. ⳨
Linsenschnecke.

Syn. *Pl. fontanus* Mont. (*non* Linné) *Pl. lenticularis* Sturm. *Pl. nitidus* der Engländer.

Gehäuse vollkommen linsenförmig, von beiden Seiten her gleichmässig abgeflacht und durch den scharfen Kiel in zwei Hälften getheilt, zart, durchsichtig, sehr fein gestreift, gelblich hornfarbig. Die 4 Umgänge greifen etwas weniger auf einander über, besonders oben, als bei der folgenden Art, desshalb ist die Spirale verhältnissmässig grösser, Unterseite mit deutlichem, ziemlich engem Nabelloch, Mündung spitz herzförmig, Mundsaum einfach; Aussenrand nicht sehr vorgezogen. Höhe 1 Mm., Br. 3 Mm.

Thier graugelblich mit 2 von den Fühlern ausgehenden dunkleren Linien über den Rücken, Augen schwarz.

An faulenden Blättern und Stengeln in stehenden Wässern. Im Salzbach bei Wiesbaden nicht selten an Ceratophyllum (A. Römer). Im Metzgerbruch bei Frankfurt. Im Lamboiwald und an der Ehrensäule bei Hanau (Speyer). In der alten Nied; in einer Lache an der Chaussee vor Nied, aber nicht mit *nitidus* zusammen, wie Rossmässler als Regel angibt.

110. Planorbis nitidus Müller. ⳨
Glänzende Tellerschnecke.

Syn. *Segmentina lineata* der Engländer.

Gehäuse klein, oben gewölbt, unten ziemlich flach genabelt, gekielt, aber der Kiel mehr nach unten gerückt, als bei voriger Art, glänzend, durchscheinend, fein gestreift, braungelb. Die 3—4 Umgänge greifen weit übereinander und werden durch den scharfen, aber nicht abgesetzten Kiel in zwei ungleiche Hälften getheilt. Obernaht eine feine Spirale, Unternaht in dem engen Nabelloch nicht sichtbar. Mündung des weit vorgezogenen Mundsaumes wegen sehr schief, etwas schief herzförmig; Mundsaum einfach, braun gesäumt, bogig. Im Inneren des letzten Umgangs findet man an zwei ganz bestimmten Puncten, 2 Mm. und 3,5 Mm. von der Mündung entfernt, das Lumen durch drei schmale, glänzend weisse Lamellen verengt, die nur eine schmale, dreistrahlige Figur zwischen sich lassen. Höhe 1—1$^{1}/_{2}$ Mm., Breite 3—4,5 Mm.

Thier schwarzbraun mit gelblichen Fühlern.

Die eigenthümlichen Verengerungen im Inneren unterscheiden diese Art von allen anderen Planorben, und man hat sie desshalb als *Segmentina* abtrennen wollen. Rossmässler macht schon im ersten Hefte der Iconographie darauf aufmerksam, dass die Scheidewände, die etwas an die Kammern der Ammoniten erinnern, immer in derselben Entfernung von der Mündung stehen, und dass man nie mehr als zwei findet; entweder bildet sie das Thier erst nach Vollendung des Gehäuses, denn wären die kleineren Exemplare ausgewachsen, — man findet aber nie Exemplare ohne Scheidewände, — oder es bricht sie von Zeit zu Zeit ab und baut neue weiter vor.

In Teichen und Lachen an faulenden Rohrstengeln und Blättern, besonders zwischen den faulenden Baumblättern am Boden; wo sie vorkommt, gemein, aber im Gebirge ganz fehlend.

Im Bienengarten bei Nassau, selten, in den Mombacher Sümpfen (Thomae). Bei Frankfurt am Sandhof, auch sonst in stehenden Gewässern. Um Hanau nicht selten (Speyer). In der Alberslache bei Schwanheim (Ickrath).

Zwanzigstes Capitel.

XVIII. ANCYLUS Geoffroy.
Mützenschnecke.

Gehäuse napf- oder mützenförmig, mit einer kurzen je nach der Art nach rechts oder links gewandten Spitze als Andeutung des Gewindes.

Thier die Schale ganz ausfüllend, aber sich nie aus derselben herausstreckend, mit einer breitlappigen Oberlippe am Kopfe und kurzen, cylindrischen, zusammenziehbaren Fühlern, an deren inneren Seite die Augen sitzen. Fuss kurz, elliptisch. Kiefer aus mehreren Stücken zusammengesetzt. Zunge bandförmig verlängert, die Zähnchen alle gleichgestaltet, aber nach dem Rande hin an Grösse abnehmend, die Reihen schräg gestellt. Athemöffnung und Geschlechtsöffnung liegen bei der einen Art links, bei der anderen rechts, und zwar immer der Windung entgegengesetzt. Die männliche Geschlechtsöffnung liegt hinter dem entsprechenden Fühler, die weibliche weiter zurück, so dass sie sich nur abwechselnd, nicht wechselseitig begatten können. Doch findet man hier nie Ketten zusammenhängend, wie bei den Limnäen. Beim Kriechen erscheinen nur die Fühler über dem Rande der Schale, nie der Fuss.

Man hat diese Schnecken, die ganz einer *Patella* im Kleinen gleichen, lange für Kiemenathmer gehalten und zu den *Cyclobranchien* gestellt; ihre Athmungswerkzeuge sind aber dieselben, wie bei den Limnaeen.

In neuerer Zeit trennt man die beiden bei uns vorkommenden Arten von einander und nennt die linksgewundene Art als Gattung *Acroloxus* oder *Velletia*.

Sie legen 4—6 Eier auf einmal, in eine sternförmige Figur angeordnet; Entwicklung wie bei Limnaea.

Es kommen bei uns die beiden deutschen Arten vor, *A. fluviatilis* mit mehr runder Basis und rechtsgewunden, und *A. lacustris* mit schmal-ovaler, länglicher Basis und linksgewunden. Exemplare von *fluviatilis*, bei denen ein Perpendikel vom Wirbel über das Gehäuse hinausfällt, nennt F. Schmidt in Laibach *deperditus*; eine gute Art dürfte es schwerlich sein. Ausserdem hat Herr Bourguignat das Geschlecht mit einer Unzahl neuer Arten bereichert, die wir aber auf sich beruhen lassen wollen.

111. Ancylus fluviatilis Linné. ┼ ┼
Runde Mützenschnecke.

Gehäuse napfförmig, graubräunlich, glanzlos, innen glatt, glänzend, bläulichweiss; die Spitze nahe am hinteren Rand stehend, selbst über denselben hinausragend, rechtsgewunden. Mündung ziemlich rund. Höhe 2—3 Mm., Längsdurchmesser 3—6 Mm., Querdurchmesser 2—4 Mm.

Thier durchscheinend, oben grauschwärzlich, Sohle heller, mit deutlichen schwarzen Augen. Athem- und Geschlechtsöffnungen auf der linken Seite. Sehr langsam, meist stillsitzend.

In fliessenden Gewässern an Steinen, im heissen Sommer oft über dem Wasserspiegel angeklebt. In allen Bächen und Flüssen gemein. Aus der Schwalbach bei Cronthal erhielt ich durch Herrn Wiegand Exemplare mit einem eigenthümlichen graubraunen Algenüberzug, der auf allen Gehäusen gleichmässig festsass und ihre Dicke beträchtlich erhöhte.

112. Ancylus lacustris Linné. ✝ ↓
Längliche Mützenschnecke.

Gehäuse länglich eirund, von beiden Seiten her etwas zusammengedrückt, ziemlich flach gewölbt, sehr dünn, durchscheinend, zerbrechlich, gelbbräunlich, innen weisslich, etwas glänzend; mitunter fein concentrisch gestreift. Wirbel mehr in der Mitte stehend, linksgewunden. Länge 3—5 Mm., Breite 1,5—2 Mm.

Thier durchscheinend, gelblichgrau, mit sehr kurzen Fühlern; Athemöffnung und Genitalöffnungen auf der rechten Seite.

Nur in stehenden Gewässern an den Schilfrohren sitzend, wo es ganz den Eindruck einer festgesogenen Schildlaus macht. Nur in der Ebene. Im unteren Teiche des Biebricher Gartens (Thomae). Im Metzgerbruch (Dickin). Um Hanau gemein in Teichen, Tümpeln, Sümpfen und Feldgräben (Speyer). In einem quelligen Teiche vor Niederrad; in der alten Nied und in einer Lache an der Chaussee vor Nied (!) Bei Mönchbruch (Ickrath).

Einundzwanzigstes Capitel.

B. DECKELSCHNECKEN. Operculata.

1. Gedeckelte Landschnecken.

Terrestria.

Die gedeckelten Landschnecken haben sämmtlich ein gewundenes Gehäuse, das durch einen auf der Rückseite des Fusses befestigten hornigen Deckel geschlossen wird, sobald sich das Thier in sein Gehäuse zurückzieht. Die Athmungsorgane gleichen ganz denen der Lungenschnecken, aber der anatomische Bau des Thieres gleicht so ganz dem der Kiemenschnecken, dass man es in neuerer Zeit vorgezogen hat, sie als *Neurobranchia*, Netzkiemer, zu diesen zu stellen, ein Verfahren, das allerdings das System wesentlich vereinfacht, aber doch kaum berechtigt sein dürfte, da die Athmungsorgane der Land-Deckelschnecken ganz denen der übrigen Pulmonaten gleichen.

Wie die Kiemenschnecken sind sie getrennten Geschlechtes, haben so den Mund auf der Spitze einer Schnauze und eine lange schmale bandförmige Zunge, mit nur wenig Platten in einer Querreihe. Kiefer fehlt. Die Männchen haben äussere Begattungswerkzeuge. Die beiden Fühler sind nicht einziehbar.

Es kommen von den zahlreichen, meist tropischen Gattungen nur zwei in unserem Gebiete vor, die sich folgendermassen unterscheiden:

   a. Gehäuse [sehr klein, cylindrisch; Mündung mit fast parallelen Rändern, Deckel dünn, hornig.
Acme Hartm.

   b. Gehäuse mittelgross, mit stielrunden Windungen, kreisrunder Mündung und dickem, kalkigem Deckel.
Cyclostoma Lam.

In Süddeutschland kommt noch eine dritte Gattung vor, *Pomatias* Studer, mit thurmförmigem, geripptem Gehäuse, ausgebreitetem Mundsaum und hornigem Deckel. Die nördlichsten mir bekannten Fundorte sind der Kaiserstuhl in Baden und die Felsen am Donauufer um Regensburg.

XX. ACME Hartmann.

Syn. Pupula Agassiz. *Acicula* Hartm. (*non* Bielz).
In unserem Gebiete nur eine einzige Art.

113. Acme fusca Walker.

Syn. Auricula lineata Drap.

Gehäuse winzig klein, thurmförmig, fast cylindrisch, stumpf, entfernt stehend fein gestrichelt. 6—7 flache Umgänge. Mündung halbkreisförmig, oben spitz; Mundsaum verdickt. Deckel hornig, sehr dünn, durchsichtig, mit wenigen, rasch zunehmenden Windungen. Höhe 3 Mm., Durchmesser 0,5 Mm.

Thier mit zwei schlanken Fühlern und kürzerer Schnauze; die Augen liegen hinter dem Grunde der Fühler.

Diese niedliche Schnecke ist weit verbreitet, aber überall sehr selten. Sie lebt unter Laub und Moos an sehr feuchten Stellen. Soviel mir bekannt, wurde innerhalb unseres Gebietes erst einmal ein Exemplar dieser Art gefunden, und zwar bei Neu-Isenburg von Herrn Dickin.

Zweiundzwanzigstes Capitel.

XXI. CYCLOSTOMA Lamarck.
Kreismundschnecke.

Diese mehr dem Süden angehörige Gattung ist bei uns, wie in Deutschland überhaupt, nur durch eine Art vertreten

114. Cyclostoma elegans Draparnaud.
Zierliche Kreismundschnecke.

Gehäuse conisch-eiförmig, undeutlich genabelt, stumpflich, stark, gelblich- oder violettgrau oder gelblich fleischfarbig, mitunter dunkler, fast violett, mit undeutlichen, striegeligen Schattirungen, die nach dem Wirbel hin deutlicher werden, mitunter mit feinen Binden, fast glanzlos, von sehr regelmässigen, erhabenen Spirallinien und sehr feinen, von jenen unterbrochenen Querstreifen sehr zierlich gegittert. Die fünf beinahe stielrunden Umgänge nehmen ziemlich schnell zu, laufen sehr tief aufeinander und sind daher durch eine sehr tiefe Naht bezeichnet; der letzte Umgang ist so gross, wie das Gewinde. Mündung fast kreisrund, oben etwas eckig und hier mit einem Wulst belegt. Der Deckel hart und schalenartig, ganz vorn stehend, mit wenigen spiralen Windungen.

Thier getrennten Geschlechtes, schiefergrau mit zwei walzigen, stumpflichten Fühlern, die aber nur contractil, nicht retractil sind, d. h. beim Einziehen werden sie nicht wie ein Handschuhfinger eingestülpt, sondern nur zu einem kleinen Knöpfchen zusammengezogen. Die glänzend schwarzen Augen sitzen aussen an der Basis der Fühler. Kopf rüsselförmig verlängert, vorn abgestutzt. Die Sohle durch eine tiefe Längsfurche in zwei Wülste getheilt, die das Thier beim Fortschreiten abwechselnd bewegt, so dass es nicht kriecht, sondern förmlich geht, eine Bewegung, die es noch durch Ansaugen mit dem Rüssel zu unterstützen scheint. Das Thier ist äusserst langsam und scheu; bei der geringsten Erschütterung zieht es sich in sein Gehäuse zurück und schliesst den Deckel; es bricht dabei die Sohle in der Mitte quer zusammen, so dass die beiden Hälften aufeinanderzuliegen kommen. Zunge wie bei den Kiemenschnecken, mit 120—130 Querreihen, von denen jede aus sieben Zahnplatten besteht. Die Mittelplatte hat drei stumpfe Spitzen von ziemlich gleicher Grösse, mit je einem zurückgekrümmten Haken besetzt, von denen der mittelste am grössten ist. Die erste Seitenplatte hat ebenfalls drei Zähnchen, von denen das innerste grösser als die beiden anderen ist. Die zweite Platte ist viel kleiner, mit mehreren stumpfen Zähnchen, die äusserste, schräg gestellte ist wie ein Sägeblatt mit zahlreichen kurzen Zähnchen besetzt. Die ganze Reihe bildet einen nach vorn schwach convexen Bogen. Ein Kiefer ist nicht vorhanden.

Beobachtungen über die Fortpflanzung der Cyclostomen sind, soviel mir bekannt, noch nicht angestellt worden. Herr Pfarrer Sterr in Donaustauf, ein sehr tüchtiger Schneckenzüchter, erwähnt in einem mir von Heynemann mitgetheilten Briefe, dass er noch niemals Eier von *Cyclostoma* gesehen; sollte sie vielleicht lebendig gebärend sein?

In den Gehörkapseln findet sich jederseits nur ein Otolith, der nur wenig kleiner als die Gehörkapsel ist (Ad. Schmidt).

Im Nassauischen kommt diese schöne Schnecke nur an sehr wenigen, isolirten Puncten vor. An steinigen beschatteten Orten um die Burgruinen Liebenstein und Sternfels (Thomae). Zwischen Fachbach und Ems an einem sonnigen Rain, an der Lahneck (Sandb. und Koch). Unterhalb des Lurleifelsen bei St. Goarshausen (Noll). Alle Exemplare, die ich von diesen Orten gesehen, sind auffallend dunkel gefärbt, fast blaugrau. Die hellere Form findet sich an der ganzen Bergstrasse, von Auerbach ab, sehr häufig an den Waldrändern an dumpfigen Orten, meist tief unter Laub verborgen.

In der Wiegand'schen Sammlung im Senkenbergischen Museum liegen einige Exemplare mit dem Fundort „Bockenheimer Berg"; die Frankfurter Sammler stellen aber dieses Vorkommen entschieden in Abrede.

Die Cyclostomen leben immer gesellig und sammeln sich auch zum Winterschlaf in grösseren Haufen, mitunter hunderte an einer Stelle zusammen. Gefangene Exemplare rührten keine andere Nahrung an, als Gurkenschalen; sie haben aber, nur in ein Papier gewickelt, den strengen Winter von 1869—70 in einem kalten Zimmer gut überstanden.

Dreiundzwanzigstes Capitel.

2. Gedeckelte Wasserschnecken.

Aquatilia seu Prosobranchia.

Die gedeckelten Landschnecken athmen durch Kiemen, d. h. durch sehr gefässreiche Hautfalten, welche sich im Innern der Athemhöhle erheben und von einem Theil des Blutes durchströmt werden. Unsre Arten haben eine kurze Schnauze, schwach entwickelte Kiefer und eine lange bandförmige Zunge, die bei der einen Gruppe sieben, bei der anderen weit mehr Längsreihen von Zähnen trägt. Alle sind wie die Land-Deckelschnecken, getrennten Geschlechts und mit äusseren Begattungswerkzeugen versehen, manche lebendig gebärend. Den inneren Bau werden wir bei der am genauesten bekannten Art, *Paludina vivipara*, genauer besprechen.

Gewöhnlich unterscheidet man nach dem Bau der Kiemen zwei Hauptgruppen, die **Kammkiemer**, *Pectinibranchiata*, mit einer kamm- oder baumförmigen Kieme, und die **Schildkiemer**, *Scutibranchiata s. Aspidobranchia*, mit einer dreiseitigen, aus zwei Blättern zusammengesetzten Kieme. Der Name Schildkiemer dürfte aber schon desshalb nicht zu empfehlen sein, weil er nicht etwa bedeuten soll, dass das Thier eine schildförmige Kieme habe, sondern dass die betreffende Gattung — *Neritina* — ein schildförmiges Gehäuse habe und durch Kiemen athme. Ich ziehe desshalb vor, die Namen der beiden Abtheilungen von den ganz verschiedenen Zungen zu nehmen und nach Troschel's Vorgang die Kammkiemer als **Bandzüngler**, *Taenioglossa*, die Schildkiemer als **Fächerzüngler**, *Rhipidoglossa*, zu bezeichnen.

Die in unserem Gebiete vorkommenden Gattungen lassen sich folgendermassen unterscheiden:

A. Gehäuse gewunden mit rundlichem oder ganz rundem Deckel.

  a. Deckel nicht ganz rund, Kieme nicht aus der Athemöffnung hervorragend.

      Gehäuse gross, Deckel hornig mit concentrischen Ansatzstreifen.

                                Paludina Lam.

Gehäuse mittelgross, Deckel kalkig, concentrisch gestreift mit spiraler Embryonalwindung.
Bithynia Leach.
Gehäuse sehr klein, Deckel hornig.
Hydrobia Hartm.
b. Deckel kreisrund, Kieme baumförmig aus der Athemöffnung vorragend.
Valvata Müller.
B. Gehäuse halbkugelig, mit halbrundem, an der Basis eingelenktem Deckel.
Neritina Lamarck.

XXII. PALUDINA Lamarck.
Sumpfschnecke.

Gehäuse gedeckelt, genabelt, eiförmig oder kugelig-conisch; die Umgänge stark gewölbt, durch eine tiefe Naht vereinigt; Mündung rundeiförmig, an der Mündungswand abgeschnitten und oben einen stumpfen Winkel bildend; Mundsaum einfach, scharf, zusammenhängend. Deckel mit concentrischen Anwachsstreifen ohne spirale Embryonalwindung.

Thier getrennten Geschlechts, mit einer nicht einziehbaren Schnauze; Fühler borsten-pfriemenförmig, wenig retractil; die Augen sitzen aussen etwas über ihrem Fusse auf einer besonderen Anschwellung.

Von den beiden deutschen Arten kommt bei uns nur die eine vor, nämlich

115. Paludina vivipara Müller.
Lebendiggebärende Sumpfschnecke.

Syn. Pal. contecta Millet, *communis* Dup., *Pal. Listeri* Forbes. *Vivipara vera* Frauenfeld.

Gehäuse genabelt, unten kugelig, oben rundlich kegelförmig, mit spitzem Wirbel, dünn, durchscheinend, fein gestreift, schmutzig olivengrün, bauchig. Die 7 Umgänge sind bauchig und durch eine sehr tiefe Naht vereinigt; oben bei der Naht sind sie etwas flach; der letzte Umgang besonders bauchig mit drei schmutzig braunrothen Binden, die sich bis auf den viertletzten Umgang fortsetzen und hier durch eine stumpfe Kante, die beim Embryo eine Reihe häutiger Franzen trägt, bezeichnet sind. Wirbel sehr fein zugespitzt; auf dem letzten Umgang eine Anzahl dunkler Wachsthumstreifen; der Mundsaum schwarz eingefasst, einfach, gerade. Mündung etwas schräg gerundet, eiförmig, oben stumpf winkelig. Das Gehäuse ist stets mit einer fest aufsitzenden, grauen Schmutzkruste überzogen Deckel hornartig, das Centrum der Ringe etwas nach links, aussen mehr, innen weniger concav eingedrückt. Höhe 24—40 Mm. Durchm. 16—30 Mm.

Thier sehr plump und träge, hellbraun, mit Ausnahme der Sohle ganz mit gelben Pünctchen übersäet. Fuss breit, vorn abgestumpft, hinten schmäler und gerundet. Kopf mit kurzer Schnauze, Kiefer aus zwei länglichen, schmalen Hornplättchen bestehend. Zunge analog der von Cyclostoma, lang, bandförmig, mit einer Mittelplatte und drei Seitenplatten.

Der Magen ist eine einfache, spindelförmige Erweiterung des Darms, nur durch die Einmündung der Lebergänge als Magen kenntlich; man kann nach Leydig drei Abtheilungen darin unterscheiden, die hinter einander liegen.

Die Fühler sind kurz, dick, pfriemenförmig; aussen etwas über der Basis sitzen auf einer besonderen Anschwellung die Augen; hinter jedem Fühler ist noch ein ohrförmiger Lappen. In den Gehörkapseln hunderte von kleinen, säulenförmigen Crystallen. Das Gefässsystem bietet nichts besonderes, das Blut ist bläulich; wie schon im allgemeinen Theil erwähnt, findet in der Niere eine offene Communication zwischen den Gefässen und der Nierenhöhle, also auch ein Austausch zwischen Blut und Wasser statt. Das Athemorgan ist eine auf der rechten Seite in einem eigenen Sacke gelegene Kieme von dreieckiger Form mit drei Blättchen am oberen Rande. Geschlechtsorgane einfacher als bei den Lungenschnecken; beim Weibchen findet man eine grosse Eiweissdrüse, die dem Embryo den zu seiner Entwicklung nöthigen Nahrungsstoff liefert; der Uterus ist sehr stark ausgedehnt, und in ihm findet man immer Junge in allen Stadien der Entwicklung. Die männlichen Organe bestehen nur aus der keimbereitenden Drüse, dem Ausführungsgang und dem im rechten Fühler verborgenen männlichen Glied; auffallend ist die Existenz von zweierlei Arten Samenthierchen, die beide zur Befruchtung zu dienen scheinen. Die Entwicklung haben wir schon genauer betrachtet.

Das Weibchen zeichnet sich durch Grösse und stärkere Wölbung vor dem Männchen aus. In ihnen findet man fast den ganzen

Sommer hindurch Junge in allen Stadien der Entwicklung. Die reifen haben schon vier Windungen; die letzte hat an der Stelle der beiden oberen Binden häutige Franzen; das ganze Gehäuse ist kugelig und durchscheinend.

Die Schnecke ist sehr träg, selten streckt sie mehr als die Spitze des Kopfes und den Fuss aus dem Gehäuse; sie ist auch weniger gefrässig als die anderen grossen Wasserschnecken und kann desshalb eher als Bewohnerin des Aquariums verwendet werden. Sie findet sich nur in weichen, schlammigen Gewässern der Ebene und fehlt desshalb im grösseren Theile unseres Gebietes; nur in den grösseren stehenden Gewässern zwischen Mombach und Budenheim (Thomae) und der Nähe von Frankfurt im Metzgerbruch (Heyn.) Häufig in den Sümpfen der Riedgegend. Im Judenteich bei Darmstadt; früher sehr häufig in dem jetzt fast ausgetrockneten Bessunger Teich; bei Mönchbruch (Ickrath).

Die zweite deutsche Art, *Pal. fasciata* Müller (*achatina* Brug.) kommt zwar schon am Niederrhein und in der Mosel vor, ist aber in unserem Gebiete noch nicht beobachtet worden. Sie unterscheidet sich durch die mehr kegelförmige Gestalt, weniger gewölbte Windungen, engen, kaum sichtbaren Nabel und hellere Farbe mit deutlichen Bändern.

XXIII. BITHYNIA Leach.

Gehäuse ganz eine Paludine im kleinen, ungenabelt oder kaum geritzt, eiförmig, Windungen stark gewölbt; der Mundsaum zusammenhängend, wenig verdickt. Deckel kalkig, ziemlich dick, concentrisch gestreift, aber mit einer embryonalen Spiralwindung in der Mitte.

Thier dem von Paludina sehr ähnlich.

Wir haben in unserem Bezirke zwei Arten:

a. Gehäuse undurchbohrt, eiförmig oder lang-kegelförmig, mit ziemlich flacher Naht und 5—7 Umgängen.
B. tentaculata L.

b. Gehäuse mit kleinem Nabelritz, bauchiger, die 5—6 Umgänge stark gewölbt, die Nath tiefer.
B. Leachii Shepp.

116. Bithynia tentaculata Linné.
Unreine Sumpfschnecke.

Syn. Palud. impura Lam.

Gehäuse ungenabelt, eiförmig, bauchig, spitz, durchscheinend, glänzend, glatt, gelblich, aber immer mit einer Schmutzkruste überdeckt. Die Umgänge mit Ausnahme des letzten bilden ein spitzes, conisches Gewinde; der letzte ist stark bauchig und fast so hoch, wie das Gewinde. Naht ziemlich tief, doch seichter, als bei der folgenden Art; Mündung eiförmig, oben spitz, wenig schief. Mundsaum etwas zurückgebogen, fein schwarz gesäumt, innen stets mit einer deutlichen, schmalen, weissen Lippe belegt. Nabel ganz verdeckt. Deckel stark, eiförmig, oben zugespitzt. Höhe 6—8 Mm., Breite 3—5 Mm.

Thier violett-schwärzlich mit unzähligen goldgelben Puncten; Fuss vorn breit, zweilappig, hinten verschmälert, zugespitzt. Fühler lang, borstenförmig, Augen schwarz. Kiefer zwei zu beiden Seiten liegenden Hornplättchen. Zunge mit 7 Platten in jeder Querreihe, die am Rande eine grössere oder geringere Anzahl Zähne tragen. Sie sind ebenfalls getrennten Geschlechts, legen aber Eier.

Die Schnecke ist sehr scheu und furchtsam und schliesst bei der geringsten Erschütterung ihren Deckel. Sie ist gemein in allen stehenden Wassern der Ebene; auch in langsam fliessenden Flüssen und Bächen. In der Lahn steigt sie bis Limburg und Weilburg hinauf (Sandb.) Im Rhein- und Mainthal gemein, sowohl in Gräben und Lachen, als im Main selbst. Im Gebirge fehlt sie.

117. Bithynia Leachii Sheppard.
Bauchige Sumpfschnecke.

Syn. B. Troschelii Paasch, *ventricosa* Gray, *similis* Speyer.

Gehäuse kegelförmig, unten bauchig, dünn, fest, wenig glänzend, schwach durchscheinend, gelblich hornfarben. 5—6 sehr gewölbte Umgänge, nach der sehr tiefen Naht hin leicht zusammengedrückt; der letzte macht etwa die Hälfte des Gehäuses aus. Mündung eiförmig gerundet, oben einen leichten Winkel bildend; Mundsaum zusammenhängend, am Spindelrande nicht zurückgeschlagen, der Aussenrand fast gerade. Nabel fast ganz bedeckt. Deckel ziemlich dünn, mit sehr deutlichen concentrischen Streifen, die paar äussersten braun. Höhe 5—10 Mm., Durchmesser 3—6 Mm.

Thier weisslich mit schwarzen Flecken und goldgelben Tüpfeln, die durch die Schale durchscheinen, und fast farblosen, durchsichtigen Fühlern (Moquin-Tandon.)

Zu dieser Art gehört eine Schnecke, die sich sehr selten im Metzgerbruch findet und dort von Herrn Dickin aufgefunden wurde. Nach Heynemann (Nachrichtsbl. I. 1869 p. 189) ist diess dieselbe Schnecke, die Speyer in seinem Verzeichniss als *Paludina similis* Férussac anführt.

XXIV. HYDROBIA Hartmann.
118. Hydrobia Dunkeri Frauenfeld.
Dunker's Quellenschnecke.

Gehäuse abgestutzt, ziemlich gedrungen, ganz eine Paludine im Kleinen vorstellend. Vier Windungen, die ersten nur wenig vortretend, die vierte gross, gewölbt, an der Naht jedoch kaum eingezogen. Mündung eiförmig, kaum gewinkelt, der rechte Mundrand nicht vorstehend. Spindelrand kaum anliegend, nach unten leicht umgebogen; Nabelritz mittelmässig, doch deutlich vertieft. Schale nicht sehr durchsichtig, olivengrün, anwachsstreifig, Mündung weisslich. Länge 2,4 Mm. Breite der letzten Windung 1,4 Mm. (Ffld.)

Thier mit breiten Fühlern, nahe deren Spitze die Augen sitzen. Fuss gross.

Diese kleine, von Sandberger und Koch als *Paludina viridis* angeführte Schnecke findet sich in grosser Menge in den Quellen und deren Abflüssen im ganzen rheinisch-westphälischen Schiefergebirge, aber nicht im Taunus und auch nicht in der Ebene; schon im Gebiet des bunten Sandsteins bei Marburg fehlt sie. Sie sitzt mit Vorliebe an den Blättern und in den Blattachseln von *Chrysosplenium*, *Myosotis* und *Beccabunga*; man findet sie den ganzen Winter hindurch. Quellwasser scheint ihr unbedingt nöthig zu sein, denn schon wenige Schritte von der Quelle findet man sie nicht mehr, und im Aquarium konnte ich sie nie erhalten. Dagegen findet man sie nicht selten zwischen durchfeuchtetem Laub nicht eigentlich mehr im Wasser; ich habe oft an demselben Blatt mit ihr *Carychium minimum* und *Vertigo septemdentata* gefunden. Sie scheint von den Tritonen sehr gern gefressen zu werden.

In Quellen bei Dillenburg im Thiergarten und Aubachthale häufig; auch bei Siegen. (Koch.) In allen Quellen um Biedenkopf in Menge (!) Bei Elberfeld (Goldfuss).

Vierundzwanzigstes Capitel.

XXV. VALVATA Müller.

Kammschnecke.

Gehäuse kugelig, kreisel- bis scheibenförmig, meist genabelt, mit stielrunden Windungen, kreisförmiger Mündung und zusammenhängendem scharfem Mundsaum. Deckel kreisrund mit vielen spiraligen Windungen.

Thier mit rüsselförmiger Schnauze, langen cylindrischen Fühlern, welche hinten am Grunde die Augen tragen. Kiemen lang, federartig, mit einem fadenförmigen Anhang am Grunde, den manche für eine Nebenkieme halten, aber wohl mit Unrecht, da er keine Gefässe enthält; beim Athmen treten beide aus der Kiemenhöhle heraus. Die beiden Kiefer sind kleine rundliche Hornschüppchen, die, besonders am vordern Rande, gelb gefärbt sind. Nach Moquin-Tandon findet sich zwischen beiden noch eine rudimentäre Oberplatte.

Die Valvaten sind Zwitter, das männliche Glied liegt hinter dem rechten Fühler, die weibliche Oeffnung auf derselben Seite unter dem Mantelrand. Die Eier werden, von einem Laich umhüllt, von den verschiedenen Arten in verschiedener Weise abgesetzt.

Diese Schnecken leben am liebsten in stehendem oder langsam fliessendem Wasser mit schlammigem Grunde; die Thiere halten sich meistens im Schlamme auf. Im Glase gehalten sind sie sehr scheu und ziehen sich bei der geringsten Erschütterung in ihr Gehäuse zurück.

C. Pfeiffer, dem wir die erste genaue Beschreibung der deutschen Valvaten verdanken, unterscheidet fünf Arten; über die Selbstständigkeit der beiden ersten kann man freilich im Zweifel sein und Moquin-Tandon erklärt ohne weiters *depressa* für eine junge *piscinalis*. Alle fünf Arten finden sich in Nassau und lassen sich folgendermassen unterscheiden:

a. Gehäuse kreiselförmig, mit erhobenem Gewinde.

Gehäuse kugelig-kreiselförmig, Deckel ganz vorn an der Mündung, durchbohrt genabelt.

V. piscinalis Müll.

Gehäuse flacher und kleiner, offen und weit genabelt, Deckel weiter in die Mündung eingesenkt.
V. depressa C. Pfeiff.
b. Gehäuse scheibenförmig.
Gehäuse oben und unten genabelt, Mundsaum etwas zurückgebogen.
V. spirorbis Drp.
Gehäuse nur unten genabelt, oben flach, Mundsaum einfach, geradeaus.
V. cristata Müll.
Gehäuse nach oben etwas convex, sehr klein, nur $1^{1}/_{4}$ Mm. Durchm., Mundsaum einfach
V. minuta Drp.

Eine genaue Untersuchung dieser Familie wäre sehr zu wünschen.

119. Valvata piscinalis Müller.
Stumpfe Kammschnecke.

Syn. V. obtusa C. Pfr., *Cyclostoma obtusum* Drp.

Gehäuse kreiselförmig, etwas kugelig, schmutzig gelb, durchsichtig, wenig glänzend, fein gestreift. Das Gewinde mit 4 stark gewölbten Umgängen, der letzte bauchig, die übrigen schnell abnehmend, eine stumpfe Spitze bildend. Mündung beinahe kreisrund. Mundsaum einfach. Deckel hornartig, mit einer Spirallinie bezeichnet, von aussen etwas vertieft, matt, von innen in gleichem Verhältniss erhaben, sehr glänzend. Nabel tief, durch den Umschlag des Spindelrands ein wenig verdeckt. (C. Pfeiff.). Höhe und Breite gleich, 6—8 Mm.

Thier weisslich oder graugelb, durchscheinend, Fühler unten verdickt; Fuss gross, vorn in zwei Lappen gespalten, hinten abgerundet, bedeutend länger als die Schale. Kieme 3 Mm. lang mit 14 gefiederten Seitenfasern auf jeder Seite, die nach der Spitze hin immer kürzer werden.

Sie legt 12—20 Eier, zu einem kugeligen, trüb durchsichtigen Laich vereinigt, von grüner oder hochgelber Farbe, die nach 26—28 Tagen ausschlüpfen.

In schlammigen Gräben bei Mombach und in schlammigen Buchten des Mains; selten; leere Gehäuse in den Anspülungen des

Mains häufiger. (Thomae). An der Mainspitze selten. (A. Römer). Häufig im Hanauer Stadtgraben und an der Ehrensäule, selten im Main (Speyer). Im Dietzischen Graben bei Hanau (Heyn.). In der Sulzbach sehr häufig (Ickrath). Eine besonders schöne Form fand ich in Masse in der Wickerbach kurz oberhalb der Flörsheimer Kalksteinbrüche, darunter einzelne, welche sich sehr der *contorta* nähern; sie ist mit der gewöhnlichen Mainform abgebildet. Häufig im Main bei Schwanheim unter Steinen; todte Exemplare im Sande in Menge.

120. Valvata depressa C. Pfeiffer.
Niedergedrückte Kammschnecke.

Gehäuse flachkugelig, etwas kreiselförmig, hellhornfarbig, durchscheinend, wenig glänzend, fein gestreift. Gewinde wenig erhoben, eine abgestumpfte Spitze bildend. Umgänge $3\frac{1}{2}$, durch eine tiefe Nath vereinigt, Mündung vollständig kreisrund, etwas erweitert, Mundsaum zusammenhängend, Nabel offen und tief. Deckel hornartig, dünn, etwas in die Mündung eingesenkt. Höhe 3—4 Mm., Breite 4—5 Mm.

Thier hellgrau, durchsichtig, Kieme kürzer wie bei der vorigen Art.

Mit *piscinalis* in schlammigen Gräben und Lachen. Nicht selten in schlammigen Gräben bei Mombach. (Thomae). Bei Bischofsheim und Enkheim (Speyer).

121. Valvata spirorbis Draparnaud.
Gekräuselte Kammschnecke.

Gehäuse scheibenförmig, oben wenig, unten stark vertieft, viel weiter genabelt als *cristata*, hornfarbig, etwas durchscheinend, fein gestreift, wenig glänzend. 3 Umgänge. Mündung völlig rund, Mundsaum einfach, etwas zurückgebogen. Deckel concentrisch gestreift, innen etwas erhaben, aussen eingedrückt und etwas in der Mündung eingesenkt. Höhe 1 Mm. Breite 2—3 Mm. (C. Pfeiffer).

Thier von dem der anderen Valvaten nicht abweichend.

In Gräben am Kohlbrunnenwald bei Hanau (Heyn.).

122. Valvata cristata Müller.
Scheibenförmige Kammschnecke.

Syn. V. planorbis Drp.

Gehäuse scheibenförmig aufgerollt, wie bei *Planorbis*, klein, flach, oben ganz platt, nicht eingesenkt, unten weit genabelt, hellhornfarbig mit schwärzlichem Schlammüberzug, durchscheinend, glänzend, sehr fein gestreift. Umgänge 3, stielrund, langsam zunehmend. Mündung kreisrund, etwas erweitert, mit einfachem, nicht umgebogenem Mundsaum. Deckel hornig, dünn, in die Mündung etwas eingesenkt. Höhe $^3/_4$ Mm. Br. 2—3 Mm.

Thier hellgrau mit vorn zweilappigem Fuss und verhältnissmässig kurzen Kiemen.

In Gräben und schlammigen Flussbuchten. Im Main; einzeln in der Lahn bei Biedenkopf. Bei Hanau sehr selten im Kohlbrunnengraben, in der Kinzig im Lamboiwald, und bei Bischofsheim (Speyer).

123. Valvata minuta Draparnaud.
Kleinste Kammschnecke.

Gehäuse scheibenförmig, oben ein wenig gewölbt, unten genabelt, sehr klein, hellhornfarbig, oft mit einem schwärzlichen Ueberzug, durchsichtig, glänzend, feingestreift. 3 Umgänge. Mündung rund, mit einfachem Saum. Deckel hornartig, mit concentrischen Ringeln. Höhe $^1/_2$ Mm. Br. 1 Mm.

Thier ganz dem von *cristata* ähnlich. Ueberhaupt unterscheidet sich diese Art nur durch ihre geringere Grösse bei gleicher Windungszahl von dieser.

In den Wassergräben von Mombach nicht selten, oft an Phyganeengehäusen. (Thomae).

Fünfundzwanzigstes Capitel.

XXVI. Neritina Lamarck.
Schwimmschnecke.

124. Neritina fluviatilis Müller.

Gehäuse ungenabelt, dünn, aber sehr fest, schräg halbeiförmig, glatt, wenig glänzend, roth oder schmutzig violett gegittert, dazwischen mit weissen, verlängerten Tropfenflecken, mitunter mit zwei oder drei deutlichen Längsstreifen. Gewinde klein, ziemlich in der Mitte der oberen Hälfte des Gehäuses stehend, flach und nur selten etwas erhoben. Mündung halbrund. Der Columellarrand bildet eine flache, schräg nach innen gerichtete Wand, deren Aussenrand etwas wulstig ist, so dass der Mündungsrand gewissermassen zusammenhängend erscheint. Columellarrand ungezähnt. Deckel aus Schalensubstanz, rothgelblich mit dunkelrothem, dünnerem Saum, mit einem kleinen punktförmigen Gewinde und einem lanzettförmigen Schliesszahn an der unteren Spitze; durch den letzteren wird der Deckel auch nach dem Tode des Thiers noch an der Schale festgehalten. Höhe 5—6 Mm. Breite 6—8 Mm.

Thier weisslich mit schwarzem Kopf und Nacken; zwei lange, weisse, borstenförmige Fühler mit einem schwarzen Strich auf der Oberseite. Augen auf kleinen Knöpfchen aussen an der Fühlerbasis. Der Fuss gross, vornen abgerundet, an den Rändern durchscheinend, mitunter mit einzelnen schwarzen Flecken. Athemöffnung auf der rechten Seite am Hals. Zunge lang, bandförmig mit drei Mittelplatten, einer kleineren in der Mitte, die wieder aus zwei seitlichen Hälften zusammengesetzt ist, und zwei breiteren an der Seite; alle drei sind ganzrandig; darauf folgt nach aussen jederseits eine ziemlich grosse Platte mit feingezähntem Rand und dann die aus zahlreichen schmalen, gleichbreiten Leisten zusammengesetzten Seitenplatten. Die ganze Reihe bildet einen ziemlich starkgekrümmten Bogen; ich zählte 90—96 solcher Querreihen.

Wie die Neritinen durch ihre Zungenbewaffnung ganz isolirt unter unseren Binnenmollusken stehen, so sind sie auch die einzigen, welche eine feste Hülle für ihre Eier bauen, wie das so viele Seeschnecken thun. Es ist eine rundliche Kapsel, die mit der einen Seite an Steinen, mitunter aber auch an anderen Neritinen befestigt wird; letzterer Umstand hat C. Pfeiffer zu der Annahme veranlasst, dass die Neritinen ihre eigene Brut auf der Schale umhertrügen. Jede Kapsel enthält 40—60 Eier, aber nach Claparède kommt von denselben immer nur eins zur Entwicklung, die anderen dienen dem Embryo als Nahrung. Ist derselbe vollständig entwickelt, so springt die obere Hälfte der Kapsel ab und das Thier ist frei.

Varietäten. Mit Unrecht hat man die Formen mit deutlichen Streifen als *var trifasciata* abtrennen wollen, man findet dieselben mitten unter den anderen und durch alle möglichen Uebergänge mit ihnen verbunden; es hat das nicht mehr Sinn, als wenn man sämmtliche Bänderspielarten von *Hel. nemoralis* und *hortensis* als Varietäten abtrennen wollte. Dagegen kommt eine kleine Form mit stark vorstehendem Gewände vor, von Rossmässler *var. halophila* genannt, weil sie in den Mannsfelder Salzseen vorkommt. Sie wurde von Römer auch in den Abflüssen der Wiesbadener Thermen, besonders zahlreich an der Armenruhmühle gefunden; auch hier könnte man das salzige Wasser für die Ursache ihrer Ausbildung halten. Leider stimmen damit aber andere Thatsachen nicht überein. Ich fand nämlich dieselbe Form sehr häufig in dem Wickerbach, der durch die bekannten Flörsheimer Steinbrüche fliesst, und erhielt sie durch Herrn C. Koch aus der Nied bei Bonames. Sie scheint mir demnach die Form der kleinen Bäche zu sein, wie wir ja auch bei den Najadeen eigenthümliche Bachformen finden. Leider habe ich noch nicht die Zeit finden können, auch die übrigen Taunusbäche darauf zu untersuchen.

Die Neritinen sitzen träge an Steinen und unter denselben oder anderen im Wasser liegenden und mit Algen überzogenen Gegenständen; an Pflanzen habe ich sie nie gefunden und ebenso habe ich nie eine Neritine schwimmen sehen; der Büchername Schwimmschnecke passt desshalb auf unsere Art nicht besonders. Sie scheinen das ganze Jahr hindurch in Thätigkeit zu sein, denn man findet sie mit *L. ampla* schon sehr zeitig im Frühjahr. Sie bevorzugt entschieden die grösseren Gewässer. Im Rhein und Main ist sie allenthalben häufig, in der Lahn bei Weilburg findet sie sich nach Sandberger ebenfalls in Menge, aber weiter hinauf fehlt sie und auch in der Dill kommt sie nicht vor. Dagegen findet sich, wie schon erwähnt, in der Salzbach bei Wiesbaden, der unteren Nied und der Wicker die *var. halophila*. Interessant wäre zu untersuchen, wie weit sie in den Bächen emporsteigt. In der Wickerbach an den bekannten versteinerungsreichen Kalkbrüchen von Flörsheim sammelte ich sie in Menge, aber nur unterhalb einer Mühle, die an dem Puncte liegt, wo der wasserreiche Bach die Ebene betritt; oberhalb war kein Exemplar mehr zu finden. In der Salzbach dagegen, einem viel kleineren Gewässer, steigt sie bis in das Kesselthal von Wiesbaden empor. In der Nied ist sie sicher bis in die Gegend von Vilbel gefunden, kommt aber wohl noch weiter nach oben vor, wo freilich bis jetzt noch *terra incognita* in conchyliologischer Beziehung ist.

Auch in der untern Kinzing kommt sie nach Speyer vor, doch fehlen auch hier die Angaben über die Höhe, bis zu welcher sie emporsteigt.

Sechsundzwanzigstes Capitel.

B. MUSCHELN.

Acephala oder Pelecypoda.

Die Muscheln zeichnen sich vor den Schnecken durch den Besitz zweier Schalen und den vollständig symmetrischen Bau aus, der es möglich macht, den Körper durch einen senkrecht längs der Mitte geführten Schnitt in zwei fast ganz gleiche Hälften zu theilen. Alle Organe, ausser dem Darmcanal, sind doppelt vorhanden, eins auf jeder Seite.

Wir finden an den Muscheln zu äusserst die beiden Klappen der Schale, dann innerhalb derselben die beiden entsprechenden Blätter des Mantels, dann inwendig jederseits zwei Kiemenblätter, von derselben Gestalt, aber kleiner, und zu innerst den eigentlichen Körper, ohne Kopf, nur mit einer Mundöffnung, die von einigen Lippentastern umgeben wird, und mit einem beilförmigen Fuss zur Fortbewegung.

Die paarigen Organe sind auf der einen Seite mit einander verwachsen, oder, wie die Schalen, durch besondere Vorrichtungen verbunden, so dass man das ganze Thier nicht unpassend mit einem eingebundenen Buche vergleichen kann, dessen Deckel die beiden Schalen bilden.

Wie schon im allgemeinen Theile erwähnt, nennt man den Rand, an dem die beiden Schalen mit einander verbunden sind, den Oberrand und unterscheidet demgemäss auch rechts und links. Die beiden Schalen sind bei unseren Arten wenigstens fast ganz gleich, nur die Zähne des Schlosses sind an beiden verschieden, und man nennt sie desshalb gleichklappig; ungleichklappige finden sich nur im Meer. Sie bestehen, wie die Schneckenschalen, vorwiegend aus Kalk in der Form des Arragonits; nur 2—4% sind organischen Ursprungs. Wir finden an den Schalen zu äusserst eine Oberhautschicht, die bei unseren Arten sehr entwickelt ist und bei den Unioniden sogar über den Schalenrand übersteht; dann folgt eine Kalkschicht, die aus kurzen, senkrecht stehenden Prismen von Arragonit besteht, und zu innerst die Perlmutterschicht, ebenfalls Kalk, der in dünnen, unendlich fein gefälteten Lagen abgeschieden wird und durch die Fältelung den bekannten Perlmutterglanz erhält. Diese innerste Lage wird stets von der ganzen Manteloberfläche abgeschieden, so dass jede Lage die ganze Innenfläche der Muschel auskleidet; mit demselben Stoff werden auch Verletzungen ausgebessert und fremde Körper, die zwischen Mantel und Schale gerathen, umhüllt.

Die Schalen sind am oberen Rande mit einander verbunden durch ein mehr oder weniger mit Zähnen versehenes Schloss, das ein seitliches Auseinanderweichen der beiden Klappen verhindert, und durch das Schlossband, eine starke knorpelige, mit Epidermis überzogene und Kalkablagerungen enthaltende Membran, die sich bei unseren Arten aussen hinter dem Schloss von einer Klappe zur andern erstreckt und durch ihre Elasticität die Oeffnung der Klappen bewirkt.

Die äussere Schalenfläche zeigt immer concentrische Zuwachsstreifen um den ältesten Punct, den Wirbel, herum; aus ihrer Anzahl kann man das Alter der Muschel schätzen, aber durchaus nicht sicher bestimmen, da wir nicht wissen, wie oft solche Zuwachsstreifen gebildet werden. Im Innern der Schale sehen wir die Ansätze verschiedener Muskeln, besonders der Schliess- und Fussmuskeln, und die Linie, welche den freien Rand des Mantels bezeichnet.

Unter den Schalen liegt zunächst der den ganzen Körper der Muschel umhüllende Mantel, ebenfalls aus zwei, an der Oberseite mit einander verwachsenen Blättern bestehend, die genau der inneren Form der Schalen entsprechen. Sie sind bei unseren Arten gar nicht verwachsen, oder nur an einem so kleinen Theile ihrer Ränder, dass eine Cloaken- und eine Athemöffnung von dem übrigen Theile der Mantelspalte abgetrennt werden. Bei den Unioniden ist diese Oeffnung nur von einem wenig vorgezogenen, meist mit Tentakeln besetzten Rande umgeben, bei den Cycladeen ist sie in zwei Röhren, die sogenannten Siphonen, verlängert. Der Mantel besteht aus einem besonders am freien Rande von Muskeln durchsetzten, äusserst gefässreichen Bindegewebe, welches aussen und innen von einem einfachen Epithelium überzogen ist, das innen häufig flimmert. An den Cloakenöffnungen und den Siphonen finden sich eigene Schliessmuskeln.

Die Verdauungsorgane bestehen aus einem einfachen Mund, der am vorderen Ende des Thieres liegt; er ist von zwei Hauptfalten der Ober- und Unterlippe, umgeben und auf diesen stehen noch zwei Paar dreieckige Taster, die mit einer Ecke angewachsen und auf der Innenfläche mit Flimmerepithelium überzogen sind. Sie dienen theils zum Herbeiführen der Nahrung, theils zum Abhalten unbrauchbarer Substanzen. Eine kurze Speiseröhre führt dann in den rundlichen, sehr einfachen Magen; der Darm ist bei unseren Arten ebenfalls sehr einfach; er verläuft bei den Najadeen erst eine Strecke weit nach unten, macht eine Biegung bis fast wieder an den Magen und verläuft dann als Dickdarm und Mastdarm gerade nach hinten. Bei den Najadeen hängen Dünndarm und Dickdarm an der Umbiegungsstelle nur durch zwei enge Canälchen, in deren Umgebung sich noch einige Blindsäcke finden, zusammen. Der Mastdarm mündet durch das Herz hindurch in den Cloakenraum. Von Anhangsdrüsen finden wir eine starke Drüse, die den Magen umhüllt und mit mehreren Ausführungsgängen in ihn mündet, man hält sie für die Leber, hat aber noch keinen Gallenstoff darin nachweisen können. Speicheldrüsen fehlen unseren Arten; dagegen findet sich bei den meisten am unteren Ende der Speiseröhre ein oft ziemlich langer, blinder Anhang, der einen structurlosen, cylindrischen, durchsichtigen Körper, den sogenannten Crystallstiel enthält, von dessen Bedeutung man noch keine Idee hat.

Da alle Kauapparate fehlen, können die Muscheln nur ganz fein zertheilte Nahrung, die ihnen mit dem Wasser zugeführt wird, geniessen. Grössere, ungeniessbare Gegenstände werden durch die Lippentaster und die Anhänge im Umfang der Cloakenöffnung wie durch ein Sieb zurückgehalten. Nach den im Darm gefundenen Resten scheinen die microscopischen Algen den Hauptbestandtheil der Nahrung auszumachen.

Das Gefässsystem der Muscheln ist sehr complicirt, da es nicht nur zur Circulation, sondern auch zur Vergrösserung und Verkleinerung der Organe durch die sogenannten Schwellgefässe dient. Alle haben ein von einem Herzbeutel umhülltes Herz, das ganz oben am Rücken dicht am Mastdarm liegt und dasselbe mit zwei Fortsätzen umfasst; es besteht aus einer Herzkammer und zwei Vorhöfen und giebt zwei grosse Schlagadern, eine nach vorn und eine nach hinten ab. Ausserdem kommt aber noch ein eigenthümliches Organ in Betracht, das nach seinem ersten Beschreiber der Bojanus'sche

Körper genannt wird und das unmittelbar unter dem Herzbeutel liegt; es besteht aus einem doppelten Paar Röhren, die in verschiedener Weise unter einander, mit dem Herzbeutel und den in denselben mündenden Capillarien, sowie andererseits mit dem freien Raum zwischen den Mantelblättern durch das sogenannte Athemloch communiciren. Auch hängen sie mit einem in der Mittellinie unmittelbar darunter liegenden venösen Sinus aufs innigste zusammen.

Im Gegensatz zu den Schnecken, bei denen das Blut aus den Arterien in die Venen durch wandlose Räume, Lacunen, übergeht, haben die Muscheln sehr ausgebildete Capillarien, welche aber zum Theil weniger dem Kreislauf, als dem An- und Abschwellen der Theile dienen; in diesem Falle münden noch ziemlich starke Zweige von Arterien in die Netze ein, während sie sich bei den der Ernährung dienenden erst baumförmig auf's Feinste verzweigen. Die Capillarien sammeln sich nachher in Venen, die theils in den grossen venösen Sinus, theils in das Bojanus'sche Organ, theils direct in den Herzvorhof münden.

Aus den Gefässnetzen des Bojanus'schen Körpers sammelt sich dann die Kiemenarterie und tritt zwischen die beiden Blätter jeder Kieme; in denselben verzweigt sich dieselbe vielfach und sammelt sich dann an den oberen Rand zu den Kiemenvenen, die unmittelbar in die Vorhöfe einmünden. Das Gefässsystem hängt ausser durch das Bojanus'sche Organ und seinen Ausführungsgang auch noch durch eine, für gewöhnlich durch einen Muskel verschlossene Oeffnung am Mantelrande in der äusseren Kiemenvene und durch wasserführende Canälchen, die im Fusse verlaufen und an dessen unterer Kante nach aussen münden, mit dem freien Raum innerhalb der Schale und dem dort befindlichen Wasser zusammen, so dass das Blut jederzeit beliebig mit Wasser verdünnt werden kann. Ob diess im Leben regelmässig oder nur in besonderen Fällen geschieht, ist noch zu entscheiden. Das Blut selbst ist farblos, bläulich oder röthlich, mit farblosen, mitunter zackigen Blutkörperchen und enthält nach C. Schmidt bei *Anodonta* etwa 9 pro Mille, nach Voith bei *Margaritana* nur 3,1 pro Mille feste Bestandtheile.

Die Athmungsorgane bestehen überall in Kiemen, meistens zwei Blättern jederseits, die innerhalb des Mantels gelegen sind und ebenso wie dieser den ganzen Körper umhüllen. Sie sind hinten unmittelbar mit einander eine Strecke weit, soweit das Schloss reicht, verwachsen, am deutlichsten bei den Siphonen tragenden Cycladeen, wo dann die eine Röhre mit der Cloakenkammer über, die andere mit der Kiemenkammer unter der Kieme zusammenhängt. Jede Kieme besteht aus zwei mit einander verwachsenen Blättern, zwischen denen die Blut- und Wassergefässe verlaufen. Wo die beiden Blätter am Körper angewachsen sind, weichen sie etwas von einander und lassen einen dreieckigen Raum zwischen sich. Bei den Najadeen ist jede Kieme noch durch Verwachsungen in Fächer getheilt, die als Bruttaschen für die Jungen dienen; dieselben münden durch enge Oeffnungen in eine flimmernde Rinne am freien Rande der Kiemen. Auf den sehr complicirten microscopischen Bau, wie wir ihn besonders durch Langer *) bei *Anodonta* genauer kennen gelernt haben, näher einzugehen, verbietet der Raum. Im allgemeinen hat jedes der beiden Blätter seine eigene Arterien und Venen, die mit denen des damit verwachsenen Blattes nicht communiciren; sie sind ausserdem von Chitinstäbchen durchsetzt, zwischen denen Oeffnungen bleiben, die dem Wasser freier Durchtritt gestatten. Es tritt dann in die Kiemenfächer und aus diesen durch den Wassercanal am oberen Rande in den Cloakenraum und so nach aussen. Es macht also das zum Athmen verbrauchte Wasser diesen bestimmten Weg, so lange Vorrath genug da ist; nimmt man aber die Muschel aus dem Wasser, so kann kein neues Wasser zugeführt werden, und das verbrauchte Wasser dringt dann wieder durch einige enge sonst unbenutzte Oeffnungen in die Kiemenhöhle, um seinen Kreislauf von neuem zu beginnen, bis aller Sauerstoff verbraucht ist und das Thier stirbt.

Die Bewegung des Wassers innerhalb der Schalen wird für gewöhnlich durch die Flimmerbewegung der Epithelien, welche den ganzen Athemapparat auskleiden, bewirkt. Alle paar Minuten kommt aber dazu noch ein allgemeiner Wasserwechsel, indem das Thier plötzlich seine Schalen schliesst und das darin befindliche Wasser austreibt; öffnet es dann wieder die Klappen, so strömt ganz frisches Wasser nach.

Einen Unterschied zwischen arteriellem und venösem Blute hat man bis jetzt noch nicht nachweisen können.

Die Secretionsorgane sind nur wenig entwickelt. Die Schale wird ohne besondere Drüsen von der ganzen äusseren Fläche des

---

*) K. Langer, das Gefässsystem der Teichmuschel in d. Denkschrift d. math. naturw. Cl. d. k. k. Acad. d. Wissensch. zu Wien. VIII und XII.

Mantels abgesondert; der Rand bildet besonders die Prismenschicht, die übrige Oberfläche die Perlmutter. Verletzungen des Mantels bedingen meist Verkümmerung der Schale oder einzelnen Parthieen. Ausserdem kommt als Secretionsorgan noch die Bojanus'sche Drüse in Betracht, doch ist man noch weit entfernt davon, einen klaren Begriff von ihrer Function zu haben; manche halten sie für eine Niere; da man aber nie Harnstoffverbindungen, sondern nur Kalk in ihr gefunden hat, ist es wahrscheinlicher, dass sie den zum Schalenbau nöthigen Kalk bereitet, vielleicht in Form einer Verbindung von Kalk und Eiweiss, oder dass sie zur Bildung des Pigmentes in Beziehung steht.

Das Nervensystem zeigt zunächst dieselben drei Paar Ganglien, wie bei den Schnecken, aber weit von einander entfernt liegend und nur durch Nervenfäden verbunden. Das erste Paar, die Mundganglien, versorgt den vorderen Theil des Körpers, das mittlere, die Fussganglien, den Fuss und das Gehörorgan, aber nicht die Eingeweide, und das dritte Paar, die Kiemenganglien, die Kiemen und den hinteren Theil des Mantels. Ausserdem finden sich aber noch eine Anzahl Ganglien, die, vom Willen unabhängig, dem Sympathicus der höheren Thiere entsprechen und mehrfach mit den anderen Ganglien zusammenhängen; sie versorgen die Eingeweide.

Die Sinnesorgane sind bei unseren Arten nur wenig entwickelt. Gesichtsorgane fehlen gänzlich, während viele Seemuscheln sehr schön entwickelte, zahlreiche Augen am Mantelrande haben; doch scheinen die Unionen manchen Beobachtungen nach nicht ganz unempfindlich gegen das Licht zu sein. Ob Geschmacksorgane vorhanden, ist nicht zu entscheiden; dagegen scheint das Gefühl sehr entwickelt zu sein, und seinen Sitz nicht nur in den Mundtastern und den Tastern am Mantelrande, sondern auch ganz besonders im Fusse zu haben. Endlich sind bei allen Gehörorgane vorhanden, zwei Kapseln mit je einem grossen Gehörsteine, die bei den Cycladeen unmittelbar auf dem Fuss-Nervenknoten aufsitzen, bei den Najadeen in einiger Entfernung davon und durch Nerven damit verbunden, liegen.

Die Bewegungsorgane sind natürlich mannigfaltiger, als bei den Schnecken, da zu der Ortsbewegung auch noch das Oeffnen und Schliessen der Schalen kommt. Für die Ortsbewegung dient, wie bei den Schnecken, der musculöse Fuss, der beil- oder zungenförmig gestaltet ist, und sowohl zum Kriechen und zum Eingraben in den Sand, als bei den Cycladeen auch zum Klettern an Wasserpflanzen und zum Schwimmen nach Art der Limnaeen dient. Er kann durch die Schwellorgane und Wassergefässe sehr vergrössert werden, wenn das Thier kriechen oder bohren will, und schiebt sich dann aus den Schalen heraus, will ihn das Thier zurückziehen, so verkleinert es ihn, indem es durch ein rasches Zusammenziehen das Wasser nach aussen spritzt. Das Oeffnen der Schale bewirkt, wie schon oben erwähnt, das Schlossband, das Schliessen die beiden, von einer Klappe zur anderen quer durch den Körper hindurchgehenden Schliessmuskel. Damit aber diese nicht ewig der Elasticität des Schlossbandes entgegen zu arbeiten brauchen, liegt jedem ein starker Bindegewebestrang an, der das Oeffnen der Schale nur bis zu einem gewissen Grade gestattet und von da ab auch noch nach dem Tode des Thieres dem Schlossbande das Gleichgewicht hält, so dass eine Ermüdung der Muskeln nicht so leicht eintreten kann.

Die Geschlechtsorgane sind stets paarig, aber bei den verschiedenen Gattungen sehr verschieden gebaut. Die Cyclasarten und wahrscheinlich auch die Pisidien sind Zwitter, die Najadeen sind getrennten Geschlechtes, aber die keimbereitenden Drüsen sind bei Männchen und Weibchen ganz gleich gebaut, nur, wenn Saamen oder Eier entwickelt sind, bekommen sie verschiedene Färbung Nach van Beneden kommen aber auch hier Zwitter vor, bei denen ein Theil der Drüse Eier, der andere Saamen producirt; doch behauptet von Hessling, dass dann immer das eine Geschlecht überwiege, und entweder Saamen oder Eier nicht völlig ausgebildet seien. Auch *Tichogonia* ist getrennten Geschlechtes. Die engen Ausführungsgänge münden mit einer sehr feinen Oeffnung auf einem Wärzchen, neben der Mündung des Bojanus'schen Ganges.

Bei einiger Aufmerksamkeit und Uebung soll man schon an den Schalen die Männchen und Weibchen unterscheiden können. Nach von Siebold ist bei *Anodonta* das Männchen breit oder elliptisch eiförmig, die weibliche Schale länglich-eiförmig und stärker gewölbt. Die stärkere Wölbung besonders des hinteren Theiles, führt auch Küster als Hauptkennzeichen des Najadeenweibchens an.

Begattungswerkzeuge fehlen gänzlich.

Ein besonderes Organ, das von unseren Muscheln im ausgebildeten Zustande nur *Tichogonia* zu besitzen scheint, ist die Byssusdrüse, eine Drüse, durch welche die Fäden abgesondert werden, mit welchen sich diese Muschel an Steine, Pfähle oder andere Muscheln befestigt. Sie besteht aus einer rundlichen Höhle, in der sich Drüsen befinden; die Fäden werden durch einen besonderen zungenförmigen Fortsatz des Fusses, den sogenannten Spinner, ausgezogen. Uebrigens kann unsere Muschel jederzeit den Byssus ablösen und sich neu befestigen.

Siebenundzwanzigstes Capitel.

Entwicklung der Muscheln.

Die Entwicklung der Muscheln ist äusserst interessant, aber leider ist es der Wissenschaft noch immer nicht gelungen, alles aufzuhellen und den vollständigen Entwicklungsgang vom Ei bis zum ausgebildeten Thiere zu verfolgen. Am leichtesten ist diess noch bei den Cycladeen, da deren Junge ihre vollständige Ausbildung innerhalb des mütterlichen Körpers durchmachen. Es haben die Thiere zu diesem Zwecke eine eigene Bruttasche jederseits, die von der Wurzel der inneren Kiemen frei in die Kiemenkammer herabhängt, und im Inneren gewöhnlich wieder in drei Täschchen, von denen jedes bis zu 6 Embryonen auf sehr verschiedenen Entwicklungsstufen enthält, zerfällt. Die Art der Befruchtung ist noch ganz unbekannt. Beide Geschlechter sind bei den Cycladeen in einem Individuum vereinigt. Wahrscheinlich wird der Samen frei ins Wasser ergossen und dann von anderen Individuen wieder aufgesogen und gelangt so zu den Eiern. Die Embryonen bestehen nach Leydig nur aus einem Ballen Zellen mit Dotterkörnchen, ohne eine Hülle, ohne Eiweiss und ohne Flimmerorgane; sie nähren sich von der klaren Flüssigkeit, die von der Innenfläche der Bruttasche ausgeschieden wird. Es bilden sich dann Fuss- und Darmkanal, deren Oberflächen ganz mit Flimmerhaaren überzogen sind, die ersten Spuren des Byssusorgans und der Kiemen und Schalen. Aus dem anfangs paarigen Byssusorgan wächst dann ein ziemlich langer Byssusfaden, und die Fäden aller in einer Tasche befindlichen Embryonen vereinigen sich zu einem gemeinsamen Stamme, der sich an der Taschenwand befestigt. Zuletzt bilden sich die Schliessmuskeln und das Herz, und so verlässt die Larve die Bruttasche, ohne Blutgefässe, erst mit den Anfängen des Nervensystemes und ohne Siphonen. Nach Bronn kriechen die Jungen in diesem Zustande, indem sie schon $1/5$—$1/6$ ihrer späteren Grösse erreicht haben, zwischen den Wasserpflanzen umher, befestigen sich da und dort mit Byssusfäden und bilden rasch ihre Kiemen aus, während das Byssusorgan schwindet. Etwas abweichend von diesem Typus entwickelt sich nach O. Schmidt der Embryo von *Cyclas calyculata*, er hat keine Byssusdrüse und ist zu keiner Zeit an den Wandungen der Bruttasche befestigt, sondern rotirt frei in derselben durch zwei mit Flimmerhaaren besetzten Längswülstchen, aus denen später die beiden Mantellappen werden.

Es findet also hier keine eigentliche Metamorphose statt; die Schalen des Embryo entwickeln sich zu den definitiven Muschelschalen und es bleibt nur noch eine kleine Lücke, in der sich Kreislauf und Siphonen bilden, aufzuhellen.

Anders ist es mit den Najaden, deren sehr seltsame Entwicklung trotz der von den bedeutendsten Naturforschern darauf verwendeten Mühe noch immer in ihrem grössten Theile vollkommen räthselhaft ist. Wir folgen der Arbeit von Forel (Beiträge zur Entwicklungsgeschichte der Najaden, Würzburg 1867), die ausser vollständiger Zusammenstellung des Bekannten zahlreiche sehr schöne eigene Beobachtungen enthält.

Die Najaden sind bekanntlich getrennten Geschlechtes, und die Embryonen entwickeln sich in den Kiemenfächern der Weibchen bis zu einem gewissen Grade. Wie gelangen sie aber dahin? Aus dem Eierstock treten sie in den Eileiter, und aus diesem durch einen feinen Schlitz in den Gang am oberen Rande der inneren Kiemen und gelangen dann mit dem Strome des Wassers in die Cloake. Von dort in die Fächer der äusseren Kiemen können sie aber nur gegen die gewöhnliche Stromrichtung gelangen, und es müsste geradezu für diesen Moment eine Umkehr des Stromes erfolgen, was mir sehr unwahrscheinlich vorkommt. Es ist aber noch ein anderer Vorgang möglich, nämlich dass die Eier durch die Cloake nach aussen treten, dort mit dem ebenfalls ins Wasser ergossenen Sperma der Männchen in Berührung kommen, befruchtet und dann von den in der Nähe befindlichen Weibchen wieder aufgesogen werden. Eine solche Beobachtung hat wenigstens von Hessling am 2—5. Aug. 1860 an den in der Eger sehr zahlreich lebenden Perlmuscheln gemacht. Zwischen 10—1 Uhr liessen nämlich die meisten Muscheln, wie die Untersuchung nachher ergab, Männchen wie Weibchen, eine milchige Flüssigkeit aus der Cloake austreten, die das Wasser trübte, aber beim Fliessen über die Muschelbänke nach und nach wieder schwand.

Durch die Athemöffnung eingezogen würden die befruchteten Eier dann leicht in die Kiemenfächer gelangen können. Vielleicht lassen sich im Aquarium später entscheidende Beobachtungen hierüber machen.

In den Kiemenfächern findet man die Eier in ungeheurer Masse. Unger fand durch Zählung bei einer *Anodonta anatina* 112000, C. Pfeiffer bei einer *Anodonta*, vermuthlich *A. cygnea* 400000 Eier, *) von denen 1000 in getrocknetem Zustande nur $^1/_8$ Gran wogen. Sie sind sehr dicht zusammengepresst und dehnen die sonst ganz dünnen, durchsichtigen Kiemen so aus, dass man, wie oben erwähnt, schon aus der aufgetriebeneren, gewölbteren Schale die Weibchen erkennen kann.

In den Kiemenfächern findet nun die weitere Entwicklung statt. Der Dotter nimmt eine dreieckige Form an und überzieht sich mit einer dünnen Schicht vieleckiger Zellen, aus denen später die Embryonalschale wird. Innerhalb derselben bildet sich dann die erste Anlage des unpaarigen Schalenschliessers und das Byssusorgan. Bei dem vollständig ausgebildeten Embryo, wie ihn die aus Forels Arbeit entlehnten Figuren 5 und 6 auf Taf. VI. darstellen, finden wir die Körpersubstanz in zwei seitliche Massen getrennt, die durch eine dünne, breite Commissur verbunden sind, während bei den ausgebildeten Muscheln grade die ganze Körpermasse in der Mitte vereinigt ist; auf ihnen stehen an bestimmten Stellen bei *Anodonta* 8, bei *Unio* nur 4 aus Borsten zusammengesetzte Stacheln, deren Bedeutung noch durchaus dunkel ist. Ausserdem liegen noch an dem einen Ende zwei korbförmige, mit Flimmerapparaten versehene, von Forel Räder genannte Organe, die wahrscheinlich zur Respiration dienen; sie sind durch eine ebenfalls mit Flimmerhaaren besetzte Brücke verbunden. Von Gefässen, Nerven oder Verdauungsorganen findet sich auch bei dem zum Austreten reifen Embryo keine Spur. Die Bewegungsorgane dagegen sind sehr stark entwickelt. Die Schale ist dreiseitig mit abgestumpften Ecken, durch zahlreiche feine Porenkanälchen durchsetzt. Das Schloss liegt an der einen Seite, ihm gegenüber an der Ecke findet sich, mit einer Art Gelenk aufsitzend, ein grosser, bauchiger Haken, der sich beim

---

*) Nicht 600000, wie Forel in seinem angeführten Werke irrthümlich angiebt; siehe C. Pfeiff., Naturgesch. deutscher Land- und Süsswassermoll. II p. 14.

Schliessen nach innen biegt. Geschlossen wird die Schale durch einen sehr grossen, unpaaren Muskel, der ungefähr die Mitte des Körpers einnimmt und sich schon in den ersten Tagen bildet, geöffnet durch das Schlossband. Das einzige ausser dem Muskel entwickelte Organ ist das Byssusorgan, ein cylindrischer Körper, der sich in einen langen klebrigen Faden fortsetzt, welcher in vielen Windungen einen grossen Theil des Schalenraumes ausfüllt. **Das Byssusorgan liegt immer in der rechten Schale.**

Die so gestalteten Embryonen sind den ausgebildeten Najaden so unähnlich, **dass man sie für Parasiten angesehen hat und dass Rathke und Jacobson sie als eine besondere Schmarotzergattung unter dem Namen** *Glochidium* **beschrieben.**

Beobachtet man Anodonten mit reifen Eiern eine Zeit lang in einem Gefäss, so kann man sehen, dass sie immer den ganzen Inhalt eines Kiemenfaches, in eine dichte kuchenartige Masse zusammengepresst, ausstossen. Nach Forel ist diess aber ein abnormer, krankhafter Vorgang; die Muschel kann in dem engen Glase nicht Sauerstoff genug einathmen und sucht die Athemfläche zu vergrössern, indem sie die äusseren Kiemen ihres Inhaltes entledigt. Im Aquarium, wo es an frischem Wasser und Sauerstoff nicht fehlte, sah er die Eier mit dem Athemwasser in Pausen von 3—4 Minuten aus der Cloake austreten, isolirt oder zusammenhängend, aber nie zu Kuchen zusammengepresst.

Nimmt man einen Embryo aus den Kiemen oder aus einem der ausgestossenen Kuchen noch so vorsichtig, immer findet man ihn ohne Eihülle; er öffnet im Wasser alsbald seine Schalen und lässt sie nach einigen vergeblichen Schliessversuchen offen; nach einigen Minuten ist er abgestorben. Nimmt man dagegen einige spontan ausgetretene Eier vorsichtig mit einem Uhrglase auf, so findet man die Eihülle noch ganz. So kann sich der Embryo nach und nach an das Wasser, das ihm bei unvermitteltem Uebergang tödtlich wird, gewöhnen; später zerreisst er dann die Schale und lässt den Byssusfaden, der dann etwa 6—12 Mm., d. h. unendlich viel länger als der noch immer microscopisch kleine Embryo ist, frei hervortreten. Im Aquarium sterben alle, die meisten sehr bald, manche hat Forel 23 und selbst 30 Tage lebend beobachtet, aber ohne dass sie sich weiter entwickelten.

Es müssen also noch andere Umstände hinzukommen, die wir im Aquarium den Embryonen nicht zu bieten vermögen. Hier stehen wir vor dem dunklen Capitel der Entwicklungsgeschichte. Einige Fingerzeige hat freilich die neuere Zeit gegeben. Leydig hat nämlich an verschiedenen Flussfischen auf der Haut Verdickungen bemerkt, innerhalb deren er Organismen fand, die ganz den Najadenembryonen glichen, aber keinen Byssusfaden mehr hatten. Forel hat diese Beobachtung an Weissfischen und Gründlingen im Main öfter gemacht; namentlich an Schwanz- und Brustflossen und an den Kiemendeckeln sind diese eingekapselten Embryonen gar nicht selten. Es lässt sich also vermuthen, dass sie normaler Weise eine Zeit lang auf den Fischen schmarotzen und sich dort soweit entwickeln, dass sie dann frei leben können. Es muss diess ziemlich lange dauern, denn während die Embryonen höchstens 0,00088 Gran wiegen, wog die kleinste Muschel, die Forel fand, immer schon 1 Gr., also über 12000 mal mehr. Auf eine parasitische Lebensweise deutet auch die ungeheure Anzahl der Eier hin, welche die Najaden mit den parasitischen Würmern gemein haben, und zugleich erklärt sich dadurch auch die verhältnissmässig geringe Fortpflanzung. Kämen sämmtliche Embryonen zur Entwicklung, so müssten binnen kurzer Zeit alle Gewässer mit Unionen und Anodonten angefüllt sein. Wahrscheinlich sinken die Jungen nach ihrem Austreten aus den Kiemenfächern zu Boden, öffnen dort, wie im Aquarium, ihre Schalen, sobald sie sich genügend ans Wasser gewöhnt und die Eihülle gesprengt haben, und lassen den Byssusfaden austreten. Derselbe heftet sich dann an die Fische an, die langsam über den Boden hinschwimmen, aber von tausenden gelingt diess vielleicht kaum einem, während die anderen zu Grunde gehen. Nach Forel werden sie besonders von Infusionsthierchen sofort nach ihrem Absterben aufgezehrt; C. Pfeiffer sah Limnäen sie in grosser Menge fressen. Interessant wäre es, wenn genauere Beobachtungen diese Parasiten besonders auf dem Bitterling, *Rhodeus amarus*, nachwiesen, denn wie aus dem nächsten Capitel hervorgehen wird, es fände dann zwischen diesem Fisch und unseren Muscheln ein auf Gegenseitigkeit gegründetes Wechselverhältniss statt: die Muschelembryonen entwickelten sich auf dem Fische, die Fischembryonen in den Kiemen der Muscheln.

Es muss also ein Vorgang stattfinden, der uns noch unbekannt ist. Eine ganz vollständige Metamorphose, wie bei den Insecten, ist es aber nicht, denn die Schalen bleiben erhalten und bilden kleine Höcker auf den Wirbeln, die man namentlich bei jungen *An.*

cellensis mit blosem Auge schon erkennen kann. Die microscopische Untersuchung lässt leicht den Beweis führen, dass es wirklich die **Embryonalschalen sind.**

Was weiter aus den Embryonen wird, ist vollkommen unbekannt. Die kleinsten Muscheln, die Forel fand, waren immerhin schon 6 Mm. lang und vollständig wie die Erwachsenen organisirt. Meine kleinsten haben freilich kaum die Grösse von *Pisidium obtusale*. Vielleicht leitet ein günstiger Zufall einmal auf die richtige Spur. Wann die junge Muschel den Fisch verlässt, und wo und wie sie dann lebt, das sind jetzt noch vollkommen ungelöste Fragen.

Ueber die Entwicklung von *Tichogonia* sind meines Wissens Beobachtungen noch nicht gemacht; wahrscheinlich gleicht sie der der übrigen Mytilaceen, die eine Zeit lang als ovale $1/3 - 1/4$ Mm. grosse Larven mit nur einem Schliessmuskel vermittelst eines Wimpersegels frei umher schwimmen, bis sich nach und nach die Organe entwickeln und das Thier sich endlich festsetzt.

Jedenfalls erfolgt der Zuwachs nicht in einzelnen Absätzen, wie bei den Schnecken, denn man findet nie Muscheln mit unvollständigem Rande, sondern den ganzen Sommer hindurch ziemlich **gleichmässig**, indem der häutige Saum, die überstehende Epidermis, fortwährend wächst und sich in demselben Maasse Kalk in dieselbe ablagert. Dass allerdings kürzere und längere Stillstände vorkommen, beweisen die feinen Streifen und die stärkeren Absätze, die man an **jeder** Muschel findet.

Auch über das **fernere** Wachsthum der Muschel und deren **Dauer**, sowie über ihr Alter ist man noch sehr unklar. Aus der **Anzahl** der Wachsthumstreifen kann man das Alter unmöglich bestimmen, da wir durchaus nicht wissen, wie oft jährlich das Gehäuse vergrössert wird. Würde in jedem Jahre nur ein Zuwachsstreifen angesetzt, so müsste man weit öfter kleine Exemplare, die für gewöhnlich ziemlich selten sind, finden. Von der Perlmuschel weiss man aus den beaufsichtigten Muschelbänken der Perlenbäche, **dass sie 8—10 Jahre alt werden können; sie scheinen aber in den letzten Jahren kaum** mehr zu wachsen und nur an Dicke zuzunehmen.

Von Hessling behauptet freilich, dass man an Perlmuscheln, die durch eingebrannte Jahreszahlen bezeichnet waren, ein Alter von 50—60 und selbst von 70—80 Jahren beobachtet habe. Im Main dahier werden die seichteren Buchten, die einzigen Wohnstätten der Unionen und Anodonten, den Sommer über alljährlich fast vollständig ausgelesen und zwar auf weite Strecken hin, im anderen Jahre sind sie wieder eben so reich an Muscheln, wie vorher; es scheint mir das ein ziemlich sicherer Beweis für ihr rasches Wachsthum zu sein. Directe Versuche, die ich in eingesenkten Körben machte, verunglückten leider, da die Körbe von muthwilliger Hand zerstört wurden.

Bei Unionen **findet man** mitunter die Ansätze **der Schliessmuskeln verkalkt**; ich möchte diess, wenn die **Schalen sonst normal** sind, für ein Zeichen hohen Alters halten.

Eigentliche Missbildungen sind bei den Muscheln selten. Mitunter findet man die Schlosszähne auf der falschen Schale, rechts statt links; man könnte diess etwa als Analogon der verkehrt gewundenen Schnecken auffassen. Sehr häufig dagegen findet man Verkrüppelungen durch Krankheit oder Verletzung. Hierher gehören vor allem **die Perlen**, wahrscheinlich immer entstanden durch das Bestreben der Muschel, einen fremden Körper unschädlich zu machen oder eine Verletzung der Schale zu repariren. Fremde Körper, die zwischen Mantel und Schale **oder** in den **Mantel** hinein gerathen, werden mit derselben Perlmuttersubstanz, **die die Schale** innen **auskleidet**, überzogen, so Sandkörnchen und sehr häufig schmarotzende Milben. Meistens findet man die Perlen **an der Innenfläche der** Schale festsitzend, **seltener frei im** Mantel. Mit Perlmuttersubstanz werden auch Verletzungen reparirt; ich **besitze einen** *Unio batavus* aus dem Main, der einen Defect **von mehr als 1 Mm. Durchmesser**, wahrscheinlich durch den Schnabelhieb **einer** Krähe entstanden, **mit einem** ganz dünnen Perlmutterhäutchen geschlossen hatte, um den eindringenden Sand abzuhalten, und **der** wahrscheinlich den Schaden vollständig wieder überwunden hätte, wenn nicht ein Muschelsammler dazwischen gekommen wäre und das Thier als Schweinefutter **verwendet** hätte. Kleinere perlenartige Höcker, förmliche Perlmutterblasen, findet man besonders am hinteren Schalenrande sehr häufig; sie sind fast immer mit Sand erfüllt, der durch irgend einen Zufall zwischen Mantel und Schale gerathen und von dem Thier auf diese Weise unschädlich gemacht worden ist.

Hierher gehören auch die Verkalkungen, die sich innen namentlich bei der *An. ponderosa* im Main durchaus **nicht** selten an den Ansätzen der Schliessmuskel findet, entstanden durch Kalkablagerung in die Bindegewebebündel, wie man sie ja analog auch bei anderen **Thieren und selbst beim** Menschen findet. Meist sind die Schalen dann auch sehr dick und machen den Eindruck eines sehr hohen Alters.

Sehr häufig sind auch im Main Krüppel, die wahrscheinlich durch eine Quetschung des hinteren Endes entstehen, durch welche der hintere Schliessmuskel momentan unwirksam gemacht wird. Natürlich klafft dann die Schale am hinteren Ende, und das Thier muss, um den Schaden zu repariren, im rechten Winkel von der alten Schale aus weiter bauen, bis die Schalen wieder nahe genug zusammenkommen, dass das Thier in normaler Richtung weiter bauen kann. In geringeren Graden ist diese Form sehr häufig; in exquisiten Formen, wie Heynemann mehrere besitzt, ist die senkrechte Wand jederseits über 1 Ctm. hoch.

Nicht selten findet man auch ungleichmässige Breite der Zuwachsstreifen, wodurch die Schalenränder eine abnorme Richtung bekommen, meist nur allmählig, aber mitunter bei Mantelverletzungen auch plötzlich, so dass der Rand, meistens der Unterrand, vollständig geknickt erscheint. Die allmählig eintretenden Abnormitäten sind meistens Folge der äusseren Verhältnisse, unter denen das Thier lebt; wo viele solchen Verhältnissen gleichmässig ausgesetzt sind, können dadurch eigenthümliche Varietäten entstehen, wie *Unio platyrhynchus* aus *pictorum* in den Kärnthener Seen und analoge Formen auch aus *tumidus* in den Schweizer Seen, aus *batavus* in dem See von Cattaro.

Eine Erscheinung, die man an den Najaden, aber wie schon bei *Limnaea* erwähnt, auch bei Süsswasserschnecken findet, ist die Cariosität, das Angefressensein der Wirbel. In manchen Gewässern, besonders kleinen Bächen, findet man alle Unionen angefressen; die Wirbel sind vollständig zerstört, die Schale ist oft bis auf die Perlmutterschicht herausgefressen. Die Zerstörung ist nicht gleichmässig, einzelne Parthien sind tief, andere nur oberflächlich zerfressen, und namentlich die Zuwachsstreifen sind meistens noch unverletzt, vermuthlich weil hier die Perlmutterschicht bis unter die Oberhaut geht und der Zerstörung Widerstand leistet. Immer ist die Cariosität an den Wirbeln am stärksten, aber es finden sich auch anderweitig kleine Partikelchen herausgefressen, und zwar meistens in dem Raum zwischen zwei Zuwachsstreifen. Immer ist die Zerstörung auf beiden Schalen ganz oder fast ganz gleich. In anderen Gewässern findet man alle Muscheln mit vollständig unversehrten

Wirbeln. Woher kommt diese Erscheinung? Eine Folge mechanischer Verletzungen kann sie nicht sein; Muscheln, welche ihren Halt verloren haben und von dem Strom zwischen Steinen gerollt und abgerieben werden, sehen ganz anders aus; die Zuwachsstreifen sind ebenso stark angegriffen, wie die zwischenliegenden Theile. Ich habe im Frühjahr 1867, wo eine grosse Fluth einen Theil des Chausseedammes im Lahnthal wegriss, eine Menge *Unio batavus* aus dem Schutte auf den Wiesen ausgelesen, die doch gewiss mit der furchtbarsten Gewalt in dem Kies des Dammes gerollt worden waren; sie waren sehr abgerieben, aber die Verletzungen zeigten keine Aehnlichkeit mit der Cariosität.

Eher könnte man vielleicht an eine Verletzung denken, die bei dem Einbohren in den Kies der kleinen Bäche entstände; die Muscheln in grösseren Flüssen und Teichen mit Schlammgrund wären derselben natürlich weniger ausgesetzt, aber auch dann bleibt die Gleichmässigkeit der Vertheilung unerklärlich, abgesehen davon, dass für die Limnäen und Planorben diese Erklärungsweise selbstverständlich wegfällt.

Auch an eine Verletzung durch andere Thiere, die etwa den Kalk herausfressen wollten, ist bei den Muscheln, die gerade mit dem cariösen Theile am Boden stecken, nicht zu denken, wenn schon mir diese Erklärung bei Limnäen, die ich oft in Klumpen aufeinander sitzend fand, nicht unwahrscheinlich erschien.

Es bleibt also nur noch der chemische Einfluss der im Wasser enthaltenen Kohlensäure zur Erklärung übrig. Diese Ursache, von allen Seiten gleichmässig wirkend, kann zwar allerdings eine auf beiden Seiten gleiche Verletzung bewirken, aber es bleibt dann immer noch unerklärt, warum die Auflösung nur einzelne Parthieen betrifft und oft nur ganz einzelne, kleine Löcher in die Schale frisst. Wir müssen also eine Ursache innerhalb des Thieres selbst annehmen, die der Kohlensäure gestattet, die sonst durch die Oberhaut geschützte Kalkschale anzugreifen und zu zerstören, bis die durch ihren starken Gehalt an organischen Stoffen geschützte Perlmutter Halt gebietet. Mit Perlmuttersubstanz sucht sich auch das Thier zu schützen, und jedem tief eindringenden Loch entspricht eine Perlmutterverdickung an der Innenfläche, wie man schon bei den Muscheln, noch viel deutlicher aber bei den angefressenen Limnäen sehen kann. Jedenfalls ist hier noch sehr viel zu erforschen. Für manche ostindische Schnecken hat Semper Zerstörung durch schmarotzende Schwämme als Ursache der Cariosität nachgewiesen; auch an den amerikanischen Unionen beobachtete Dr. Noll häufig Zerstörungen unter der unverletzten Epidermis, die mit einer braunen, mulmigen Masse ausgefüllt waren.

Auch bei unseren Muscheln greift die Zerstörung oft unter die unverletzte Epidermis. Reinigt man die Schalen mit Scheidewasser, so beobachtet man immer hier und da feine Löchelchen in der Epidermis, in denen sich Kohlensäure entwickelt.

Eine interessante Beobachtung, die auch einiges Licht hierher wirft, theilte mir vor kurzem Herr Forstmeister Tischbein von Birkenfeld mit. Derselbe brachte nämlich vor circa 10 Jahren eine Anzahl Exemplare von *L. stagnalis* aus den schlammigen Gräben von Poppelsdorf bei Bonn mit nach Birkenfeld, wo sie sonst nicht vorkommen, und setzte sie dort in einem klaren Tümpel mit vollständig schlammfreiem Grunde aus, welcher im Sommer fast ganz austrocknet. Trotz dieses ungünstigen Wohnortes haben sich die Thiere dort fortgepflanzt, aber schon nach kurzer Zeit — die mir mitgetheilten Exemplare sind aus dem vierten Jahre nach der Aussetzung — wurden die Schalen cariös in einem Grade, wie er mir noch nicht vorgekommen ist; es sind nicht nur tiefe Rinnen in die Umgänge gefressen, sondern auch das ganze Gewinde ist zerfressen und ausser dem letzten Umgang nur ein unförmlicher Stumpf übrig. Hier ist allerdings der chemische Einfluss des kohlensäurehaltigen Gebirgswassers die unzweifelhaft nächste Ursache, aber ebenso unzweifelhaft ist durch die Verpflanzung der Schnecken in eine ihnen durchaus nicht zusagende Localität die Widerstandskraft derselben gegen den Einfluss der Kohlensäure vermindert worden.

Bemerken will ich nur noch, dass sich in Beziehung auf den chemischen Einfluss die Moorgewässer ebenso verhalten, wie die Quellwasser, jedenfalls in Folge der vielen vermodernden Vegetabilien, die ihnen eine beträchtliche Quantität freie Kohlensäure mittheilen. In den moorigen Wiesengräben um Schwanheim, in einem Teiche bei Niederrad, der von den Abflüssen der moorigen Wiesen am Sandhof gespeist wird, sind *Planorbis corneus* und *Limnaea stagnalis* stark angefressen, wie in den Quellabflüssen des Gebirgs.

Achtundzwanzigtes Capitel.

Lebensweise der Muscheln.

Unsere Muscheln beleben sämmtliche Gewässer und sind darin ganz allgemein verbreitet. Während die Unionen, einige Anodonten, die Cyclasarten und Tichogonia nur das fliessende Wasser bewohnen, sind einige andere Anodonten und die Pisidien mehr Freunde des stehenden Wassers; die Unionen suchen kiesigen, die übrigen schlammigen Grund auf, in dem sie meistens verborgen liegen, während *Tichogonia* sich durch den Byssus auf Steinen, auf anderen Muscheln und dgl. befestigt.

Uebrigens ist die Lebensweise der einzelnen Gruppen sehr verschieden. Die Unionen und Anodonten stecken mit dem vorderen Theile des Körpers tief im Schlamm, in dem sie sich mit dem Fusse vornen eingraben; man sieht dann nur einen kleinen Theil der Schalen mit Athem- und Cloakenöffnung, die erstere von den fransenartigen Manteltastern umgeben. Nur Nachts wechseln sie mitunter ihren Platz; man sieht dann die Bahn, in der sie gekrochen sind, im Schlamm und kann sie an deren Ende auffinden. In dieser Lage strömt das Wasser durch die Flimmerbewegung geleitet, zur Athemöffnung hinein und in die obere oder Athemhöhle, von da gelangt es in die Kiemen, um durch dieselben und ihre Zwischenräume in die untere oder Cloakenöffnung und wieder nach aussen zu fliessen. Es dient also die Cloakenöffnung wesentlich zum Austritt, die **Athem**öffnung zum Eintritt des Wassers. Demgemäss sind auch die Oeffnungen eingerichtet; während die Ränder der Cloake unbewehrt sind, stehen an der Athemöffnung zahlreiche, fransenartige Taster, die sich bei der geringsten Störung wie ein Gitter vor die Oeffnung legen und jeden grösseren Körper abhalten. Das Thier scheint sich dieses Unterschiedes wohl bewusst zu sein, denn in meinem Aquarium habe ich oft beobachtet, wie die Unionen bei der geringsten Erschütterung des Gefässes sofort die Cloakenöffnung fest schliessen, während die Athemöffnnng sich nur leicht verengt und meistens erst bei unmittelbarer Berührung ganz geschlossen wird.

Der Ortswechsel erfolgt nicht gleichmässig, wie bei den Gastropoden, sondern mehr sprungweis; das Thier streckt seinen Fuss möglichst weit vor und zieht dann, indem es ihn anstemmt, die mit den Wirbeln nach oben gerichtete Schale nach. Diese Bewegung ist natürlich äusserst langsam; C. Pfeiffer sah eine *Unio pictorum* in vier Minuten fünf solche Schritte machen, von dener jeder etwa 2''' betrug.

Die Cycladeen liegen ebenfalls leicht im Schlamme oder Sand verborgen, so dass nur die Oeffnung der Siphonen hervorsteht, aber mitunter kriechen sie auch an den Wasserpflanzen umher oder schwimmen wie die Limnäen, indem sie an der Oberfläche des Wassers mit der Schale nach unten kriechen. Die Tichogonien endlich scheinen sich nur ausnahmsweise zu bewegen, da sie für gewöhnlich mit dem Byssus auf einem andern Gegenstande befestigt sind; ein Paar, das sich seit 6 Monaten auf einem *Unio batavus* befestigt in meinem Aquarium befindet, hat noch keinen Versuch zu einem Ortswechsel gemacht. Doch ist es nicht zweifelhaft, dass sie ihren Ort wechseln und den Byssus ablösen können, wenn sie wollen.

Schaden können die Muscheln bei dieser Lebensweise durchaus keinen bringen, aber auch Nutzen bereiten sie nur an wenigen Puncten. Freilich werden sie bei uns nirgends, wie in Frankreich, gegessen, und auch die perlenliefernde Art kommt in Nassau nicht vor. Von einiger Wichtigkeit dagegen sind die Unionen und Anodonten den Anwohnern des Mains, die sie im Sommer in Massen mit den Händen aus dem Main holen und die Thiere zum Futter für die Schweine verwenden; diese werden davon sehr fett, bekommen aber bei ausschliesslicher Muschelfütterung leicht einen thranigen Geschmack. Aus den Schalen hat man vor einigen Jahren hier und da Kalk gebrannt, aber in der letzten Zeit scheint diese Industrie erloschen zu sein. Lieferungen für die Nürnberger Farbkästen sind auch noch nicht in Aufnahme gekommen, und so liegen im Sommer ganze Berge von Muschelschalen, wahre Kjökkenmöddingers, um die Maindörfer herum, aus denen sich der Conchyliologe mit Musse die schönsten Suiten herauslesen kann. Man nennt hier die Unionen einfach Muscheln, die Anodonten Schwimmmuscheln.

Ausser dem Menschen stellen auch viele Thiere den Muscheln nach: Füchse, auch Katzen und Hunde, von denen namentlich einzelne eine auffallende Liebhaberei für die Muscheln zeigen, dann Reiher und besonders Krähen, die Unionen und Anodonten oft weit vom Wasser hinweg auf Bäume schleppen, und dann entweder durch Fallenlassen oder durch einen kräftigen Schnabelhieb hinter den Wirbel die Schale zerstören. Rossmässler fügt auch den Blutegel als Feind an, was ich bezweifeln möchte.

Die kleinen Pisidien und die jungen Muscheln überhaupt werden auch noch von anderen Vögeln und ganz besonders von Tritonen, Kröten und Fröschen aufgesucht und gefressen. Insecten und Crustaceen können ihnen nicht viel anhaben, und manches Pisidium mag auch den Darmcanal eines Vogels unverletzt passiren und so verpflanzt werden.

Dass auch Muscheln an Parasiten leiden, haben wir schon erwähnt.

Auf den Muscheln, soweit sie nicht in der Erde stecken, findet sich sehr häufig eine Bryozoë, *Alcyonella fungosa*, in dichten Rasen, namentlich in den stillen Buchten des Mains; sie ist vom ersten Frühjahr bis Juli zu beobachten und verschwindet dann, indem sie nur länglich runde schwarze Körperchen, die sogenannten Wintereier, zurücklässt, die den Sommer über auf der Muschel kleben und sich im nächsten Frühjahr entwickeln.

Ein anderer Parasit ist eine Milbe, *Hydrachna Concharum* oder *Limnochares Anodontae*, die, im ausgebildeten Zustande frei lebend, ihre Eier in die Muscheln legt, und zwar entweder auf die Innenfläche des Mantels in langen Reihen, oder in die Kiemen, seltener in die Taster, in Klümpchen. Die Jungen, anfangs sechsbeinig, leben im Innern der Muschel, indem sie mit ihrem spitzigen Rüssel den Saft aussaugen, und verpuppen sich dann am hinteren Ende des Mantels in einer, aus ihrer eigenen Haut gebildeten Cyste. Nach von Hessling werden sie oft Ursache der Perlenbildung. Man findet sie in allen Entwicklungsstufen das ganze Jahr hindurch. C. Pfeiffer nahm unausgewachsene Milben aus einer Anodonte und setzte sie in Wasser; sie blieben unbeweglich, bis er eine andere Anodonte hinein brachte, in deren Cloakenöffnung sie sodann alsbald verschwanden.

Von den Schmarotzerwürmern ist am häufigsten *Distomum duplicatum* in seinem Jugendzustand, weisse, eiförmige Kapseln, die Leber und Geschlechtsorgane mitunter vollständig erfüllen; oft liegen mehrere dieser sonderbaren, durch einen langen Schwanzanhang ausgezeichneten Würmer in einer Cyste; beim Auskriechen werfen sie den Schwanz ab; die weitere Entwicklung ist unbekannt.

Ein anderer nicht seltener Gast ist ein innerhalb des Herzbeutels wohnender, egelartiger Wurm, *Aspidogaster conchicola*, mit trichterförmigem Mund und einer Saugscheibe am Bauche; er ist oft mit Eiern gefüllt. Seltener ist der seltsame *Bucephalus polymorphus*, ein verzweigter, fadenförmiger Schlauch, mit Jungen im Inneren.

Selbst die Eier sind vor den Parasiten nicht sicher; Herr Kreisphysicus Dr. Kloos theilte in der Septembersitzung der Senckenberg. Gesellschaft mit, dass er in 1852 einmal massenhaft Fadenwürmer in den Eiern von Unionen gefunden; auch Bär hat einen ähnlichen Fall beobachtet. Am merkwürdigsten ist aber das Verhältniss, das zwischen den Muscheln und einem oder einigen Fischen stattfindet. Was darüber bekannt ist, hat Herr Dr. Noll in der Septembernummer des zool. Gartens von 1869, mit zahlreichen eigenen Beobachtungen bereichert, zusammengestellt, und ihm folgen wir im Nachstehenden. Er fand vom April bis Juli und an manchen Stellen, z. B. im Metzgerbruch, bis zum October die Fischeier in den Kiemen aller Unionenarten des Mains, und zwar bei fast allen Exemplaren aus den stillen Tümpeln am Rande, seltener bei Anodonten, doch bei *Anod. anatina* im Metzgerbruch noch im October. Sie sind gelb, etwa 3 Mm. lang, und liegen fast stets in den Fächern der inneren Kiemen. Dort schlüpfen auch nach 4—6 Wochen die jungen Fische aus, bleiben aber nachher noch eine Zeit lang in den Kiemenfächern, bis sie der Muschel unbequem und von ihr herausgepresst und durch die Cloakenöffnung nach aussen entleert werden. Nachdem man früher bald den Stichling, bald den Kaulkopf, die aber beide Nester für ihre Eier bauen, im Verdacht gehabt, ist man jetzt sicher geworden, dass es die Eier des Bitterlings, *Rhodeus amarus*, unserer kleinsten Karpfenart, sind, die hier ihre Entwicklung durchmachen. Das Weibchen bekommt zu dem Ende, wie schon von Siebold beobachtete, zur Laichzeit eine Legeröhre, nach Leydig's Untersuchungen eine verlängerte Urogenitalpapille, mittelst deren es die Eier durch die Cloakenöffnung in die Muschel bringt; da die innere Kieme näher an dieser Oeffnung liegt, als die äussere, findet man die Fischeier fast immer in ihren Fächern. Gerade an der Cloakenöffnung schliessen auch die Kalkschalen der Muschel nicht unmittelbar aneinander, sondern der Schluss wird nur durch die überstehende Epidermis bewirkt, und kann also der Fisch, wie Dr. Noll richtig bemerkt, durch das Schliessen der Klappen von der Muschel nicht beschädigt werden. Die weitere Entwicklung des Fisches ist, wie mir Leuckart mündlich mittheilte, in Charkow beobachtet und wirklich *Rhodeus amarus* daraus erzogen worden; auch in Frankfurt hat Herr Dr. Schott in dem Springbrunnenbassin einer Badeanstalt im Sommer 1870 denselben Erfolg gehabt.

Neunundzwanzigstes Capitel.

Uebersicht der Familien und Gattungen.

Von den 30 Gattungen der Muscheln, die überhaupt im süssen Wasser leben, kommen bei uns nur 5 vor, die zu drei verschiedenen Familien gehören und sich folgendermassen unterscheiden:

A. Schalenschliesser beide gleich.
    a. Schale $1^1/_2$—2" gross, gleichklappig, Mantel ringsum gespalten, keine Siphonen, Fuss zungenförmig, Thiere getrennten Geschlechts.

Najadea.

1) Schloss mit Zähnen.

1. *Unio L.*

2) Schloss ohne Zähne.

2. *Anodonta Brug.*

    b. Schalen höchstens $^3/_4$" gross, meist viel kleiner, Mantel fast ganz verwachsen, zwei Siphonen.

Cycladea.

1) Schloss in der Mitte, die zwei Siphonen getrennt.

3. *Cyclas Brug.*

2) Schale ungleichseitig, die Siphonen kurz und in ihrer ganzen Länge verwachsen.

4. *Pisidium C. Pfr.*

B. Schalenschliesser ungleich.

    Schalen dreiseitig, mit einem Spalt für den Byssus. Buckel endständig, innen mit einer Scheidewand, Mantel verwachsen, mit zwei Siphonalöffnungen, wovon die untere röhrig.

5. *Tichogonia Rossm.*

Ausser diesen Gattungen könnte nur noch die Gattung *Margaritana* in Frage kommen, zu der die Flussperlenmuschel gehört, die nach Thomae in der Nister bei Hachenburg und im Main vorkommen soll; sie gleicht ganz den Unionen, hat aber am Schloss nur Zähne, keine Lamellen. Die Angaben über ihr Vorkommen in Nassau scheinen mir aber sämmtlich auf Irrthümern zu beruhen.

A. NAJADEA.

Der Mantel ist seiner ganzen Länge nach gespalten; wenn er sich zusammenlegt, bleiben noch zwei nicht in Siphonen verlängerte Oeffnungen für die Kiemenhöhle und die Cloake. Die Kiemen dienen gleichzeitig als Brutstätte für die Jungen. Die Thiere sind getrennten Geschlechts. Die Schalen sind gleichklappig, ungleichseitig, mit oder ohne Schlosszähne. Die beiden Familien unterscheiden sich nur durch die Zähne am Schloss von *Unio*, die bei *Anodonta* fehlen. Einen anderen Unterschied hat man noch nicht aufzufinden vermocht.

I. UNIO Linné.
Flussmuschel.

Muschel gleichklappig, ungleichseitig, hinten verschmälert und verlängert, dick, nach hinten zu dünner; Wirbel aufgetrieben; Schloss gezahnt. An der rechten Schale steht ein an der Spitze gekerbter, conischer oder zusammengedrückter Schlosszahn, und unter dem Schlossbande liegt der Länge nach eine scharfe, erhabene Leiste oder Lamelle; an der linken Schale ist für die Aufnahme des Schlosszahnes eine Grube zwischen zwei Zähnen, oder eigentlich zwischen zwei Hälften eines durch diese Grube getheilten Zahnes; ebenso zur Aufnahme der längslaufenden Lamelle eine Furche oder Rinne, von zwei längslaufenden Falten gebildet. Ein langes, meist schmales äusseres Schlossband; Ligamentalbucht schmal, verlängert.

Thier ganz das im ersten Capitel beschriebene.

Die Unionen sind eines der schwierigsten Capitel besonders für den Naturforscher, der überall bestimmt umschriebene Arten sehen will; ein solcher muss consequenter Weise die Formen aus jedem Bache mit besonderen Namen belegen, denn ganz gleichen sie sich niemals. Begnügt man sich aber Typen aufzustellen und in deren Umkreise die verwandten Formen zu gruppiren, so gelingt es ziemlich leicht, alle unsere Formen unter drei Hauptformen unterzuordnen, wobei man freilich mitunter zweifelhaft sein kann, welcher Form man das eine oder das andere Exemplar zutheilen soll. Der gänzliche Mangel grösserer Seen, in denen sich eigene Formen ausbilden könnten, vereinfacht für unser Gebiet die Verhältnisse sehr.

Unsere drei Arten unterscheiden sich folgendermassen ganz leicht:

Schale keilförmig, der Unterrand nach aussen ausgebogen, die beiden Zähne der linken Klappe gleichgross oder

der hintere selbst grösser, die Höcker auf dem Wirbel in Zickzackstreifen geordnet; Farbe braungelb mit dunkleren Strahlen.
U. tumidus Retz.

Schale zungenförmig, der Unterrand in gerader Linie verlaufend oder selbst eingebuchtet, der hintere Zahn der linken Klappe viel kleiner, als der vordere oder selbst fehlend; die Höcker auf den Wirbeln einzelnstehend; Farbe röthlich- oder grüngelb mit nur undeutlichen Strahlen.
U. pictorum L.

Schale eirund oder der Unterrand noch eingebogen; Schlosszähne klein, zusammengedrückt, an der Spitze gekerbt; Wirbel sehr weit nach vornen stehend, wellig-runzelig; Farbe braungelb mit schönen grünen Streifen.
U. batavus Lam.

1. Unio tumidus Retzius.

Muschel eiförmig verlängert, keilförmig bauchig, namentlich vorn stark aufgeschwollen, nach hinten aber verschmälert und schmächtig, schnabelförmig zulaufend, bei alten Exemplaren am Ende abgestutzt, bei jungen spitz zugerundet; dick und schwer. Oberhaut braungelb mit grünlichen Ringen abwechselnd und besonders am hinteren Theile mit dunkleren Strahlen; selten einfach kastanienbraun. Die Oberfläche mit nicht sehr tiefen concentrischen Streifen und Furchen. Oberrand seicht gewölbt, Vorderrand stumpf zugerundet, Hinterrand spitz zugerundet oder abgestutzt, Unterrand nach aussen ausgewölbt. Der Schild ist deutlich bezeichnet durch zwei von den Wirbeln aus nach dem hinteren Ende hin bogenförmig laufende, überdiess noch durch dunkle Strahlen angedeutete Kanten, wodurch das Schild fast die Gestalt einer **Ellipse** erhält. Das Schildchen ist weniger bezeichnet. Die Wirbel sind stets sehr stark aufgetrieben, stark gegen einander geneigt und berühren sich bei unversehrten Exemplaren stets. Unversehrte Wirbel zeigen zahlreiche Höcker, die in Zickzackstreifen angeordnet sind; doch sind sie bei alten Exemplaren meist abgerieben. Schlossband gelbbraun, stark. Schlosszähne nur wenig zusammengedrückt, der rechte stark gekerbt, länger als hoch; von den beiden Zähnen der linken Seite ist der untere fast stets grösser und bedeutender, als der obere, nie kleiner.

Thier mit einem einfarbigen, graulich milchweissen Fuss.

Ich gebe in vorstehendem die genaue und treffende Beschreibung

Rossmässlers und will nun noch einiges über die in unserem Gebiete vorkommenden Formen bemerken. Das grösste Exemplar das ich aus dem Main bei Frankfurt besitze, ist 108 Mm. lang, 50 Mm. an den Wirbeln breit und 38 Mm. dick; dabei sind die Wirbel vollkommen intact und das hintere Ende ist nur wenig abgestutzt. Ein genau eben so grosses Exemplar erhielt ich durch Herrn Dr. Böttger aus der Selz in Rheinhessen. Doch sind solche Exemplare sehr selten. Als Durchschnittsgrösse betrachte ich etwa 90 Mm. Länge, 45—50 Mm. Breite und 30—35 Mm. Dicke, man kann solche Exemplare aus jedem Muschelhaufen am Main in grösserer Anzahl auslesen. Bei vielen findet man am Unterrande im Widerspruch mit Rossmässlers Beschreibung eine mehr oder minder bedeutende Einbuchtung, aber sie liegt viel weiter nach hinten, wie bei *pictorum*, fast an der Uebergangsstelle in den Hinterrand. Sehr häufig findet man den Hinterrand in fast gerader Linie abgestutzt, als ob eine mechanische Gewalt die letzten Zuwachsstreifen hier platt gedrückt hätte; bei stärkerer Ausbildung können dadurch einerseits Formen, die an *U. littoralis*, andererseits solche, die an *U. platyrhynchus* erinnern, entstehen. Ich besitze ein Exemplar, das bei 50 Mm. Breite nur 65 Mm. Länge hat. Viele Exemplare zeichnen sich durch auffallende Dicke und Schwere der Schalen aus und kann man diese wenn man will, *var. crassus* nennen, darf sie aber nicht für den zu *batavus* gehörigen *U. crassus* Retz. nehmen, wie es mitunter zu geschehen scheint, denn sowohl in der Wiegand'schen Sammlung im Frankfurter Museum, als bei den im Wiesbadener Museum aufgestellten nassauischen Conchylien fand ich sie als den ächten *U. crassus* Retz. aufgestellt. Die Wirbel sind fast immer vollständig erhalten. Diese Muschel gehört nur den grösseren Flüssen an; sie findet sich im Rhein und im Main; in letzterem ist sie die häufigste Form. In der Lahn scheint sie zu fehlen, denn Sandberger führt sie nicht an, und auch ich habe in der oberen Lahn nur *batavus* gefunden. Dagegen kommt sie in der Selz in Rheinhessen vor.

Im Main ist eine auffallende Form nicht selten, die ich hier erwähnen muss; der vor den Wirbeln befindliche Theil des Oberrandes ist nämlich nicht wie bei der Normalform nach unten gekrümmt, sondern biegt sich an seinem vorderen Ende etwas nach oben und vereinigt sich dort, wie bei *pictorum*, in einem fast rechten Winkel mit dem Vorderrande; es sieht dann aus, als ob die Muschel aus *tumidus* und *pictorum* zusammengesetzt sei.

Interessant ist noch eine andere Form aus dem Main. Sie ist flacher und breiter als die Normalform, immer mit unverletzten Wirbeln und sehr starken dunkelgrünen Strahlen, die man bei der Stammform nie findet. Auffallend sind auch die dünnen, an *pictorum* erinnernden Schlosszähne, und die wunderschöne, lebhaft bläuliche Farbe des Perlmutters, an der man sie schon von Weitem von den übrigen Unionen unterscheiden kann. Ich glaubte sie desshalb früher als gute Varietät abtrennen zu können, doch bin ich nicht sicher, ob es nicht doch nur junge Exemplare sind, die später dickere Schlosszähne und ein weniger schön gefärbtes Perlmutter bekommt.

2. Unio pictorum Linné.
Malermuschel.

Muschel verlängert eiförmig, zungenförmig, etwas bauchig, doch nicht eigentlich aufgeschwollen, nach hinten lang ausgezogen, doch so, dass die Höhe anfangs nur wenig abnimmt, dann schnell verschmälert mit schräg abgestutzter Endigung; nicht so stark, wie *tumidus*, namentlich das hintere Ende dünn und zerbrechlich. Oberhaut röthlichgelb, hinten grünlich mit undeutlichen feinen, grünen Strahlen, bei älteren Exemplaren oft schmutzig grüngelb mit zahlreichen dunklen, ringförmigen Streifen; mitunter finden sich auch rost- oder kastanienbraune Stellen, nie deutliche grüne Strahlen, mit Ausnahme dreier undeutlicher am hinteren Theil. Oberrand bei jungen Exemplaren vollkommen gerade, bei älteren etwas gekrümmt, der Unterrand gerade oder etwas eingedrückt, nur bei jungen und sehr selten bei alten nach aussen gekrümmt, wie bei *tumidus*. Vorderrand rund, Hinterrand spitz zugerundet, meistens schräg abgestutzt. Der Oberrand bildet, besonders bei jungen Exemplaren, bei seiner Vereinigung mit dem Hinterrande einen deutlichen Winkel, der auch bei alten Exemplaren noch deutlicher ist, als bei *tumidus*. Schild schmäler und weniger deutlich, nur durch ein paar schmutziggrüne Streifen begränzt. Wirbel ziemlich aufgetrieben, mit einzelstehenden Höckern bedeckt, aber sich nicht berührend. Schlossband schmal und schlank. Die Zähne immer viel schwächer und zusammengedrückter, als bei *tumidus*, niedrig, oben horizontal abgestutzt, aber dabei scharf und gekerbt; in der linken Schale ist der vordere Zahn immer stärker, als der hintere, der mitunter ganz fehlt; die Grube zwischen beiden ist sehr schmal, messerförmig.

Thier mit einem hell gelblichfahlen, nach oben hin stets dunkelgrauen Fuss.

Auch diese Form ist in den grösseren Flüssen unseres Gebietes durchaus nicht selten. Im Gebirg, in der oberen Lahn und Dill, fehlt sie, bei Weilburg findet sie sich aber schon in der Lahn. In der Sulzbach nur bis Sossenheim (Ickrath). Die ächte typische Form, zu Rossmässlers vorstehender Diagnose und seiner Fig. 71 passend, besitze ich aus Rhein und Main, doch ist sie nicht die häufigste. Meistens ist der Winkel zwischen Ober- und Hinterrand viel weniger deutlich, und nicht selten laufen Ober- und Unterrand vollkommen parallel, um dann gleichmässig in den Hinterrand überzugehen. Sehr häufig sind Exemplare mit eingebogenem Unterrande; ebenso häufig findet man aber auch Exemplare, deren Unterrand dem von *tumidus* gleicht, dass man ohne die Zähne, die immer ein sicheres Kennzeichen geben, zweifelhaft sein kann, wohin man sie zu stellen hat. Immer ist die Farbe heller, als bei *tumidus*; wenn auch alte Exemplare mitunter breite dunkle Ringe zeigen, kann man dazwischen immer noch die Grundfarbe erkennen.

Sehr häufig auch die von C. Pfeiffer als *rostrata* beschriebene, nach hinten etwas schnabelförmig verlängerte Form (cf. C. Pfeiffer, Naturgesch. I. Taf. V Fig. 8).

Eine andere, sehr interessante Form erhielt ich, nachdem der Druck der Tafeln schon beendigt, durch Herrn Dr. Noll, der sie in der Schwarzbach bei Trebur, einem Wasser mit moorigem Grunde, aber klarem und ziemlich schnell fliessendem Wasser, gesammelt hatte. Sie ist nur von Mittelgrösse, bis 75 Mm. lang, und erscheint in jeder Beziehung verkümmert; die Schale ist dünn und leicht, wie bei einer Anodonte, und die Schlosszähne sind so klein und dünn, dass man sie kaum bemerkt. Die Farbe erscheint tiefdunkelbraun, fast schwarz, putzt man aber gründlich, besonders mit Säure, so erscheint die gewöhnliche hellgelbgrüne Färbung von *pictorum* und bleiben nur mehrere breite, dunkle Ringe. Ob diese Form als selbstständige Varietät aufzufassen und mit einem eignen Namen zu bezeichnen ist, wage ich nicht eher zu entscheiden, bis ich sie an Ort und Stelle gesammelt und die Art ihres Vorkommens genauer untersucht habe.

3. Unio batavus Lamarck.
Eirunde Flussmuschel.

Muschel breit eirund, zuweilen eiförmig, bauchig, gelbgrün oder schmutzig braungrün, fast stets mit dunkelgrünen Strahlen und dunklen concentrischen Wachsthumstreifen, vorn gerundet, hinten verlängert und verbreitert, meist schräg abgestutzt, die Endigung selbst aber gerundet. Unterrand leicht ausgebogen oder gerade, bei manchen Formen auch ziemlich stark eingedrückt. Wirbel klein, ziemlich stark bauchig, wellig-runzelig, dem Vorderrande stark genähert. Schild zusammengedrückt, wenig bezeichnet. **Schlossband schmal** und schlank, gelbbraun; Schlosszähne zusammengedrückt, klein, an der abgestumpften Spitze deutlich eingekerbt.

Diese Art ist die in kleinen Bächen allein vorkommende und in unserem Gebiete allgemein verbreitet. Im Main weniger häufig, als die anderen Arten, ist sie im Gebirg die einzig herrschende. Aber eben durch ihr Vorkommen unter den verschiedensten Verhältnissen ist sie auch unendlich variabel, kaum dass man in zwei Bächen dieselbe Ausprägung findet, und manche Formen können fast beanspruchen, für eigene Arten gehalten zu werden, wie es auch von vielen Conchyliologen geschieht. Die typische, der obigen Beschreibung entsprechende Form besitze ich aus Main und Rhein bis 5—6 Ctm. lang und 3—3,5 Ctm. breit, von der oberen Lahn und ihren Seitenbächen, und durch Herrn Kreglinger von Nauheim in kleineren Exemplaren. Einzeln finden sich im Main auffallend langgezogene Exemplare, 65 Mm. lang und nur 32 Mm. breit, beim ersten Anblick an manche Formen von *tumidus* erinnernd, aber durch das gerundete Hintertheil sicher davon zu unterscheiden. Alle Mainexemplare sind an den Wirbeln gut erhalten, mitunter abgerieben, aber nie angefressen; es gilt diess überhaupt für die Mainmuscheln.

Als Hauptvarietät wird gewöhnlich *Unio crassus* Retzius angeführt, eine Form mit dickerer Schale, wenig aufgetriebenen, weiter nach hinten stehenden Wirbeln und stärkeren Zähnen, die nach den meisten Angaben in Main und Rhein eben so häufig sein soll, wie die Stammform. Für den Rhein kann ich diese Angabe aus Mangel an Material nicht beurtheilen, aber für den Main ist sie entschieden unrichtig. Man findet allerdings hier und da grössere, besonders dickschalige Exemplare, deren Zähne dann natürlich auch dicker sind, **aber** sie haben ganz die Wirbelstellung der Stammform und sind wohl nur besonders alte Exemplare derselben; den ächten *crassus*, wie er in der Elbe und im Neckar vorkommt, habe ich im Main nie gefunden, und schon oben wurde erwähnt, dass in den Museen von

Frankfurt und Wiesbaden dickschalige Exemplare von *tumidus* als *Unio crassus* Retzius liegen.

Sehr interessante Formen erhielt ich aus den Bächen am Südabhang des Taunus, leider zu spät, um sie noch abbilden zu können. In der Sulzbach und der Wickerbach findet sich eine Muschel, die ich nur mit Zweifel hierherbringen kann, aber auch nirgends anders unterzubringen weiss. Sie ist nach hinten auffallend verbreitert, die grösste Breite liegt am Anfang des Hinterendes; der Oberrand steigt von den Wirbeln an noch empor, der Unterrand ist seicht eingedrückt. Die Wirbel sind vollkommen unversehrt, wellig-runzelig, und stehen sehr weit nach vornen. Die Schale ist stark gewölbt, aber die Höhe der Wölbung liegt bedeutend hinter den Wirbeln. Zähne wie bei *batavus*, aber kurz und dünn. Farbe dunkler als bei dem typischen *batavus*, doch die Strahlen deutlich sichtbar. Perlmutter gelblich weiss. Länge 58 Mm., wovon 42—44 auf's Hintertheil kommen, Breite am Wirbel (diesen mitgemessen) 28, am Beginn des Hinterrandes 30 Mm., Dicke 24, an den Wirbeln nur 20 Mm. Dass diese Form zum mindestens eine gute Varietät ist, beweist der Umstand, dass sich die charakteristische Form schon bei ganz jungen Exemplaren — meine kleinsten sind 2 Ctm. lang — deutlich ausgeprägt findet, und dass in den betreffenden Bächen, soweit ich sie verfolgte, andere Formen nicht vorkommen. Anfangs glaubte ich sie für *ater* Nilsson halten zu können, aber dieser hat ein ganz anderes Schloss und ist auch nicht so verbreitert. *Unio atrovirens* Schmidt, Rossm. Icon fig. 206, kommt von allen in der Iconographie abgebildeten batavusartigen Unionen unserer Form noch am nächsten, aber er ist hinten zusammengedrückt, nicht aufgetrieben, wie diese. Genauere Untersuchungen grösserer Quantitäten werden vielleicht später Licht schaffen; einstweilen mag diese schöne, zuerst von Herrn Ickrath beobachtete Unio als *var. taunica* hier stehen bleiben.

Eine andere sehr interessante Form erhielt ich durch Herrn Wiegand aus Cronthal bei Cronberg. Sie stimmt bis auf die Grösse, ganz mit Rossmässlers fig. 212 und der Beschreibung des *Unio amnicus* Ziegler aus Kärnthen; die Farbe ist dunkelbraungrün mit undeutlichen Strahlen, der Oberrand stark gebogen, der Unterrand leicht eingedrückt; die Wirbel stehen weit nach vorn und sind stark angefressen; Zähne stumpf-conisch, nur wenig deutlich gekerbt. Meine Exemplare unterscheiden sich aber von der citirten Abbildung durch die bedeutendere Grösse, 56—58 Mm. Länge bei 30—32 Mm.

Höhe, und die Farbe des Perlmutters, die nicht unrein, sondern wunderschön bläulich weiss ist. Siehe Taf. VI, Fig. 3.

Zu *batavus* gehört auch noch der von Sandberger und Koch angeführte *Unio Moquinianus* Dupuy aus der Nister bei Hachenburg. Nach den im Wiesbadener Museum befindlichen Originalexemplaren ist es eine mittelgrosse, stark aufgetriebene Form mit eingebogenem Unterrande und nicht nur an den Wirbeln, sondern auch über die ganze Schale angefressen.

Noch ist eine Form aus dem Main zu erwähnen, die mir, wenn auch in verschiedener Ausbildung, mehrfach vorgekommen ist. Es fehlt hier das ganze Vordertheil; der Vorderrand beginnt am Wirbel, einen stumpfen Winkel mit dem Oberrand bildend, und läuft fast in gerader Linie nach dem Unterrand, so dass die Muschel ganz die Gestalt eines *Donax* bekommt. Wahrscheinlich ist eine Verletzung des vorderen Manteltheiles mit nachfolgender Verkümmerung die Ursache, und die Form nur als eine Missbildung aufzufassen. Schade, dass die Erklärung so nahe liegt; man könnte sonst einen *Unio donaciformis* daraus machen, dessen Artgültigkeit unanfechtbar wäre!

Während des Druckes fand ich am Mainufer noch ein Exemplar von *batavus*, das sich ausser durch Cariosität und auffallende Auftreibung (28 Mm. Dicke bei 30 Mm. Breite) besonders durch das nach unten gekrümmte, schnabelartig verlängerte Hintertheil auszeichnete und dadurch an *platyrhynchus* erinnerte. Die Muschel hatte nicht den Habitus der gewöhnlichen Mainmuscheln und war schwerlich an dem Fundorte zu Hause; ich vermuthe, dass sie durch den Eisgang aus einem Seitengewässer oder vom oberen Main hergebracht worden ist.

Anmerkung. Thomae führt ausser diesen drei Arten noch *Unio margaritifer* Retzius aus der Nister bei Hachenburg und aus dem Main an. Ersteres Vorkommen wird von Sandberger und Koch nicht bestätigt; dagegen führen diese *U. Moquinianus* von gleichem Fundort an, und vielleicht haben grosse Exemplare dieser Form von *batavus* die Ursache zur Verwechslung gegeben. Im Main innerhalb unseres Gebietes ist sie weder von Speyer, noch von den Frankfurter Sammlern, noch von mir aufgefunden worden; es ist auch nach ihrer Lebensweise durchaus nicht wahrscheinlich, dass sie hier vorkommt, da sie fast nur in den klaren Bächen des Urgebirgs lebt. Vielleicht kann ich die Entstehung des Irrthums aufklären. Ich fand nämlich im Main ein Exemplar von *Anodonta piscinalis var. ponderosa,* die an Grösse, Gestalt und Farbe so täuschend einer Flussperlmuschel glich, dass ich verschiedene Freunde im Scherz damit täuschen konnte, natürlich nur, bis sie die Muschel in die Hand bekamen. Ein ähnliches Exemplar kann den Anlass zu dieser Angabe, die Thomae jedenfalls aus zweiter Hand hatte, gegeben haben. *Unio margaritifer* unterscheidet sich von sämmtlichen Unionen dadurch, dass sie zwar Schlosszähne, aber keine Schlossleisten hat, und bildet desshalb eine eigene Gattung *Margaritana*. Die nächsten mir bekannten Fundorte sind die Jossa, ein Bach im Hanauischen, die Gegend der oberen Nahe um Birkenfeld, und ein Bach am Südabhang des Odenwaldes in der Nähe von Heidelberg. Im oberen Maingebiet ist sie stark verbreitet und Gegenstand einer sorgfältigen Pflege.

Dreissigstes Capitel.

II. ANODONTA Bruguière.

Teich-Enten- oder Schwimmmuschel.

Thier ganz dem von *Unio* gleich. Die Muschel dünner und ohne Schlosszähne, nur mit zwei stumpfen Längslamellen, die unter dem Schlossband hinlaufen. Wirbel meist niedergedrückt. Schlossband äusserlich, stark, überbaut.

Die Anodonten bewohnen mit Vorliebe stehendes oder langsam fliessendes Wasser mit schlammigem Grund, finden sich aber auch in kleinen Bächen bis hoch in's Gebirge hinauf. Ihre Unterscheidung ist noch viel schwieriger, als bei den Unionen, da die beiden wichtigsten Anhaltspuncte, die Schlosszähne und die Sculptur der Wirbel, hier wegfallen, und auch die Grösse uns durchaus im Stiche lässt, denn wir haben kein Mittel, um zu erkennen, ob eine Muschel ausgewachsen ist oder nicht. Demgemäss herrschen auch hier verschiedene Ansichten. Am bequemsten machen es sich die Engländer; sie nennen einfach jede Anodonte *An. cygnea*; Küster und Held dagegen unterscheiden 26 Arten, davon eine mit 11 Formvarietäten. Die gewöhnliche Annahme ist 6—8 Arten, von denen fünf aus Nassau angeführt werden. Ausserdem führt Thomae noch *A. intermedia Lam.* an, nennt aber dabei als synonym *A. piscinalis Nilss.*, so dass also diese Art wegfällt. Es bleiben mithin noch *An. cygnea, cellen-*

sis, *piscinalis*, *anatina* und *ponderosa*. Letztere ist entschieden keine gute Art, sondern nur eine dickschaligere Form, die je nach der Gestalt zu *piscinalis* oder *cellensis* gehören kann, ähnlich wie bei *Unio batavus* und *tumidus* eine *var. crassus* vorkommt. Es ist somit diese Form zu streichen. Von den vier noch übrigen halte ich *An. anatina*, wenigstens was im Main vorkommend man so zu nennen pflegt, nicht für eine eigne Art, sondern nur für eine mehr oder weniger unausgewachsene *piscinalis*, und es kommt somit auch diese Form wenigstens vorläufig in Wegfall.

Es bleiben mithin für Nassau noch die drei Formen *Anod. cygnea*, *piscinalis* und *cellensis* übrig, und diese unterscheiden sich wie folgt:

Muschel breit-eiförmig, dünn, hellgelb mit lebhaft grünen Streifen, tiefgefurcht, Perlmutter rein milchweiss oder mit rothgelblichem Schein; Thier blassgelb, Fuss mennigroth.

A. cygnea L.

Muschel rauten-eiförmig, ziemlich dickschalig, braungelb mit ziemlich lebhaften grünen Streifen, glatt; Perlmutter rein weiss oder etwas bläulich. Thier blass gelblichgrau mit gelblichweissem Fuss.

A. piscinalis Nilss.

Muschel länglich-eiförmig, bauchig, dünn, olivengrün ohne deutliche grüne Streifen, gefurcht; Perlmutter milchbläulich, lebhaft irisirend.

A. cellensis Schrött.

4. Anodonta cygnea Linné.
Schwanenmuschel.

Muschel sehr gross, breit-eiförmig, bauchig, voll tiefer ungleicher Furchen und Rippen, ziemlich dünn, glänzend. Grundfarbe schmutzig-gelblich, mit abwechselnd grünen, gelbbräunlichen und gelblichen concentrischen Streifen, meist deutlich, besonders nach hinten zu, mit feinen, dichtstehenden, grüngrauen, vom Wirbel ausgehenden Strahlen bezeichnet; da, wo das Schild sich an die Wölbung der Schalen anschliesst, befinden sich drei dunkle, grüne Strahlen. Die Muschel ist für ihre Grösse dünn und leicht zu nennen;

innen sind die äusserlich befindlichen Rippen und Furchen ebenfalls deutlich sichtbar; der Oberrand ist etwas gekrümmt, doch fast horizontal; Vorder- und Unterrand gerundet, Hinterwand etwas verlängert, von oben und unten sich verschmälernd, in einen kurzen, stumpfen Winkel auslaufend; Schild wenig zusammengedrückt, Kiel desselben in einem stumpfen, undeutlichen Winkel mit der oberen Hälfte des Hinterrandes sich vereinigend; die untere Gränze desselben ist beiderseits durch eine seichte Furche bezeichnet. Die Leisten unter dem Schlossbande sind häufig, bei alten Exemplaren fast stets, zu monströsen Wülsten verwachsen. *(Anod. dentiens Mke.)*; das Schlossband ist sehr stark, wenig überbaut; Wirbel meist nur wenig abgerieben, etwas aufgeschwollen, ziemlich weit nach der Mitte des Oberrands hin stehend. Perlmutter glänzend, milchweiss oder mit einem rothgelblichen Schein, unter den Wirbeln und in den Muskelbahnen fast stets mehr oder weniger fleischfarben oder rosenroth gefärbt, während es am Hinterende meist lebhaft irisirt.

Thier blassgelb, der Fuss und die dicken Theile der Mantelränder lebhaft mennig-rothgelb; das ganze Thier sehr strotzend und fleischig (Rossm.).

In grösseren Teichen, Sümpfen und Lachen mit schlammigem Boden. Nach Thomae nur im Rhein, selten. Im Möttauer Weiher (Rudio). In verschiedenen Teichen um Frankfurt; besonders schöne, grosse Exemplare in dem Teich am Kühhorns Hof (Dickin).

Im Lahngebiet scheint diese Art ganz zu fehlen; Sandberger und Koch führen sie nicht an, und auch ich fand im Kreise Biedenkopf nur *cellensis*.

Von Herrn Dickin erhielt ich noch eine interessante, wohl hierher gehörige Form mit dem Beifügen, dass er niemals eine ähnliche im Main wieder gefunden habe, und kurz nachher fand ich ein gleiches Exemplar. Es gleicht diese Form in ihren Umrissen ganz der *Anod. cygnea*, ist aber kaum halb so gross und dickschalig. Sie macht mir den Eindruck einer *cygnea*, die schon jung aus ihrem Wohnsitz in den Main verschlagen worden und dort verkümmert ist und die habituellen Charactere der Mainmuscheln angenommen hat. Ich werde auf diese Form gelegentlich einer speciellen Bearbeitung der Mainmuscheln wohl näher eingehen. Einstweilen ist sie auf Taf. IX abgebildet.

5. Anodonta piscinalis Nilsson.
Fluss-Schwimmmuschel.

Muschel von mittlerer Grösse, rauten-eirund, ziemlich dickschalig, bauchig, nicht stark gefurcht, sondern meist nur gestreift, also mit ziemlich ebener Oberfläche; braungelb oder grünlich, um die Wirbel fast stets rostroth und bis zum ersten starken Wachsthumstreifen fast stets dunkel braungrau oder schiefergrau, meist mit feinen hellgrünen Strahlen bedeckt; Vorderrand gerundet; Hinterrand in gerader oder concaver Linie schräg herablaufend und mit dem heraufgekrümmten Ende des schwach gerundeten Unterrandes einen kurzen, stumpf abgerundeten oder abgestutzten Schnabel bildend; Oberrand schräg gekrümmt aufsteigend oder zuweilen auch ziemlich horizontal; Schild sehr zusammengedrückt, erhaben, beiderseits durch dunkle Strahlen begränzt; Wirbel aufgetrieben, von dem vorderen Ende ziemlich weit entfernt nach der Mitte des Oberrandes hinstehend, stets sehr wenig abgerieben; Perlmutter meist ziemlich rein bläulich weiss, in der Wirbelgegend meist fleischroth; Muskeleindrücke, besonders die vorderen, wegen der ansehnlichen Dicke der Schalen ziemlich vertieft; Ligamentalbucht ziemlich vertieft.

Thier blass gelblichgrau; Kiemen graubraun; Fuss gelblich weiss. (Rossm.)

Als Varietät gehört hierher *An. ponderosa* C. Pfeiffer, eine dickschaligere, aber sonst in der Gestalt ganz übereinstimmende Form, die sich besonders im Main sehr zahlreich findet. Wahrscheinlich wohnt sie mehr im Strome, die Stammform mehr in den ruhigen schlammigen Buchten, doch habe ich mich noch nicht sicher davon überzeugen können. Das abgebildete Exemplar stammt aus dem Main bei Schwanheim und wiegt ca. 6 Loth, also immer noch viel weniger, als Pfeiffers 10 Loth schwere Originalexemplare. Die Uebergänge von ihr bis zur gewöhnlichen dünnschaligen *piscinalis* kann man aus jedem Muschelhaufen am Mainufer auslesen, und desshalb kann ich *ponderosa* C. Pfr. nur als eine Varietät von *piscinalis* ansehen.

Durchaus nicht selten sind im Main Exemplare mit schnabelförmig ausgezogenem Hinterrande, var. *rostrata*, ganz in derselben Weise ausgebildet, wie die Kärthener *rostrata* Kokeil, die freilich eher zu *cellensis* gehören dürfte. Sie ist durch alle möglichen Uebergänge mit der Stammform verbunden und kann desshalb kaum als eine gute Varietät gelten. Dann finden sich **auffallend langgestreckte Exemplare**, deren Form sich der von *cellensis* nähert, ebenfalls nicht selten, aber der allgemeine Habitus, auf den ich weit mehr Gewicht legen zu müssen glaubte, als auf ein einzelnes Kennzeichen, ist der von *piscinalis*; erst an halbwüchsigen Exemplaren merkt man den Unterschied von der gewöhnlichen Form, von jüngeren habe ich im Main immer nur eine Form gefunden.

Mehr in langsam fliessenden Flüssen, doch auch in stehenden Wässern, besonders in solchen, die immer oder zeitweilig mit Flüssen in Verbindung stehen. Im Main und wohl auch im Rhein ist sie mit *ponderosa* die herrschende Form, dagegen scheint sie im Lahngebiete ganz zu fehlen. Ob die von Thomae erwähnte *ponderosa* aus dem Maxsainer Weiher hierher oder zu der folgenden Art gehört, kann ich bei dem Mangel von Originalexemplaren nicht entscheiden. Im Cursaalteich bei Wiesbaden (Lehr).

Die von Thomae angeführte nierenförmige Form habe ich einigemal im Main gefunden, immer ganz einzeln unter *ponderosa* und der Stammform; sie ist ein Krüppel, entstanden durch Verletzung oder Verkümmerung einer Stelle des vorderen Mantelrandes, keinesfalls, wie Thomae vermuthet, eine eigene Art.

Zu *piscinalis* rechne ich auch die auf Taf. VII, Fig. 2 abgebildete kleinere Form aus dem Metzgerbruch, einem aus dem Main abgeleiteten Graben, die dort nicht grösser wird. Sie kommt ähnlich auch in anderen kleinen Gewässern um Frankfurt vor und ist die *Anodonta anatina* der Frankfurter und Hanauer Faunisten und Sammler. Dieselben haben damit insofern nicht Unrecht, als Carl Pfeiffer auf Taf. VI Fig. 2 diese Form unverkennbar als *anatina* abbildet. Diese *anatina* ist dann freilich nur eine Varietät oder wenn man so will eine Hemmungsbildung von *A. piscinalis*, die unter ungünstigen Verhältnissen nicht zur vollständigen Entwicklung gelangt. Etwas anderes ist es mit der *A. anatina*, wie sie Rossmässler auffasst, und wie sie Brot in seiner trefflichen Etude sur les Najades du Leman characterisirt; diese hat mit *piscinalis* nichts zu thun, sie ist viel kürzer und breiter, der Oberrand steigt mehr an und das Perlmutter ist in der vorderen Hälfte stark verdickt. Es ist nicht zu verkennen, dass unsere Form eine ziemliche Aehnlichkeit mit Fig. 280b in Rossmässlers Iconographie hat, aber sie ist doch mit *piscinalis* durch Zwischenformen so verbunden und jungen

Exemplaren so ähnlich, dass ich sie ohne Bedenken als *var. minor* hierherstelle.

Auch *Anodonta ventricosa* C. Pfeiffer dürfte wohl hierher gehören. Man findet im Main gar nicht selten Exemplare, die mit Beschreibung und Abbildung dieser Art ganz gut stimmen und doch von der typischen *piscinalis* nicht zu trennen sind. Ich möchte sie für Weibchen, die Auftreibung der Schale, die nie das ganze Gehäuse gleichmässig betrifft, für Folge der Kiemenanschwellung während der Trächtigkeit halten.

Auch in den vom Südabhang des Taunus kommenden Bächen findet sich eine Anodonte, die ich nur für eine eigenthümliche, durch die veränderten Lebensbedingungen bewirkte Ausprägung von *piscinalis* halte und als die Form der kleinen Bäche, als *var. rivularis* bezeichnen möchte. Leider erlaubte der Raum nicht, diese Anodonte noch abzubilden. Sie ist auffallend lang und schmal, nur 40 Mm. an den Wirbeln breit bei 90 Mm. Länge, ein Verhältniss, das sich bei *A. piscinalis* im Main nur ganz ausnahmsweise findet und dann immer mit auffallender Dicke vergesellschaftet ist, — mässig gewölbt, die Wirbel sehr weit nach vornen stehend, so dass sich die Länge von Vorder- und Hintertheil fast wie 1 : 4 verhält; der Oberrand steigt ziemlich stark an, der untere verläuft fast ganz horizontal und krümmt sich gegen den Hinterrand nur leicht empor; die Wirbel sind unversehrt. Farbe ziemlich lebhaft blaugrün mit dunkelgrünen Strahlen und dunkelbraunen Zuwachsstreifen, Perlmutter schön bläulich weiss, nach vornen stark verdickt und fast rein weiss.

Die Exemplare, die ich bis jetzt gesehen habe, stammten aus dem in der Ebene verlaufenden unteren Theile der Sulzbach; ob sie im oberen Laufe dieselbe Form behalten, konnte ich nicht untersuchen, habe auch noch keine Anodonten aus dem eigentlichen Taunusgebiet erhalten können.

6. Anodonta cellensis Schrötter.
Zellische Teichmuschel.

Muschel gross, eiförmig-länglich, bauchig, dünn, zerbrechlich, gefurcht, olivengrün und braungestreift oder einfarbig dunkel-olivengrün (namentlich halbwüchsige Exemplare) oder grünbraun, nie so schön grüngestreift, wie *cygnea*, hinten vom Wirbel aus mit den gewöhnlichen drei braungrünen Strahlen, wodurch der Schild begränzt wird; Vorderrand gerundet, Ober- und Unterrand meist ziemlich parallel, gestreckt, letzterer oft etwas eingedrückt, ersterer seltener etwas ansteigend; Hinterrand schräg ablaufend und mit dem sich aufbeugenden hinteren Ende des Unterrandes die abgestumpfte Schnabelspitze bildend; Schild zusammengedrückt, kielförmig, nicht sehr erhaben, meist horizontal; Wirbel wegen der sehr verlängerten hinteren Schalenhälfte weit nach vorn stehend, ziemlich flach, meist sehr stark abgerieben, wellig; Schlossband mittelmässig, verlängert; Ligamentalbucht eirund, Perlmutter düster milchbläulich mit grünlichgrauem oder schieferbläulichem Schimmer, oft mit hellölgrünen Wolkenflecken, meist stark glänzend und blauirisirend. Die Grösse gibt der von *cygnea* an günstigen Orten, was die Länge betrifft, nichts nach.

Thier gelblich mit hell mennigrothem Fusse (Rossm.).

Ausser Exemplaren, welche dieser Beschreibung Rossmässlers vollkommen entsprechen, findet sich noch eine andere Form, in den äusseren Umrissen völlig gleich, wie die Abbildung auf Taf. VIII zeigt, welche Rossmässlers Fig. 280 vollkommen deckt und nur durch den mehr herabgekrümmten Schnabel des hinteren Endes abweicht; sie zeichnet sich aber besonders durch die Dicke ihrer Schalen aus, während die Normalform immer sehr dünn und zerbrechlich ist; das abgebildete Exemplar wog 5 Loth. Es ist dies eine correspondirende Form zu der *piscinalis var. ponderosa* C. Pfr., mit der sie wohl nicht selten verwechselt wird, und man kann sie mit demselben Rechte *cellensis var. ponderosa* nennen. Ihr ganz ähnliche, nur stärker gewölbte, an die *var. cordata* Rossm. erinnernde Exemplare erhielt ich in sehr grosser Anzahl durch Herrn Forstmeister Tischbein aus einem Teiche bei Schaumburg; ob sie aber wirklich hierher gehören, wage ich nicht zu behaupten, denn es finden sich darunter auch sehr viele, deren Form mehr rautenförmig ist und sich der *ponderosa* C. Pfr. nähert; eine Entscheidung wird sich nur durch Untersuchung der Jugendformen, die mir leider nicht zu Gebote stehen, treffen lassen.

Hierher gehört vielleicht auch die von Thomae angeführte *An. ponderosa* aus dem Maxsainer Weiher.

An. cellensis scheint in unserem Gebiete die verbreitetste Form zu sein. Die Stammform findet sich in dem unteren Teich des Biebricher Schlossgartens (Thomae); in den Lehmgruben bei Darmstadt, wunderschöne grosse Exemplare im Altrhein bei Stockstadt (Ickrath); in den Bächen und Mühlgräben der Umgebung von Homburg (Trapp). Bei Hanau (Heynemann, Speyer). Im Lahngebiet ist sie die herrschende Form. Sandberger führt sie von Weilburg aus der Lahn, Koch von Dillenburg aus der Dill und den Mühlgräben an, doch ohne nähere Angabe über ihre Beschaffenheit. Ich fand sie im Kreise Biedenkopf in allen, selbst den kleineren Bächen, aber fast immer nur die dickschalige Form; besonders schön und gross in dem mit der Lahn zusammenhängendem Teiche an der Amalienhütte zwischen Biedenkopf und Laasphe, aus welchem auch das abgebildete Exemplar stammt. Aus dem unteren Main ist mir nie ein Exemplar vorgekommen, wohl aber nicht selten schmale, lange Exemplare von *piscinalis*, die ganz die gewöhnlich als characteristisch angenommene Gestalt von *cellensis* haben, für mich ein Beweis, dass man unmöglich aus den Umrissen eines einzelnen Exemplares oder gar einer Abbildung mit Sicherheit die Art bestimmen kann zu der es gehört.

Ausser diesen drei Arten und der schon erwähnten *anatina* kommt in Deutschland noch eine fünfte, sehr gut characterisirte Art vor, *Anodonta complanata* Zgl., ausgezeichnet durch die flache Form und die auffallende Verschmälerung des vorderen Endes. Im Elbgebiete sehr häufig, ist sie in Nassau meines Wissens noch nicht aufgefunden worden.

Einunddreissigstes Capitel.

Cycladea.

Thiere getrennten Geschlechtes mit Siphonen zum Athmen, meist im Schlamm steckend, können aber auch kriechen, klettern und selbst schwimmen.

III. CYCLAS Bruguière.
Kreismuschel.

Muschel gleichklappig, rundlich, fast gleichseitig, jedoch nicht ganz, da das hintere Ende ein wenig länger ist, als das vordere. Die Schalen sind dünn, mit starker, sehr festsitzender Epidermis überzogen. Schloss fast in der Mitte, rechts mit zwei, links mit einem Hauptzahn.

Thier getrennten Geschlechtes, ziemlich grosse, lebendige Junge, die man beim oberflächlichen Betrachten leicht für Pisidien halten kann, gebärend. Der Mantel ist fast ganz verwachsen, mit zwei langen, am Rücken verwachsenen, am vorderen Ende aber getrennten Siphonen und einem Schlitz für den schmalen, langen Fuss. Der obere Sipho ist kürzer, am Ende zugespitzt, der untere walzenförmig mit stumpfem Ende.

Unsere vier Arten bewohnen alle Sorten von Gewässern, sowohl schnellfliessende, als stagnirende und selbst Wiesengräben. Sie unterscheiden sich, wie folgt:

a. Gehäuse bauchig bis kugelig.

Schalen eiförmig, ziemlich dünn, sehr regelmässig fein gestreift, ziemlich bauchig, Schlossband aussen sichtbar.

C. rivicola Lam.

Schalen fast kreisrund, gleichseitig, nur wenig und unregelmässig gestreift, gleichseitig, fast kugelig.

C. cornea Pfeiff.

Schale rundlich-dreieckig, derb, ziemlich aufgetrieben, stark und sehr regelmässig gestreift, Schlossband aussen nicht sichtbar.

C. solida Normand.

Schale rautenförmig, ziemlich flach, ungleichseitig, dünn, kaum gestreift.

C. lacustris Drp.

b. Schalen flach mit stark vorspringenden, einen Höcker tragenden Wirbeln, Schlossband aussen sichtbar.

C. calyculata Drp.

7. Cyclas rivicola Lamarck.
Ufer-Kreismuschel.

Schale kurzeiförmig bis herzförmig, ziemlich bauchig, fast gleichseitig, mit ziemlich starken, sehr gleichmässigen, regelmässigen Streifen, die besonders am Rande stark hervortreten, ziemlich fest und dick, undurchsichtig, glänzend, graubraun oder gelblichbraun, meist mit gelblichem Saum und mitunter auch mit gelblichen Ring-Binden und fast stets mit einem oder einigen dunklen Ringen. Wirbel wenig erhoben, so nahe am Rand, dass sie sich bisweilen berühren. Schlosszähne sehr klein und dünn, die Seitenzähne grösser und dreieckig, aber ebenfalls sehr dünn; Schlossband kurz, von aussen sichtbar.

Die Muskeleindrücke und die Mantelbucht sind innen kaum sichtbar; die Perlmutter ist bläulich weiss. Länge 20—25 Mm., Höhe 15—20 Mm., Dicke 10—15 Mm.

Thier gelblichgrau oder weissgrau, mit kegelförmigem Fuss. Die Siphonen ziemlich kurz, der untere etwas länger, am Rand vierlappig.

Die Jungen, die man fast das ganze Jahr hindurch in den äusseren Kiemen antrifft, sind 4 Mm. gross, flach, gelblich. Man findet meistens 4—6 gleichgrosse Junge auf einmal, aber nach Jacobson gleichzeitig auch Eier, sie werden durch die Siphonen ausgestossen.

In Rhein, Main und Lahn im Sand gemein; im Gebirge fehlend. Im Obergraben der Gonzenheimer Mühle bei Homburg (Trapp). Im Main ist sie namentlich im Sand hinter den Krippen gemein; man muss sie mit den Fingern herauswühlen.

8. Cyclas cornea Linné.
Kugelige Kreismuschel.

Muschel kugelig-bauchig, aufgeblasen, fast ganz gleichseitig, schwach und unregelmässig gestreift, dünn, zerbrechlich, durchscheinend, hornfarbig mit gelblichem Rand und meistens mit dunkleren Ringstreifen. Wirbel stumpf abgerundet, mehr hervortretend, als bei voriger Art. Vorderrand und Hinterrand gebogen, fast gleich, Oberrand convex, Unterrand fast gerade. Die Innenseite ist bläulich weiss, der Rand gelblich; Muskeleindrücke etwas deutlicher, als bei voriger Art. Am Schloss sind die Innenzähne winzig klein, die beiden Seitenzähne lamellenartig, dreiseitig, die vorderen grösser, als die hinteren. Länge 8—10 Mm., Höhe 6—8 Mm., Dicke 4—6 Mm.

Thier weisslich.

Als Varietät kann eine auffallend stark gewölbte, fast rein kugelige Form gelten, *var. nucleus* Studer.

In Rhein, Main und Lahn; im Gebirge fehlt sie. Im Main findet man sie nach Noll nur an den Einmündungen der Seitenbäche. Die *var. nucleus* fand sich früher an der Mündung des Metzgerbruch, kommt aber nach Dickin dort nicht mehr vor. In der alten Nied bei Höchst, in den Lachen des Nieder Wäldchens.

9. Cyclas solida Normand.

Gerippte Kreismuschel.

Muschel rundlich-dreieckig, etwas ungleichseitig, ziemlich bauchig, mit starken, gleichmässigen, sehr regelmässigen Kreisrippen, ziemlich dick, undurchsichtig, hellbraungelb, nur selten mit dunkleren Ringen, mitunter hellgelb, besonders jüngere Exemplare. Der hintere Theil etwas länger ausgezogen, als der vordere, beide abgerundet. Wirbel ziemlich stark aufgetrieben, stumpf gestreift. Schlossband kurz, von aussen nicht sichtbar. Die Mittelzähne sind kaum sichtbare Wärzchen, die Seitenzähne deutlicher, dreiseitig. Muskeleindrücke sichtbar. Die Innenseite ist milchweiss, mitunter mit einem leichten, bläulichen Schimmer.

Thier weiss, mit sehr kurzen, durchsichtigen Siphonen von rother oder orangegelber Farbe. Junge Exemplare wie das von Moquin-Tandon abgebildete, haben viel Aehnlichkeit mit *Pisidium obliquum*, sind aber viel mehr gleichseitig. Länge 6—10 Mm., Höhe 5—7$^1/_2$ Mm., Dicke 4—6 Mm.

Im Sande des Maines nicht selten; lebende Exemplare bis jetzt nur von Wiegand an der Kaisersley oberhalb Frankfurt gefunden, und zwar im Sande gerade an der Gränze des tiefsten Wasserstandes. Nach mündlichen Mittheilungen hat Herr W. sie seitdem auch im Sande des Rheins bei Mainz gefunden; Goldfuss fand sie bei Bonn und wird sie wohl überall im Rhein an einzelnen Puncten vorkommen. Bei dem tiefen Wasserstand 1870 fand ich einzelne lebende Exemplare auch bei Schwanheim in den flachen Anschwemmungen zwischen den Krippen. In die Bäche hinein geht sie nicht; Friedel (Mal. Bl. 1870) bemerkt mit Recht, dass sie nur den Hauptströmen und den grösseren Nebenflüssen nur, soweit dieselben stromartig sind, angehört.

10. Cyclas lacustris Draparnaud.

Muschel rund-rautenförmig, ungleichseitig, flacher als die vorigen Arten; sehr zart und zerbrechlich, kaum gestreift, wenig glänzend. Der obere Rand bildet mit dem hinteren einen stumpfen Winkel; Vorderrand und Unterrand gerundet. Mittelzähne winzig klein, auch die schmalen, dreieckigen Seitenzähne mit blosem Auge kaum sichtbar. Farbe braungelblich mit helleren und dunkleren Ringstreifen;

Innenseite blassblau. Muskeleindrücke kaum sichtbar. Länge 8 Mm., Höhe 6—7 Mm., Dicke 4 Mm.

Selten in einer Rheinlache zwischen Biebrich und Schierstein (A. Römer). Ich fand einige leere Schalen, die mit Leipziger Exemplaren aus Rossmässlers Hand, nach denen vorstehende Beschreibung entworfen ist, ganz übereinstimmten, in einer Wiesenlache im Pferdsbach bei Biedenkopf, konnte aber trotz allen Nachsuchens keine lebenden Exemplare auftreiben.

Ueber die Selbstständigkeit dieser Art herrschen bedeutende Zweifel; Ad. Schmidt erklärt sie kurzweg für junge *rivicola*, Bielz für unausgebildete *cornea*. Ich bemerke nur, dass in dem Gebirge, wo ich diese Art gefunden, weder *rivicola* noch *cornea* vorkommen. Auch mit *calyculata*, besonders mit der Form ohne Höckerchen, wird sie vielfach verbunden; leider sind die wenigen Exemplare, die ich selbst gefunden, zerbrochen und zur Untersuchung untauglich geworden.

11. Cyclas calyculata Draparnaud. ┴
Bucklige Kreismuschel.

Muschel zusammengedrückt, rundlich rautenförmig, dünn, durchscheinend, sehr zerbrechlich, fein und unregelmässig gestreift, glänzend, aussen hellgrau mit gelblichem Saume, innen dunkelgrau. Wirbel stark aufgetrieben, nach innen gekrümmt, mit einem stark vorragenden Höckerchen, der sitzengebliebenen Embryonalschale. Dimensionen wie bei der vorigen.

Thier weisslich, durchscheinend, mit kurzen Siphonen.

Als Varietät zu betrachten ist *Cyclas Steinii* Schmidt, ausgezeichnet durch das Fehlen der Höckerchen auf den Wirbeln. Ob sie in unserem Gebiete vorkommt, weiss ich nicht, da diese kleinen Cyclasarten noch ebenso wenig untersucht sind, wie die Pisidien.

Mehr in stehendem Wasser, in Gräben und Lachen, selbst in kleinen Wiesengräben. In der Lahn bei Weilburg (Sdbrg.). Im Abfluss des unteren Schlossgartenteichs zu Biebrich (Th.). In der alten Nied bei Höchst, in den Lachen des Nieder Wäldchens, im Hauptgraben der Schwanheimer Wiesen; im Teiche der Balbach'schen Brauerei zu Biedenkopf einzeln. Nicht selten bei Hanau im Ausfluss der Fischteiche, Lamboibrücke, Ehrensäule, Puppenwald, Hochstadt,

Bischofsheim; in schlammigen Gräben bei Hausen (Speyer). Im Amosenteich bei Darmstadt (Ickrath).

Ausser diesen vorstehenden Arten führt Speyer noch eine *Cyclas perpusilla* Gärtner an; dieselbe ist aber keine Muschel, sondern die Schale einer zu den Krebsen gehörigen Cypris und Kreglinger *) zieht sie mit Unrecht zu *Pisidium obtusale*.

Zweiunddreissigtes Capitel.

IV. Pisidium C. Pfeiffer.

Erbsmuschel.

Muschel sehr klein, rundlich eiförmig, stets ungleichseitig Wirbel mehr oder weniger aufgeblasen. Schloss mit einem Mittelzahn an der rechten und zwei Hauptzähnen an der linken Schale, und mit länglichen, lamellenartigen Seitenzähnen, im Verhältniss stärker, als bei Cyclas. Schlossband sehr klein und stets auf der kurzen Seite befindlich, so dass also hier die vordere Hälfte länger ist, als die hintere, während bei den andern Muscheln der Fall umgekehrt ist.

Das Thier gleicht ganz dem von Cyclas, aber seine Athemröhren sind in ihrer ganzen Länge mit einander verwachsen und bilden einen Sipho von sehr wechselnder Form, der bei der geringsten Erschütterung zurückgezogen wird.

Die Jungen entwickeln sich innerhalb der Kiemen des Mutterthiers, aber nicht in einer besonderen Bruttasche, sie sind verhältnissmässig sehr gross und man findet nur wenige auf einmal (Baudon).

Die Erbsmuscheln finden sich zwar auch im stehenden Wasser und kleinen Pfützen, aber mit Vorliebe in fliessendem Wasser, in Wiesengräben, Quellen und deren Abflüssen, im Schlamm verborgen. Sie scheinen ziemlich lang ohne Wasser aushalten zu können; Dr. C. Koch theilte mir mit, dass er sie in Hungerquellen gefunden habe, die 7—8 Monate im Jahr kein Wasser haben, sie stecken dann

---

*) Systematisches Verzeichniss der in Deutschland lebenden Binnenmollusken p. 364.

oft mit Hydrobien, Carychien und Vertigo zusammen im feuchten Laub oder Moos. Man sammelt sie am besten, indem man den Schlamm durchsiebt oder in einem Netz ausspühlt. Baudon fand sie öfters an todten Thieren, Knochen u. dgl. in Menge klebend, wahrscheinlich weil sie dem mit Nahrungsstoff gesättigten Wasser nachgehen, und er hat sie mit Erfolg durch solchen Köder herbeigelockt.

Die Pisidien sind bei ihrer Kleinheit natürlich noch viel schwerer zu unterscheiden, als die Unionen, denen sie an Wandelbarkeit nicht nachstehen. Dazu kommt, dass es noch immer an einer eingehenden Bearbeitung der deutschen Pisidien fehlt, wie sie den englischen durch Jenyns, den schwedischen durch Malm, den französischen durch Baudon, dessen Essai monographique ich hauptsächlich folge und auch die Abbildungen entlehnt habe, zu Theil geworden ist. Die deutschen Faunisten begnügen sich damit, die herkömmlichen Arten aufzuführen, und ich kann leider von diesem Branche nicht abweichen, da mein Material zu unbedeutend ist und sich wesentlich auf die Umgebung von Frankfurt und einige Puncte um Biedenkopf beschränkt.

Mit Sicherheit kommen bei uns vier Arten vor, die sich folgendermassen unterscheiden:

a. Schale 7—12 Mm. lang, stark gerippt, sehr ungleichseitig, Wirbel nach vorn geneigt.
P. amnicum Müll.

b. Schale unter 6 Mm. lang.

α. Schalen ziemlich gleichseitig.
Muschel sehr bauchig, aufgetrieben, Wirbel vorstehend, Dim. ziemlich gleich, $2\frac{1}{2}$—3 Mm.
P. obtusale C. Pfr.

Muschel weniger bauchig, fast ganz gleichseitig, blassgelb, Wirbel rundlich, vorspringend.
P. pusillum Jen.

β. Schale sehr ungleichseitig, mit kaum vorspringenden Wirbeln.
P. casertanum Poli.

Eine Bereicherung unserer Fauna ist sicher zu erwarten, sobald man anfängt, diese kleinsten Muscheln etwas mehr als bisher zu beachten.

12. Pisidium amnicum Müller.
Schiefe Erbsmuschel.

Syn. P. obliquum C. Pfr., *Cyclas obliqua* Lam.

Muschel beinahe eiförmig, ungleichseitig, bauchig, doch weniger gewölbt, als die andern Arten, unregelmässig dreieckig, wenig glänzend, zierlich gestreift, fast gerippt, äusserlich gelblichgrau, innen bläulich. Wirbel wenig erhaben, nach vorn geneigt. Der Hauptzahn des Schlosses gespalten, daneben jederseits ein paar kaum wahrnehmbare Nebenzähne, an die sich die sehr dünnen Schlossleisten anschliessen. Länge 7—12 Mm., Höhe 6 Mm., Dicke 4—6 Mm.

Thier etwas durchscheinend, weisslich oder graulich, mit kurzem, breiten Fuss. Athemröhre, kurz, kegelförmig, am Ende schräg abgestutzt.

Die grösste unserer Erbsmuscheln liebt fliessendes Wasser, kommt aber auch im stehenden vor; sie scheint in Nassau nicht eben häufig zu sein. Im Sonnenberger Bach bei Wiesbaden (Thomae). In Wiesengräben bei Idstein (A. Römer). In der Lahn bei Marburg, selten (C. Pfeiffer), Bei Cronberg (Dickin). Nicht häufig bei Hanau: Bulauwald, Lamboiwald, Ehrensäule, Wilhelmsbader Wald (Speyer). In der Sulzbach (Ickrath). Besonders schöne, grosse Exemplare, bis zu 12 Mm. lang, fand ich in der Wickerbach oberhalb der Flörsheimer Kalksteinbrüche sehr zahlreich. Selten in der Rutzebach bei Darmstadt. (Ickrath).

13. Pisidium obtusale C. Pfr.
Stumpfe Erbsmuschel.

Muschel schief herzförmig, bauchig, nur wenig ungleichseitig, sehr fein, kaum bemerklich gestreift, glänzend, durchsichtig, gelblichweiss. Der Unterrand scharf, die Wirbelspitzen vorstehend, sehr stumpf, gerundet, der Wirbel ziemlich nahe an der Mitte stehend. Länge und Höhe gleich, 2—4 Mm., Dicke $1^1/_2$—3 Mm.

Thier grau, mitunter gelblich oder röthlich, mit ziemlich langem, spitzem Fuss. Athemröhre etwas kegelig, kurz, abgestutzt, mit kleiner ganzrandiger Oeffnung (Moq. Tand).

Im Schlamme kleinerer Wassergräben, aber auch in den Buchten des Mains, In der Tränke bei Wiesbaden. (Thomae). In Lachen an der Lamboibrücke bei Hanau (Speyer). Im Schwanheimer

Hauptgraben. — Ueber die Exemplare aus dem Main bemerkt mir Herr Clessin in Dinkelscherben, dass die Wirbel für diese Art zu weit nach vornen stehen und zu spitz sind, sie desshalb wahrscheinlich eher zu *Pisid. conicum Baud.* gehören dürften.

14. Pisidium pusillum Jenyns.
Kleinste Erbsmuschel.

Muschel sehr klein, dünn, fast gleichseitig, nur wenig bauchig, mit rundlichen, vorspringenden Wirbeln; die Streifen sind an den Wirbeln stärker und dichter als am übrigen Theil der Schale, so dass man zwei deutlich abgegränzte Parthieen der Schale unterscheiden kann; glänzend, blassgelb, die Wirbel grau. Der Hauptzahn der rechten Klappe springt ein wenig nach Innen vor; er ist flach zusammengedrückt und zeigt eine Furche, als ob er aus zweien zusammengeschmolzen sei; die beiden Zähne der linken Klappe sind ebenfalls nur durch eine sanfte Furche geschieden.

Thier weisslich, helldurchsichtig, sehr klein, der Fuss lang und schmal, die Athemröhre kurz, fast kegelförmig. (Baudon).

Ich erhielt diese Art aus einigen Teichen des Taunus durch Herrn Dickin. In den Waldquellen des Gebirgs, selbst im feuchten Moos austrocknender Hungerquellen um Biedenkopf und Dillenburg.

15. Pisidium casertanum Poli.
Quellen-Erbsmuschel.

Syn. Pisid. fontinale C. Pfeiffer.

Gehäuse schief herzförmig, bauchig, ungleichseitig, fein gestreift, durchscheinend, glänzend, gelblichweiss, der untere Rand scharf. Die Wirbel weniger erhaben. Schloss jederseits mit drei gegen einander geneigten Hauptzähnen, von denen der mittelste sehr klein ist. Grösse nach dem Fundorte sehr wechselnd; Länge 4—6 Mm.

Thier weisslich, durchscheinend; Fuss verlängert; Athemröhre kurz, von sehr wechselnder Gestalt. (Baudon).

In stehenden und fliessenden Gewässern, besonders aber in Quellen, allenthalben verbreitet und häufig.

Dreiunddreissigstes Capitel.

Tichogoniacea.

Muschel nachenförmig, gekielt, Buckel ganz am einen, schmalen Ende, Schloss mit nur einem Zahn. Das Thier befestigt sich durch einen Byssus.

16. Tichogonia Chemnitzii Rossmässler. ✗
Eckwandmuschel.

Syn. Mytilus Wolgae Chemn., *Chemnitzii* Fér., *polymorpha* Pallas, *Dreissena polymorpha* v. Ben.

Muschel nachenförmig, aufgetrieben, jede Schale von dem spitzen Wirbel aus in einen sanften Bogen gekielt; Oberseite aufgetrieben, Unterseite flach; von den 4 Rändern, die man an andern Muscheln unterscheiden kann, fehlt der Vorderrand ganz; der Oberrand ist kurz, gerade, der Unterrand fast gerade, vom Wirbel aus in geneigter Richtung nach rechts und unten verlaufend, der Hinterrand leicht gekrümmt. Am Unterrand schliessen die Schalen nicht ganz, so dass ein Spalt für den Byssus bleibt. Farbe und Zeichnung sehr verschieden, meist schmutzig gelb mit Zickzackstreifen, die an jungen Exemplaren besonders deutlich sind, mit dem Alter verschwinden. Wirbel spitz, gegen einander gekrümmt; Schlossband fast ganz innerhalb der Schalen in einer Rinne liegend. Schloss nur aus einem schwachen Zahne der rechten Schale bestehend, der in eine Grube der linken passt. Der Muskel heftet sich an eine dreieckige Perlmutterwand, die quer in dem Winkel angebracht ist und den Namen für unsere Art (von τειχος, Wand und γονος, Ecke) gegeben hat. Länge 20—40 Mm.

Ich kann mich nicht entschliessen, den Rossmässler'schen Namen, der zugleich die Hauptkennzeichen der Gattung enthält, zu Gunsten des allerdings etwas älteren Namens Dreissena oder Dreissensia van Beneden aufzugeben; die Priorität darf nicht die einzige Rücksicht sein, die wir bei der Auswahl der Namen nehmen, und es ist unmöglich, die Gattung besser, als durch den Rossmässler'schen Namen zu bezeichnen.

Es ist diese seltsame Muschel, die trotz ihres Byssus sich sehr rasch verbreitet, zuerst 1780 von **Pallas** in der Wolga entdeckt worden und hat sich seitdem sehr rasch über Europa verbreitet. Im Rhein wurde sie nach Thomae zuerst bei Walluf gefunden und ist nun sehr häufig. Ueber ihr Vorkommen im Main hat Noll die ersten Funde zusammengestellt, das erste Exemplar hat Heynemann in den ersten fünfziger Jahren bei Hanau gefunden, die ersten lebenden Thiere Mandel bei Frankfurt 1855. Jetzt ist sie stellenweise ganz häufig und kommt z. B. bei Höchst in Masse vor. Anführen will ich noch, dass nach einer Angabe des Herrn Kretzer in Mühlheim a./M., die mir Heynemann mittheilte, alte Schiffsleute, welche die zum Füttern gebrauchten Muscheln genau kennen, unsere Muschel für eine schon sehr lange im Main vorkommende Art erklären. Den Schwanheimer Muschelsammlern dagegen ist sie erst in den letzen Jahren bekannt geworden.

Seit etwa 6 Monaten habe ich zwei Exemplare aus dem Main auf einem *Unio batavus* sitzend in meinem Aquarium, wo sie sich sehr wohl zu befinden scheinen.

Die Wanderung scheint meistens eine passive zu sein; die Muschel hängt sich in Menge an Schiffe und Flösse, nach einer Beobachtung Rossmässler's auch an Krebse und wahrscheinlich auch an andere Wasserthiere und wird so aus einem Flussgebiet in's andere verschleppt. Dem Anschein nach schadet ihr auch ein kurzer Aufenthalt im Salzwasser nicht, denn in die untere Donau ist sie wahrscheinlich über das schwarze Meer aus den russischen Flüssen eingeschleppt worden.

Im Rhein findet sie sich in Unmasse; Noll sah einen Tümpel unterhalb der Lurley bei St. Goar wie gepflastert mit ihnen, und die darin befindlichen Unionen und Anodonten mit so dichten Klumpen bedeckt, dass sie sich nicht mehr in den Boden eingraben konnten.

Schlusscapitel.

Nassau ist nicht gross genug, um in seinen Gränzen verschiedenartige Faunengebiete einzuschliessen; die Unterschiede der Fauna in seinen verschiedenen Theilen können daher nicht von der geographischen Lage, sondern nur von den Unterschieden der Bodenbeschaffenheit abhängen. Kalkreicher und kalkarmer Boden, Ebene oder Hügelland, das sind die Hauptfactoren, welche für die Vertheilung der Arten massgebend sind.

Eigentliche grössere Ebenen hat Nassau nicht; nur im unteren Theile des Mainthals und hier und da am Rhein kommen einige Strecken flachen Landes vor, die wir den gebirgigen Theilen in Beziehung auf die Molluskenfauna als Ebenen gegenüber stellen können. Am bedeutendsten ist die Mainebene. Sie beginnt ungefähr bei Hanau und erstreckt sich von da in zunehmender Breite mainabwärts, um im sogenannten Riede mit der grossen Rheinebene zu verschmelzen. In alten Zeiten ein Theil des Meeres, das sich von der Nordsee bis an die Alpen erstreckte und später, als die Gebirgsdurchbrüche des Basaltes die Verbindung unterbrochen und einen Binnensee daraus gemacht hatten, ein Theil des Mainzer Beckens, gehört der Boden in seinen tieferen Schichten ganz der Tertiärformation an, ist aber mit diluvialem Löss, Kiesablagerungen, altem Dünensand und den alluvialen Anschwemmungen der Flüsse überlagert und fast nur an den Rändern treten die characteristischen Littorinellenkalke, aus zahllosen Exemplaren der Hydrobien, die einst hier im brackischen Wasser lebten, gebildet, auf. Entgegen dem eigentlichen Begriff müssen wir das gesammte Gebiet der Tertiärschichten der Fauna nach noch zur Ebene rechnen.

Dieses Gebiet wird anfangs nördlich von den Ausläufern der Rhön, südlich von denen des Spessart und dann des Odenwaldes begränzt. Dann verliert es sich nach Norden in die sanfthügelige, noch aus Tertiärschichten bestehende Wetterau, die in conchyliologischer Beziehung noch dazu zu rechnen ist, aber leider noch eine *terra incognita* genannt werden muss. Der Ostrand des Taunus begränzt die Westseite dieses von der Nidda durchflossenen Ländchens und tritt dann dicht an den Main, bis nach Mainz hin kaum einen stundenbreiten Raum zwischen sich und dem Flusse lassend. Noch schmäler wird der Raum längs des Rheingaues, wo die Berge dicht an den Strom herantreten und nur an wenigen Puncten Raum für eine Ebenenfauna bleibt. Nach Süden geht die Ebene längs der Vorberge des Odenwaldes in die grosse Rheinebene über, deren Fauna die unsere vollständig gleicht. Jenseits des Rheines schliesst sich das hügelige Rheinhessen an, das wie in der Bodenbeschaffenheit so wohl auch in der Fauna unserem Gebiete ähnlich ist. Leider gilt hier in conchyliologischer Beziehung das von der Wetterau gesagte: es ist noch *terra incognita*.

Im eigentlichen Rheinthal, der romantischen Rheinschlucht von Bingen bis Lahnstein, ist nur an wenigen Puncten die Entwicklung einer Ebenenfauna möglich und ebenso im unteren Lahnthal; der ganze Rest des Gebietes gehört den Gebirgen an.

Zwischen Lahn, Rhein und Main erhebt sich der **Taunus**, ziemlich schroff aus der Mainebene aufsteigend und sich nach der Lahn hin langsam abflachend. Quarzite und Taunusschiefer bilden die Hauptmasse der Höhen, die im Feldberg und Altkönig sich bis zu 2700' erheben. An ihn schliessen sich von Giessen bis Marburg die Ausläufer des basaltischen **Vogelsberges**. Auf der nördlichen Seite der Lahn erhebt sich das basaltische Hochplateau des **Westerwaldes**, an seinen Abhängen einzelne Tertiärschichten einschliessend. Das Dillthal trennt ihn von den Ausläufern des grossen **rheinisch-westphälischen Schiefergebirges**, in denen die Quellen der Lahn, der Dill, der Eder und Sieg nachbarlich zusammenliegen.

Der Zufall hat mir Gelegenheit gegeben, sowohl die Fauna des Gebirges als die der Ebene durch mehrjähriges Sammeln genauer kennen zu lernen, erstere in der Umgebung von Biedenkopf an der oberen Lahn, letztere in Schwanheim am Main unterhalb Frankfurt. Eine Schilderung der Fauna an diesen beiden Orten wird besser als alles Andere die Unterschiede zwischen Gebirgs- und Ebenenfauna vor die Augen führen.

Biedenkopf liegt an der oberen Lahn, etwa 6—7 Stunden oberhalb Marburg, da, wo Grünsteine der verschiedensten Art, den Rand des Schiefergebirges durchbrechend, ihn in eine Unzahl einzelner spitzer Bergkuppen, deren Höhe zwischen 5—600 Meter schwankt, verwandelt haben. Die Thalsohle bei Biedenkopf liegt ca. 270 Meter über dem Meer. Die Lahn ist dort kaum mehr als ein Bach, der in Folge der Waldverwüstungen in den fürstlich Wittgensteinischen Wäldern in heissen Sommern fast austrocknet. Eine Menge schmaler Thälchen ziehen sich zwischen den Kuppen hin, sich in immer feinere Zweige spaltend, bis endlich die kleinsten Thälchen steil emporsteigend an Quellen enden oder vielmehr anfangen. Viele dieser Thäler sind mehrere Stunden lang, aber nirgends über hundert Schritte breit; den horizontalen Boden bedecken Wiesen, die steil ansteigenden Berge an den Seiten sind mit dichtem Wald, meistens Buchwald, bedeckt. Doch tritt in neuerer Zeit an die Stelle des Laubwaldes auf dem durch Streuservitute erschöpften Boden immer mehr Nadelwald. Der Ackerbau beschränkt sich auf das Lahnthal und seine grössten Seitenthäler, in denen man den Seiten der Berge mühsam steinige Felder abgewinnt. Breiter als eine halbe Stunde ist auch das Lahnthal fast nirgends. Das bedeutendste Seitenthal ist das der Perf, der sogenannte Breidenbacher Grund.

Der Boden besteht aus verschiedenen Schichtenfolgen des devonischen und Kohlengebirges, die sämmtlich steil aufgerichtet und vielfach von Grünsteinen durchbrochen sind. Folgen wir dem Wasserlaufe abwärts, so finden wir zuerst Spiriferensandstein, dann Orthocerasschiefer; später wechsellagern für eine Zeit lang Kramenzelsandsteine und Cypridinenschiefer und dann folgen für längere Zeit die Gesteine der unteren, unproductiven Kohlenformation, Culmschiefer und flözleere Sandsteine. Die productiven Kohlenschichten fehlen leider, auf das rothe Todliegende folgt ein schmales Zechsteinband, und dann, im früheren kurhessischen Gebiete, der bunte Sandstein. Kalkschichten fehlen fast ganz, und das ist die Ursache, welche trotz des günstigen Bodenreliefs die Entwicklung einer reicheren Molluskenfauna hindert.

In der That ist die Molluskenfauna durchaus nicht reich zu nennen, weder an Arten noch an Individuen. Vorab die Wassermollusken. Von Muscheln finden sich in den Bächen nur *Unio batavus* und eine Form von *Anodonta cellensis*; von Schnecken *Ancylus fluviatilis* allenthalben, *Limnaea auricularia*, *peregra* und *minuta* hier und da, aber dann in Menge, *Planorbis albus* und *leucostoma* und *Valvata cristata* einzeln in der Lahn. In den Waldquellen und deren Abflüssen kommen noch *Hydrobia Dunkeri* in unendlichen Mengen und einzelne Pisidien hinzu, in einigen Teichen *Cylus calyculata*. Fügt man dazu noch *Limnaea ovata* und *Cylas lacustris*, die ich an ganz isolirten Localitäten gefunden, so ist das Verzeichniss der Süsswasserschnecken vollständig. Die Limnophysen mit *Limnaea stagnalis*, die *Physa*, *Paludina*, *Bithynia*, die meisten Planorben, *Unio pictorum* und *tumidus* fehlen. Muscheln finden sich überhaupt fast nur in Mühlgräben und Teichen; die Bäche selbst mit ihrem wechselnden Wasserstand und dem aus groben Geschieben bestehenden Boden sind nur an wenigen günstigen Stellen von ihnen bewohnt, nirgends reich daran.

Die Landmollusken sind ebenfalls arm an Zahl der Arten und Individuen. Allgemein verbreitet sind nur *Vitrina pellucida*, *Hyalina nitida* Müll., *Hel. rotundata*, *incarnata*, und etwa noch *Clausilia nigricans*. Wo Grünsteine durchbrechen und in alten Grünsteinmauern kommen zu ihnen noch *Hel. lapicida* und einzelne *Bulimus obscurus*. *Helix pomatia* und *nemoralis* sind auf die nächsten Umgebungen der Ortschaften beschränkt und fehlen grossen Districten ganz.

Eine reiche Ausbeute gewähren eigentlich nur die Enden der kleinen Waldthälchen mit ihrem, von Quellen durchtränkten und mit Laub bedeckten Moosboden. In der nächsten Umgebung der Quellen, halb im Wasser, halb ausserhalb findet man oft an einem Buchenblatte zusammen sitzend *Hydrobia Dunkeri*, *Pisidium pusillum*, **Carychium minimum** und **Vertigo septemdentata**; etwas weiter ab folgen dann *Vitrina pellucida* und *Draparnaldi*, *Hyalina* **subterranea (crystallina)**, **nitidosa**, *nitens*, *fulva*, *nitida*, *Helix pygmaea*, **pulchella**, *aculeata*, *Cionella lubrica*, *Pupa pygmaea*, *Succinea putris*, *Pfeifferi* und *oblonga*. Keine davon findet sich eigentlich massenhaft; die häufigeren sind gesperrt gedruckt. Entfernt man sich aus dem eigentlichen Quellgebiete, dem wasserdurchtränkten Moose, so verschwinden die Schnecken vollständig, und nur in einzelnen Vertretern folgen sie dem Lauf der Bäche thalabwärts.

In den ausgedehnten Buchenwäldern, welche die Berge bedecken, findet man hier und da ein paar *Hel. rotundata* oder *incarnata* und an Baumstümpfen *Claus. nigricans*; nur an zwei isolirten Stellen finden sich an den Stämmen *Claus. dubia* und *Helix lapicida*.

Von der allgemeinen Armuth machen nur wenige Stellen eine

Ausnahme: ein Bergabhang bei Dexbach, der sogenannte Hardenberg, wo zwischen Kieselschiefern ein rauher Kalkstein lagert und eine Tuff bildende Quelle zu Tage tritt; leider ist durch die Abholzung der grösste Theil der Arten zu Grunde gegangen und damit *Bul. montanus* aus der dortigen Fauna verschwunden. Ferner die alten Schlossruinen Hohenfels und Breidenstein und endlich der Schlossberg bei Biedenkopf, der einzige wirklich reiche Fundort, was die Individuenzahl anbelangt. Der Schlossberg ist ein ziemlich isolirt aus dem hier etwas breiteren Lahnthal aufsteigender, kaum 400' hoher Kegel, der den grössten Theil der Stadt Biedenkopf trägt. Auf drei Seiten mit stattlichem Eichwald bedeckt, ist er an seiner Südseite frei, nur mit einigen Obstbäumen bepflanzt. Von dem alten Schlosse auf der Spitze ziehen Mauertrümmer nach den alten Stadtmauern hinab und bieten durch den überall zerstreuten Mörtel den Schnecken reiche Mengen Kalk. An Regentagen im Sommer wimmelt deshalb auch die Südseite förmlich von Schnecken und man kann kaum einen Schritt machen, ohne eine *Hel. pomatia* oder *nemoralis* zu zertreten. Auch im Wald sind die Schnecken sehr zahlreich, obschon es ihm an Wasser mangelt und die Schnecken fast den ganzen Sommer hindurch unter den Steinhaufen Schutz vor der Trocknung suchen müssen; ein Beweis, dass der Kalk ihnen noch nöthiger ist, als das Wasser. Mehr oder weniger häufig finden sich hier: *Vitrina pellucida, Arion empiricorum, Limax cinereoniger* (ausserdem nur noch auf dem Breidensteiner Schloss beobachtet), *marginatus, agrestis, Amalia marginata, Hyalina cellaria, nitens, fulva, Helix rotundata, pygmaea, costata, pulchella, obvoluta, personata, incarnata, lapicida, nemoralis, pomatia, Cionella lubrica, acicula, Pupa muscorum, pygmaea, Bulimus obscurus, Clausilia laminata, nigricans, Succinea oblonga.*

Zu den genannten Arten kommen an einigen isolirten Puncten noch *Hel. hispida, Balea fragilis, Pupa edentula, pusilla* und *Shuttleworthiana.* Damit ist die Liste ziemlich vollständig. Ganz fehlen mit dem löslichen Kalk die Xerophilen, zu denen man in Hinsicht auf Lebensweise auch *Bulimus tridens* und *detritus* und *Pupa frumentum* rechnen muss. Ferner fehlen die meisten Fruticicolen, *Hel. arbustorum* und seltsamer Weise *Helix hortensis*, obschon sie in dem benachbarten Dillthale bei weitem häufiger, als *nemoralis* ist. Auffallend ist auch das Fehlen der sonst allgemein verbreiteten *Claus.*

biplicata; ich habe nur einmal an der Gränze nach Marburg hin ein paar junge Exemplare gefunden.

In der Umgegend von Marburg kommen, obschon der Boden aus Buntsandstein besteht, noch *Helix arbustorum, fruticum* und *hortensis*, sowie *Planorbis marginatus* vor, ob einheimisch oder vor Zeiten einmal angesiedelt, ist jetzt nicht mehr zu entscheiden.

Das Dillthal, dem oberen Lahnthal parallel laufend, aber etwas tiefer liegend und kalkreicher, ist auch an Mollusken reicher, aber seine Fauna ist noch immer eine Gebirgsfauna: die Xerophilen, *Limnaea stagnalis, palustris, Planorbis corneus*, beide Physa und *Paludina vivipara* fehlen auch hier. Erst im Lahnthal unterhalb Weilburg treten *Hel. ericetorum, Bul. detritus, Limnaea stagnalis* und *Unio pictorum* auf und bilden den Uebergang zu der Ebenenfauna.

Der Taunus in seinem grössten Theile beherbergt fast nur Nacktschnecken; in den Bächen finden sich *Unio batavus* und eine kleine Form von *Anodonta piscinalis*, dann *Limnaea peregra* und *Ancylus fluviatilis*, im Moos längs ihrer Ufer die gewöhnlichen Hyalinen. Nur in der Nähe der menschlichen Wohnungen und ganz besonders an den Ruinen ändert sich das Verhältniss: *Vitrina pellucida, Draparnaldi, diaphana, elongata, Helix obvoluta, hortensis, incarnata, nemoralis, pomatia, Bulimus montanus, Pupa doliolum, Clausilia biplicata, plicata, plicatula, dubia, nigricans, parvula, laminata* treten auf, mitunter in colossalen Mengen, wie auf der Ruine Hattstein, wo ausser den genannten auch noch *Helix rufescens* und *Clausilia lineolata* vorkommen. Im Rheinthale finden sich ausserdem noch an einzelnen Puncten die beiden *Daudebardia, Helix personata* und *Cyclostoma elegans*.

Ein ganz anderes Bild bietet die Ebenenfauna, aber sie ist nicht an allen Puncten gleich entwickelt. Am gleichmässigsten natürlich ist die Fauna der Wasserconchylien, aber auch hier sind die kalkhaltigen Gegenden reicher, als die mit kalkarmem Alluvialboden. Betrachten wir zunächst die Fauna des Mains selber. Der Main durchfliesst die ganze Ebene mit ziemlich starkem Gefäll und raschem Lauf; seine Ufer sind durchschnittlich hoch, nur in der Nähe seiner Mündung sind am linken Ufer Dämme nöthig. Durch Strombauten, Dämme und Buhnen sind zahlreiche geeignete Wohnplätze für Muscheln und Schnecken geschaffen. Ich habe folgende Arten darin gesammelt: *Limnaea auricularia var. ampla, ovata var. obtusa, stagnalis, Physa fontinalis, Planorbis corneus, albus, contortus, Ancylus fluviatilis, lacustris, Bithynia tentaculata, Valvata piscinalis, cristata, Neritina fluviatilis, Unio pictorum, tumidus* und *batavus, Anodonta piscinalis, cygnea, Cyclas rivicola, cornea, solida, Pisidium obtusale, Tichogonia Chemnitzii*. Manche davon, namentlich die Muscheln, finden sich in ungeheuren Massen, so dass der Grund an manchen Stellen förmlich damit gepflastert ist.

In die Nebenflüsse und deren Seitenbäche dringt diese Fauna nun sehr lückenhaft ein; *Unio pictorum* und *tumidus, Cyclas solida, rivicola* und *Neritina fluviatilis* verschwinden zuerst. Eine genaue Untersuchung dieser Verhältnisse, zu der das jäh emporsteigende Gebirge lockt, ist noch zu machen; leider hat es bis jetzt meine Zeit noch nicht erlaubt, genauere Nachforschungen anzustellen.

An vielen Puncten der Ebene, z. B. um Schwanheim, sind die Wassergräben kaum bewohnt; am verbreitetsten darin ist noch *Plan. contortus*, dann *Limnaea fusca* und *elongata*, welch letztere sich seltsamer Weise auf das linke Mainufer beschränkt, und *Physa hypnorum*. *Planorbis corneus* nur an einer Stelle vorkommend, ist cariös. Mooriges Wasser und kalkarmer Boden mögen die Ursache sein. Ganz anders ist es im Lössboden, z. B. in der Umgebung von Sossenheim auf dem rechten Mainufer, in den Sümpfen der Riedgegend und in den Rheinsümpfen bei Mombach. In unzähligen Exemplaren, oft von riesenhafter Grösse, finden sich dort fast alle unsre Wasserschnecken, *Hydrobia Dunkeri* und *Pisidium pusillum* etwa ausgenommen.

Viel weniger gleichmässig sind die Landschnecken vertheilt. Gehen wir auch hier vom Maine aus. Dicht am Ufer halb noch im Wasser, finden wir eine kleine Nacktschnecke, *Limax brunneus, Succinea putris, Pfeifferi*, besonders vom Juli ab, und *Hyalina nitida*. Weiter ab, aber noch im jährlichen Ueberschwemmungsgebiet, wird die Fauna reicher. *Hyalina subterranea, nitidosa, fulva, Helix pygmaca, pulchella, costata, hispida, depilata, sericea, Cionella lubrica, Carychium minimum, Succinea oblonga* gesellen sich dazu, an günstigen Puncten auch *Hel. fruticum, arbustorum, hortensis, nemoralis, ericetorum*, die wohl aus dem Spessart eingewanderte *Vitrina diaphana* und an der oberen Gränze des Ueberschwemmungsgebietes *Pupa muscorum*.

Vergleichen wir damit die Schnecken, welche wir im Geniste des Mains finden. Dasselbe ist sehr reich daran, namentlich das von den Winterfluthen angeschwemmte; das der Sommer- und Herbstfluthen enthält weniger Land- aber mehr Wasserschnecken. Die Ursache dieser Verschiedenheit suche ich darin, dass die Winterfluth die zahlreichen in den Winterquartieren zu Grund gegangenen Schnecken mitbringt, die noch an das Geniste ihrer früheren Wohnplätze angefroren und darum leichter zu transportiren sind. Folgende Arten wurden darin beobachtet: *Vitrina pellucida*, *Hyalina cellaria*, *nitidosa*, *nitida*, *crystallina* (*subterranea*), *fulva*, *Helix pygmaea*, *rupestris* (**Speyer**), *rotundata*, *costata*, *pulchella*, *hispida*, *depilata*, *sericea*, *fruticum*, *strigella*, *bidens* (nur in einigen Exemplaren bei Mühlheim), *arbustorum*, *ericetorum*, *nemoralis*, *hortensis*, *pomatia*, *Buliminus tridens*, *detritus*, *obscurus*, *Cionella lubrica*, *acicula*, *Pupa frumentum*, *muscorum*, *pygmaea*, *septemdentata*, *minutissima*, *Venetzii*, *pusilla*, *Clausilia biplicata*, *Carychium minimum*, *Succinea putris*, *Pfeifferi*, *oblonga*; *Limnaea ampla*, *Planorbis corneus*, *albus*, *Bithynia tentaculata*, *Valvata cristata*, *piscinalis*, *Cyclas rivicola*.

Zusammen also 47 Arten, aber davon finden sich nur die durch gesperrten Druck ausgezeichneten regelmässig in grösseren Quantitäten. Dieses Verhältniss ist wichtiger, als es scheint. Wir haben im unteren Mainthal eine ganze Anzahl Ablagerungen, die, aus ähnlichen Anschwemmungen entstanden, eine Menge Land- und Süsswasserschnecken enthalten und bis in die älteste Tertiärzeit zurückreichen. Natürlich können sie, lückenhaft wie sie sind, nicht ohne Weiteres ein Bild der damaligen Binnenconchylienfauna geben, aber wenn wir die jetzigen Anschwemmungen in quantitativer und qualitativer Beziehung sorgfältig mit der gesammten **Fauna** des Mainthals vergleichen, so erhalten wir einen Anhaltspunct, von welchem aus wir Schlüsse auf die diluviale und tertiäre Zeit machen können. Vielleicht wird es dann möglich sein, auf die Alluvialthone der Mainebene, die diluvialen Löss- und Sandablagerungen an ihren Rändern, die tertiären Kalke von Budenheim und Flörsheim gestützt ein Bild der geschichtlichen Entwicklung unserer Fauna in Darwinschem Sinne zu geben. Dass in dieser Periode eine ununterbrochene Entwicklung stattgefunden, beweisen einzelne Arten, die sich schon in der Tertiärzeit finden, wie *Hel. costata* und die mit den heutigen trotz der eigenen Namen vollständig identischen Limnäen.

Entfernen wir uns von dem Ueberschwemmungsgebiete des Mains, so finden wir die Ackerfelder zu beiden Seiten meistens absolut schneckenleer, so weit sie aus Alluvialboden bestehen. Auch der Sandstrich, der als Rest alter Dünen von der Gegend von Rödelheim ab sich durch die Gemarkungen von Griesheim und Schwanheim quer durchs Mainthal bis in die Nähe des Ortes Kelsterbach erstreckt, ist absolut schneckenleer. Ganz dasselbe gilt von der kiesigen Schwelle, die, früher eine Kiesbank, dann eine Landzunge zwischen den Mündungen von Neckar und Main, Rhein- und Mainebene von einander trennt. Obschon fast in ihrer ganzen Ausdehnung mit Laubwald bedeckt, der sich ununterbrochen vom Odenwald bis gegen Rüsselsheim hinzieht, lässt sie doch selbst bei der sorgfältigsten Nachforschung kaum hier und da einmal eine versprengte *Hel. pomatia*, *nemoralis* oder *incarnata* entdecken. Nur längs der den Wald durchschneidenden Landstrassen, und nur soweit dieselben mit Kalksteinen gedeckt werden, finden sich *Hel. pomatia* und *nemoralis*, sowie *Pupa muscorum*. Wo Basalt an die Stelle des Kalkes tritt und zu beiden Seiten jenseits der Zone, die der Kalkstaub erreichen kann, ist die Schneckenfauna verschwunden. Wir haben also auch hier den Beweis, dass die Schnecken ohne grosse Bodenfeuchtigkeit existiren können und sich gerne mit Thau und Regen begnügen, wenn sie nur Kalk zum Bau ihrer Gehäuse finden.

Ganz anders wird das Bild, wo in der Nähe von Sachsenhausen Littorinellenkalke in dieser Kiesschwelle auftreten. Der Sachsenhäuser Berg mit seinen Massen von *fruticum* und *nemoralis*, die Umgebung der oberen Schweinsteige und des Buchrainweihers, welche immer gemeint sind, wenn von dem Frankfurter Wald die Rede ist, sind vielleicht die ergiebigsten Puncte für den Sammler, die er in unserem ganzen Gebiete finden kann. Am Buchrainweiher kommen seltsamer Weise ganz isolirt in der Ebene *Hel. lapicida*, *obvoluta*, *Bul. montanus* und *Claus. ventricosa* vor.

Reich an Schnecken ist auch die Ebene wo sie aus Löss besteht, wie z. B. um Sossenheim; *Hel. sericea* und *strigella* finden dort ihre eigentliche Heimath.

Eine eigenthümliche Fauna beherbergen die **Kalkhügel zwischen Flörsheim und Hochheim**, der Rand eines niederen Plateaus, welches dem südlichen Fusse des Taunus vorliegt. Ewig trocken und der glühenden Sonne ausgesetzt sind die Abhänge trotzdem meist mit einem dichten Moospolster bedeckt, in und auf welchem in unzählbaren Mengen *Hel. ericetorum*, *Bul. detritus* und *tridens*, *Pupa frumentum* und *muscorum* leben; auch *Hel. pomatia* und *nemoralis* sind sehr häufig. Auch hier lässt der Kalkboden die Schnecken über die mangelnde Feuchtigkeit hinwegsehen. In dem Thale des Wickerbaches, das die Steinbrüche durchschneidet, und in dem Bache selbst ist ebenfalls eine ziemlich reiche Fauna entwickelt: zahlreiche Hyalinen, *Hel. strigella* und *hispida* und im Bache *Pisidium amnicum* und *Valvata piscinalis* von merkwürdiger Grösse, die kleine Bachform von *Neritina fluviatilis* und die Taunusform des *Unio batavus* lassen den Sammler lebender Conchylien eben so gern die Flörsheimer Steinbrüche besuchen, wie den der Fossilien, für den hier classischer Boden ist.

Nicht minder interessant ist die alte Dünenwüste jenseits des Rheines, die Mombacher Heide. Aus schneeweissem Flugsand bestehend, den der Wind noch hin und her treibt und zu Hügeln zusammenweht, soweit nicht Waldanpflanzungen ihm Halt gebieten, wird sie durch ihren stark mit Kalk und selbst mit Salztheilchen gemengten Boden, den die Sonne an warmen Sommertagen fast zum Glühen erhitzt, zu einem der interessantesten Orte für die Botaniker, wie für den Hymenopterologen. Aber auch der Schneckensammler geht nicht leer aus. Zu den obengenannten Xerophilen kommt noch, an die strandbewohnende *Hel. striata* der Mittelmeerküsten erinnernd, die stark gerippte *Hel. costulata* Zgl., deren gebleichte Gehäuse zu Tausenden auf dem Sande herumliegen. Unter den einzelnen Büschen, die sich an geschützteren Stellen entwickelt haben, findet man Hunderte von leeren Gehäusen der *Vitrina pellucida*, die sonst nur in feuchten Bergwäldern lebt, (wenn nicht eine Vergleichung der Thiere sie als specifisch verschieden erkennen lässt).

Eine reichere Ausbeute bieten noch die Sümpfe zwischen Mombach und Budenheim, die namentlich von Thomae genauer untersucht wurden und für viele unserer kleinen Planorben und Valvaten die einzigen Fundorte sind.

Stellen wir nun zum Schlusse noch einmal Gebirgs- und Ebenenfauna einander vergleichend gegenüber, so finden wir erstere an Arten wie an Individuen gleicherweise ärmer, am ärmsten da, wo es dem Boden gleichzeitig auch an Kalk gebricht. Aechte Gebirgsschnecken, die sich nie oder nur selten an besonders günstigen Puncten in der Ebene zeigen, sind *Hydrobia Dunkeri*, *Pisidium pusillum*, *Helix lapicida*, *personata*, *obvoluta*, *Clausilia nigricans*, *Balea fragilis*, *Vitrina elongata*, *Draparnaldi*. Aechte Ebenenbewohner dagegen sind in unserem Gebiete von Landschnecken: *Hel. strigella*, *sericea*, *ar-*

18

bustorum, die Xerophilen, *Bul. tridens* und *detritus*, die grossen Pupen und die Wasserschnecken mit Ausnahme der wenigen bei den Gebirgsfaunen erwähnten Arten.

So ist wenigstens das Verhältniss nach unseren jetzigen Kenntnissen der nassauischen Fauna; grosse Lücken sind darin freilich noch auszufüllen. Hoffen wir, dass diese Arbeit dazu beiträgt, den Anstoss zu einer lebhafteren und genaueren Durchforschung unseres Vereinsgebietes zu geben. Ich wiederhole nochmals meine Bitte an Jeden, der sich in Nassau oder den angränzenden Gebieten mit der so leichten und lohnenden Erforschung der Weichthierfauna beschäftigen will, sich mit mir in Verbindung zu setzen und mir seine Resultate mitzutheilen, damit es dereinst möglich sein wird, ein wirklich erschöpfendes Bild der Vertheilung der Mollusken in unserer Provinz zu geben.

Schwanheim, im Juni 1871.

Dr. W. Kobelt.

Erklärung der Tafeln *).

Tafel I.
1. Daudebardia rufa Drp.
2. „ brevipes Drp.
3. Vitrina elongata Drp.
4. „ Heynemanni C. Koch.
5. „ diaphana Drp.
6. „ Draparnaldi Cuv.
7. „ pellucida Drp.
8. Hyalina nitidula Drp.
9. „ nitens Mich.
10. „ cellaria Müll.
*11. „ nitidosa Fér., stark vergrössert.
12. „ nitida Müll.
13. „ crystallina Müll.
14. „ subterranea Bourg.
*15. „ hyalina Fér.
*16. „ fulva Müll.
*17. Helix rupestris Drp.
*18. „ pygmaea Drp.
*19. „ rotundata Müll.
*20. „ aculeata Müll.
*21. „ costata Müll.
*22. „ pulchella Müll.

23. Helix obvoluta Müll.
24. „ personata Lam.
25. „ incarnata Müll.
26. „ fruticum Müll.
27. „ strigella Drp.
28. „ hispida L.
29. „ depilata C. Pfr.
30. „ sericea Drp.
31. „ rufescens Penn.
32. „ villosa Drp.
33. „ ericetorum Müll.
33a. „ ericetorum var. minor.
34. „ candidula Stud.
35. „ costulata Zgl.

Tafel II.
1. Helix arbustorum L.
2. „ lapicida L.
3. „ nemoralis L.
4. „ hortensis Müll.
5. „ pomatia L.
6. Bul. tridens Müll.
7. „ detritus Müll.
8. „ montanus Drp.

*) Die mit * bezeichneten Figuren sind aus Rossmässlers Iconographie entlehnt.

9. Bul. obscurus Müll.
*10. Cionella lubrica Müll.
*11. „ Menkeana C. Pfr.
*12. „ acicula Müll.
*13. Pupa frumentum Drp.
*14. „ secale Drp.
*15. „ doliolum Brug.
*16. „ muscorum L.
*17. „ minutissima Hartm.
*18. „ edentula Drp.
*19. „ septemdentata Fér.
*20. „ pygmaea Drp.
*21. „ ventrosa Heyn.
*22. „ Shuttleworthiana Ch
*23. „ pusilla Müll.
*24. Pupa Venetzii Charp.
*25. Carychium minimum L.

Tafel III. *)

1. Balea fragilis Drp.
2. Clausilia laminata Mont.
3. „ biplicata.
4. „ plicata Drp.
5. „ ventricosa Drp.
6. „ lineolata Held.
7. „ plicatula Drp.
8. „ dubia Drp.
9. „ nigricans Pult.
10. „ parvula Stud.

Tafel IV.

*1. Succinea oblonga Drp.
*2. „ Pfeifferi Rossm.
*3. „ putris L.
4. Limnaea auricularia Drp.

---

*) Fig. 1—4 aus der Iconographie, Fig. 6—10 aus Schmidts kritischen Clausiliengruppen entlehnt.

5. Limnaea auricularia var. ampla Hartm.
6. „ ovata Drp.
7. „ stagnalis Müll.
8. „ auricularia var. angulata.
9. „ truncatula Müll.
10. „ fusca C. Pfr.
11. „ palustris Drp.
12. „ peregra Drp.
13. „ elongata Drp.
14. Physa hypnorum L.
15. „ fontinalis L.
16. Ancylus fluviatilis L.

Tafel V.

1. Planorbis corneus L.
2. „ marginatus Drp.
3. „ carinatus Müll.
*4. „ vortex Müll.
*5. „ contortus Müll.
*6. „ Rossmässleri Auersw.
*7. „ albus Müll.
*8. „ laevis Alder.
*9. „ leucostoma Mich.
*10. „ spirorbis Müll.
*11. „ cristatus Drp.
*12. „ complanatus Drp.
13. „ nitidus Müll.
*14. Acme fusca Walker.
15. Cyclostoma elegans Drp.
16. Paludina vivipara Müll.
17. Bithynia tentaculata L.
18. „ Leachii Shepp.
19. Hydrobia Dunkeri Ffld.
*20. Valvata piscinalis Müll.
*21. „ depressa C. Pfr.
*22. „ spirorbis Drp.
*23. „ cristata Müll.

*24. Valvata minuta Drp.
25. Neritina fluviatilis Müll.
26. Ancylus lacustris L.

Tafel VI.

1. Unio pictorum var.
2. „ tumidus Retz.
3. „ batavus var. amnicus.
4. „ batavus Lam.
5. 6. Embryonen von Unio (nach Forel).

Tafel VII.

1. Unio pictorum L.
2. Anodonta piscinalis var. minor.
3. „ „ „ ponderosa.

Tafel VIII.

1. Anodonta cellensis var.

2. Limnaea ovata var.
3. „ vulgaris Rossm.
4. 5. „ vulgaris var.

Tafel IX.

1. Anodonta cygnea var.
2. Cyclas rivicola Lam.
3. „ cornea L.
4. „ solida Norm.
5. „ lacustris Drp.
6. „ calyculata Drp.
7. Pisidium amnicum Müll.
8. *) „ obtusale C. Pfr.
9. „ pusillum Jenyns.
10. „ casertanum Poli.
11. Tichogonia Chemnitzii Rossm.

*) Fig. 8. 9 und 10 sind Copieen aus Baudon.

Inhalt.

Seite

Allgemeiner Theil.

Erstes Capitel.
Umgränzung, Literatur und Vorarbeiten 7

Zweites Capitel.
Stellung der Weichthiere im Thierreich, allgemeiner Bau, Eintheilung 11

Drittes Capitel.
Sammeln, Reinigen, Aufbewahren und Ordnen 13

Viertes Capitel.
Zucht lebender Mollusken 22

Fünftes Capitel.
Terminologie, Kunstsprache 24

Sechstes Capitel.
Die wichtigsten conchyliologischen Werke 28

Siebentes Capitel.
Verhältniss der Weichthiere zur übrigen Natur 30

Achtes Capitel.
System der Mollusken 33

Specieller Theil.

A. Cephalophora.

Erstes Capitel.
Anatomische Verhältnisse 35

Zweites Capitel.
Entwicklung der Schnecken 52

Seite

Drittes Capitel.
Lebensweise der Schnecken 59

Viertes Capitel.
Uebersicht der Gattungen 63

Fünftes Capitel.
Testacellea, Halbnacktschnecken 65

Sechstes Capitel.
Limacea, Nacktschnecken 67

Siebentes Capitel.
Vitrina Drp., Glasschnecke 79

Achtes Capitel.
Hyalina Gray, Glanzschnecke 85

Neuntes Capitel.
Helix Linné 94

Zehntes Capitel.
Buliminus Ehrbg. 128

Elftes Capitel.
Cionella Jeffreyss 134

Zwölftes Capitel.
Pupa Draparnaud 137

Dreizehntes Capitel.
Balea Prideaux 148

Vierzehntes Capitel.
Clausilia Draparnaud 149

Fünfzehntes Capitel.
Succinea Draparnaud 160

Sechszehntes Capitel. *)
Carychium Müller 164

Siebzehntes Capitel.
Limnaeacea Lamarck 164

Achtzehntes Capitel.
Physa Draparnaud 183

Neunzehntes Capitel.
Planorbis Müller 186

Zwanzigstes Capitel.
Ancylus Geoffroy 198

*) Diese Worte sind S. 164 vor Carychium, dagegen „Siebzehntes Capitel" vor „Limnaeacea" zu setzen.

Seite

   Einundzwanzigstes Capitel.
Acme Hartmann 200
   Zweiundzwanzigstes Capitel.
Cyclostoma Lamarck 202
   Dreiundzwanzigstes Capitel.
Paludinacea 204
   Vierundzwanzigstes Capitel.
Valvata Müller 210
   Fünfundzwanzigstes Capitel.
Neritina Lamarck 213
   Sechsundzwanzigstes Capitel.
    B. Acephala 216
   Siebenundzwanzigstes Capitel.
Entwicklung der Muscheln 223
   Achtundzwanzigstes Capitel.
Lebensweise der Muscheln 233
   Neunundzwanzigstes Capitel.
Uebersicht der Familien und Gattungen. Unio L. . . 237
   Dreissigstes Capitel.
Anodonta Bruguière 246
   Einunddreissigstes Capitel.
Cyclas Bruguière 253
   Zweiunddreissigstes Capitel.
Pisidium C. Pfeiffer 258
   Dreiunddreissigstes Capitel.
Tichogoniacea 262
    Schlusscapitel 264
    Erklärung der Tafeln 275

Register.

	Seite
Absonderungsorgane	49
Abnormitäten	57
Acanthinula *Beck.*	100
Acarus limacum	31
Acephala	216
Achatina vid. Cionella	134
Achatschnecke	—
Acicula *Hartm.* = Acme	201
Acme *Hartm.*	—
fusca *Walker*	—
Albers, die Heliceen	28
Albinismus	57
Alcyonella fungosa	235
Amalia *Heyn.*	71
marginata *Drp.*	—
Amphipeplea *Nilss.*	165
Ancylus *Geoffr.*	198
fluviatilis *L.*	199
lacustris *L.*	200
Anodonta *Brug.*	246
cellensis *Schrött.*	251
„ var. ponderosa	252
complanata *Zgl.*	253
cygnea *L.*	247
dentiens *Mke.*	248
piscinalis *Nilss.*	249
„ var. minor	250
„ „ ponderosa *C. Pf.*	249
„ „ rivularis m.	251
„ „ rostrata m.	250
„ „ ventricosa *C. Pf.*	251

	Seite
Aquatilia	204
Arion *Fér.*	67
empiricorum *L.*	68
hortensis *Fér.*	70
melanocephalus *Faure*	—
subfuscus *Fér.*	69
Arionta *Leach.*	120
Aspidogaster conchicola	235
Athemhöhle	35
Athemrohr	36
Athmungsorgane	48
Azeca tridens = Cionella *Menkeana*	136
Balea *Prideaux*	148
fragilis *Drp.*	—
Rayana *Bourg.*	—
Bernsteinschnecke	160
Bithynia *Leach.*	205
impura *Lam.*	206
Leachii *Shepp.*	206
similis *Speyer*	—
tentaculata *L.*	—
Troschelii *Paasch*	—
ventricosa *Gray*	—
Bitterling	32. 236
Blasenschnecke	183
Bojanus'sches Organ	218
Bronn, Classen und Ordnungen des Thierreichs	27
Bucephalus polymorphus	235

	Seite
Buliminus *Ehrbg.*	128
detritus *Müll.*	131
montanus *Drp.*	132
obscurus *Müll.*	133
radiatus *Brug.*	131
tridens *Müll.*	130
Cariosität	230
Carychium *Müll.*	164
Menkeanum = Cionella *Menk.*	136
minimum *L.*	164
Cephalophora	35
Cercarien	32
Cionella *Jeffr.*	134
acicula *Müll.*	136
lubrica *Müll.*	135
Menkeana *C. Pfr.*	136
Clausilia *Drp.*	149
bidens *Drp.*	153
biplicata *Mont.*	154
dubia *Drp.*	157
gracilis *C. Pfr.*	158
laminata *Mont.*	153
lineolata *Held*	156
nigricans *Pult.*	158
obtusa *C. Pfr.*	—
parvula *Stud.*	159
plicata *Drp.*	155
plicatula *Drp.*	157
rugosa *C. Pfr.*	157
similis *von Charp.*	154
ventricosa *Drp.*	155
Villae *Porro*	159
Clepsine	31
Cochlodina perversa *Fér.* = Balea	
fragilis	148
Crystallstiel	218
Cyclas *Brug.*	253
calyculata *Drp.*	257
cornea *L.*	255
lacustris *Drp.*	256
rivicola *Lam.*	254
solida *Norm.*	256
Cyclostoma *Lam.*	202
elegans *Drp.*	—

	Seite
Daudebardia *Hartm.*	65
brevipes *Drp.*	66
rufa *Drp.*	66
Deckelschnecken	200
Deckel	26
Distoma	32
duplicatum	235
hepaticum	—
Divertikel	51
Dreissena *van Ben.*	262
Drilus flavescens	31
Entwicklung der Schnecken	53
„ „ Muscheln	223
Epidermis	12
Epiphragma	26. 59
Epithel	36
Ferrusacia Risso = Cionella	134
Flagellum	51
Forel, Entwicklungsgeschichte der Najadeen	224
Fruticicola *Held*	105
Fussdrüse	50
Fussganglion	43
Gärtner, G., Systematische Beschreibung der Wetterauer Conchylien	9
Gastropoden	35
Gefässsystem der Schnecken	46
„ „ Muscheln	218
Gefühlsorgan	44
Gehörorgan	45
Geschlechtsorgane der Schnecken	50
„ „ Muscheln	222
Geschmacksorgan	46
Gonostoma *Held*	102
Hartmann, Erd- und Süsswassergastropoden der Schweiz	29
Helicophanta *Fér.* = Daudebardia	65
Helix *Linné*	94
aculeata *Müll.*	100
acuta *Drp.*	120
arbustorum *L.*	120
bidens *Chemn.*	115

	Seite		Seite
Helix bidentata *Gmel.*	115	Hyalina cellaria *Müll.*	89
candicans *Zgl.*	120	crystallina *Müll.*	91
candidula *Stud.*	118	fulva *Müll.*	93
carthusiana *Müll.*	115	hyalina *Fér.*	92
carthusianella *Drp.*	—	lucida autor. = nitida	90
circinata *Stud.*	113	nitens *Mich.*	87
clandestina *Born*	—	nitida *Müll.*	90
Cobresiana *von Alten*	115	nitidosa *Fér.*	88
costata *Müll.*	101	nitidula *Drp.*	87
costulata *Zgl.*	119	pura *Alder*	88
depilata *C. Pfr.*	111	radiatula *Alder*	93
ericetorum *Müll.*	116	subterranea *Bourg.*	91
fruticum *Müll.*	108	viridula *Mke.*	88
hispida *Müll.*	110	Hydrachna concharum	235
holoserica *Stud.*	104	Hydrobia *Hartm.*	209
hortensis *Müll.*	125	Dunkeri *Ffld.*	—
incarnata *Müll.*	107		
lamellata *Jeffr.*	101	**K**iefer	37
lapicida *L.*	121	Kiel	26
montana *C. Pfr.*	113	Kiemen	49
neglecta *Thomae*	118	Kunstsprache	24
nemoralis *L.*	123	Koch, Dr. C.	8
obvia *Hartm.*	117		
obvoluta *Müll.*	102	**L**amellibranchia	216
personata *Lam.*	104	Leber	43
pilosa *von Alten*	114	Lederhaut	36
pomatia *L.*	126	Liebespfeil	51
pulchella *Müll.*	102	Limacea	67
pygmaea *Drp.*	99	Limax *Lister*	72
rotundata *Müll.*	—	agrestis *L.*	77
rubiginosa *Zgl.*	115	arborum *Bouch.*	78
ruderata *Stud.*	—	ater *L.* = Arion ater	—
rufescens *Penn.*	114	brunneus *Drp.*	76
rupestris *Drp.*	98	cinctus *Müll.*	77
sericea *Drp.*	112	cinereo-niger *Wolff*	74
striata *(Drp.) Thomae*	119	cinereus *Lister*	—
strigella *Drp.*	109	filans *Hoy*	77
thymorum *von Alten*	118	flavus *Müll.*	—
umbilicata *Mont.*	98	laevis *Müll.*	76
umbrosa *Partsch*	115	marginatus *Drp.* = Amalia marg.	71
unidentata *Drp.*	—	marginatus *Müll.*	78
unifasciata *Poir.*	118	reticulatus *Müll.*	77
villosa *Drp.*	114	scandens *Norm.*	78
Heynemann, D. F. 9.	10	sylvaticus *Drp.*	—
Hirnganglion	43	tenellus *Müll.*	77
Hyalina *Gray*	85	unicolor *Heyn.*	75

	Seite		Seite
Limax variegatus *Drp.*	75	Nematoden	32
Limnaea *Lam.*	165	Neritina *Lam.*	213
auricularia *Drp.*	170	fluviatilis *Müll.*	—
" var. ampla *Hartm.*	—	var. halophila *Rossm.*	215
auricularia var. angulata		Niere	49
Hartm.	172	Noll, Dr. C., der Main in seinem	
auricularia var. costellata *Mus.*		unteren Lauf	10
Franc.	—	Nutzen der Schnecken	30
auricularia var. Monnardi *Hartm.*	171		
" " ventricosa *Hartm.*	172		
elongata *Drp.*	172	**O**perculum	26
fusca *C. Pfr.*	180	Otolithen	46
glaber *Müll.*	178		
leucostoma *Drp.*	—		
minuta *Drp.*	—	**P**aludina *Lam.*	205
ovata *Drp.*	173	achatina *Lam.*	207
var. ampullacea *Rossm.*	174	communis *Dup.*	205
Dickinii *Kobelt*	—	contecta *Millet*	—
palustris *Drp.*	179	fasciata *Müller*	207
peregra *Müll.*	176	impura *Lam.* = Bithynia ten-	
var. excerpta *Hart.*	177	taculata	—
stagnalis *Müll.*	181	Listeri *Forbes*	205
var. reflexa *Kob.*	183	vivipara *Müll.*	—
vulgaris *Rossm.*	174	viridis *Sandb.* u. *Koch* = Hy-	
Limnochares Anodontae	32	drobia Dunkeri	209
Lippe	25	Patula *Held*	98
Lungen	48	Pelecypoda	216
		Perlen	229
		Petasia *Beck*	115
Malacozoologie, Zeitchrift für	29	Pfeiffer, Carl, Naturgeschichte	28
Malacozoologische Blätter	29	Pfeiffer, Dr. L., Monographia Heli-	
Malermuschel	241	ceorum viv.	28
Mantel	12. 35	**P**hysa *Drp.*	183
Mantelhöhle	36	fontinalis *L.*	184
Margaritana *Schum.*	237	hypnorum *L.*	—
Muscheln	216	**P**isidium *C. Pfr.*	258
" , Entwicklung	223	amnicum *Müll.*	260
" , Lebensweise	233	casertanum *Poli*	261
		fontinale *C. Pfr.*	—
		obliquum *C. Pfr.*	260
Nabel	25	obtusale *C. Pfr.*	—
Nachrichtsblatt der deutschen mal.		pusillum *Jenyns*	261
Gesellschaft	29	**P**lanorbis *Müller*	186
Nackenblase	54	albus *Müll.*	194
Naht	25	carinatus *Müll.*	191
Najadea	238	complanatus *L.* = marginatus	190

	Seite		Seite
Planorbis complanatus *Drp.*	197	Samengang	50
compressus *Mich.*	192	Samentasche	—
contortus *Müll.*	193	Sammeln, Anleitung dazu	137
corneus *L.*	188	Sandberger, Fr.	8
cristatus *Drp.*	196	Scalariden	56
cupaecola *von Gall*	195	Schlammschnecke	165
fontanus *Mont.*	197	Schliessmuschel	—
glaber *Jeffr.*	195	Schloss	27
imbricatus *Müll.*	196	Schlossband	—
laevis *Alder*	195	Schlundkopf	37
lenticularis *Sturm*	197	Schmidt, Adolf	28. 29
leucostoma *Mich.*	195	Schwanzblase	54
marginatus *Drp.*	190	Schwanzdrüse	50
Moquini *Req.*	195	Segel	54
nautileus *Gmel.*	196	Segmentina *Flem.*	197
nitidus *Müll.*	197	Servain, Malacologie d'Ems	9
regularis *Hartm.*	195	Sinnesorgane	44
Rossmässleri *Auersw.*	193	Sipho	36
spitorbis *Müll.*	196	Spengler, der Kurgast zu Ems	8
vortex *Müll.*	192	Spermatophore	51
Pomatia *Beck*	126	Speyer, Oscar, Verzeichniss der Conchylien von Hanau	9
Präparation, microscopische	40		
Prosobranchia	204	Spindelmuskel	36
Pupa *Drp.*	137	Sturm, Deutschlands Fauna	29
angustior *Jeffr.*	147	Stylommatophora	65
antivertigo *Drp.*	144	Succinea *Drp.*	160
doliolum *Brug.*	142	amphibia *Drp.*	162
edentula *Drp.*	143	oblonga *Drp.*	163
frumentum *Drp.*	140	Pfeifferi *Rossm.*	—
minutissima *Hartm.*	143	putris *L.*	—
muscorum *L.*	142	System der Mollusken	33
pusilla *Müll.*	146		
pygmaea *Drp.*	145		
secale *Drp.*	141		
septemdentata *Fér.*	144	Tachea *Leach.*	123
Shuttleworthiana *Charp.*	146	Terminologie	24
Venetzii *Charp.*	147	Testacella	65
ventrosa *Heyn.*	145	Tichogonia *Rossm.*	262
		Chemnitzii *Rossm.*	—
		Triodopsis *Raf.*	104
		Troschel, de Limnaeaceis	29
Radula	38		
Reibmembran	—		
Rhodeus amarus	239	Umbilicus	25
Römer — Büchner	9	Unio *L.*	238
Rossmässler, Iconographie	27	batavus *Lam.*	242

	Seite
Unio var. amnicus *Zgl.*	244
„ crassus *Retz.*	243
„ Moquinianus *Dup.*	245
„ taunica *Kob.*	244
margaritifer *Retz.*	245
pictorum *L.*	241
var. rostrata *C. Pfr.*	242
tumidus *Retz.*	239
Ureter	—
Urniere	—

	Seite
Vertigo *Müll.*	139
Visceralganglien	43
Vitrina *Drp.*	79
Audebardi *Fér.*	84
beryllina *C. Pfr.*	83
diaphana *Drp.*	82
Draparnaldi *Cuv.*	84
elongata *Drp.*	81
Heynemanni *C. Koch*	—
major *Fér.*	84

	Seite
Vallonia *Risso*	101
Valvata *Müll.*	210
cristata *Müll.*	213
depressa *C. Pfr.*	212
minuta *Drp.*	213
obtusa *C. Pfr.*	211
piscinalis *Müll.*	—
planorbis *Drp.*	213
Velum	54
Verdauungsorgane der Muscheln	—
„ „ Schnecken	37

	Seite
Winterschlaf	60
Xerophila *Held*	116
Zunge	38
Zwitterdrüse	50

Taf. I.

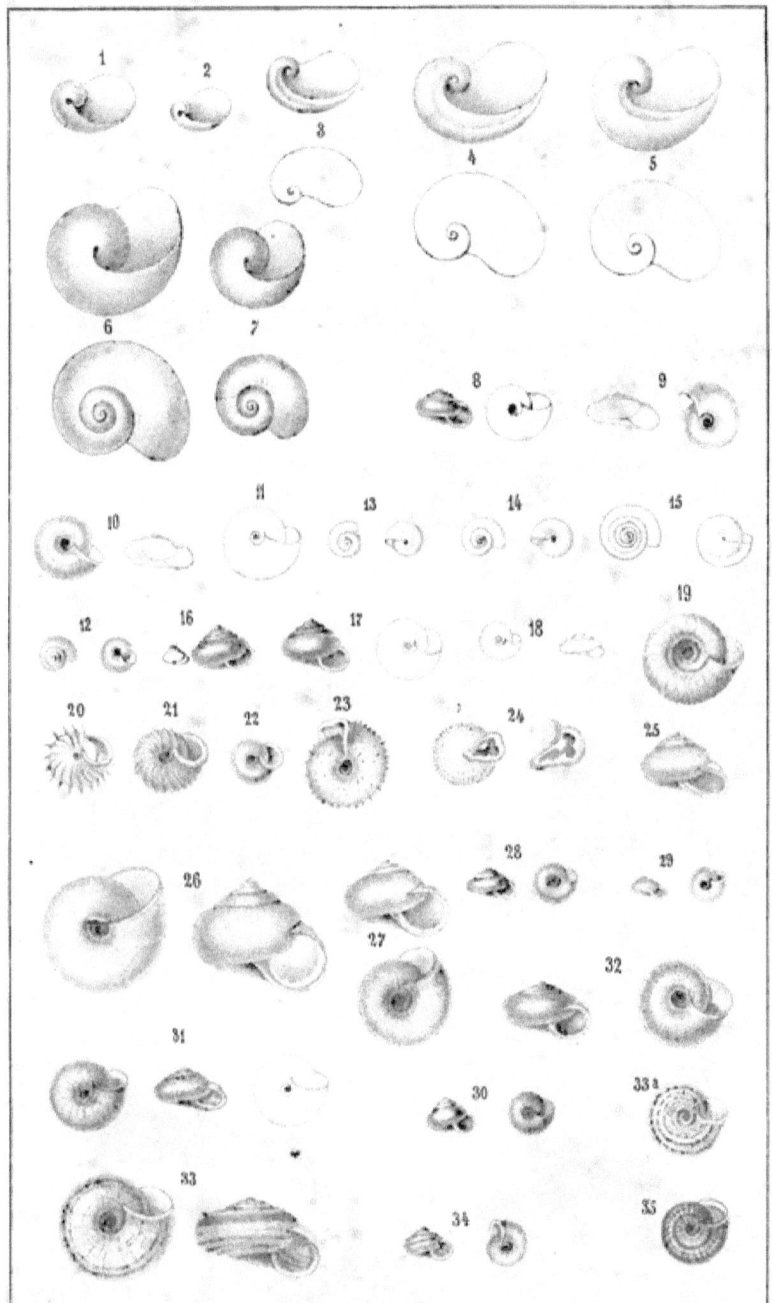

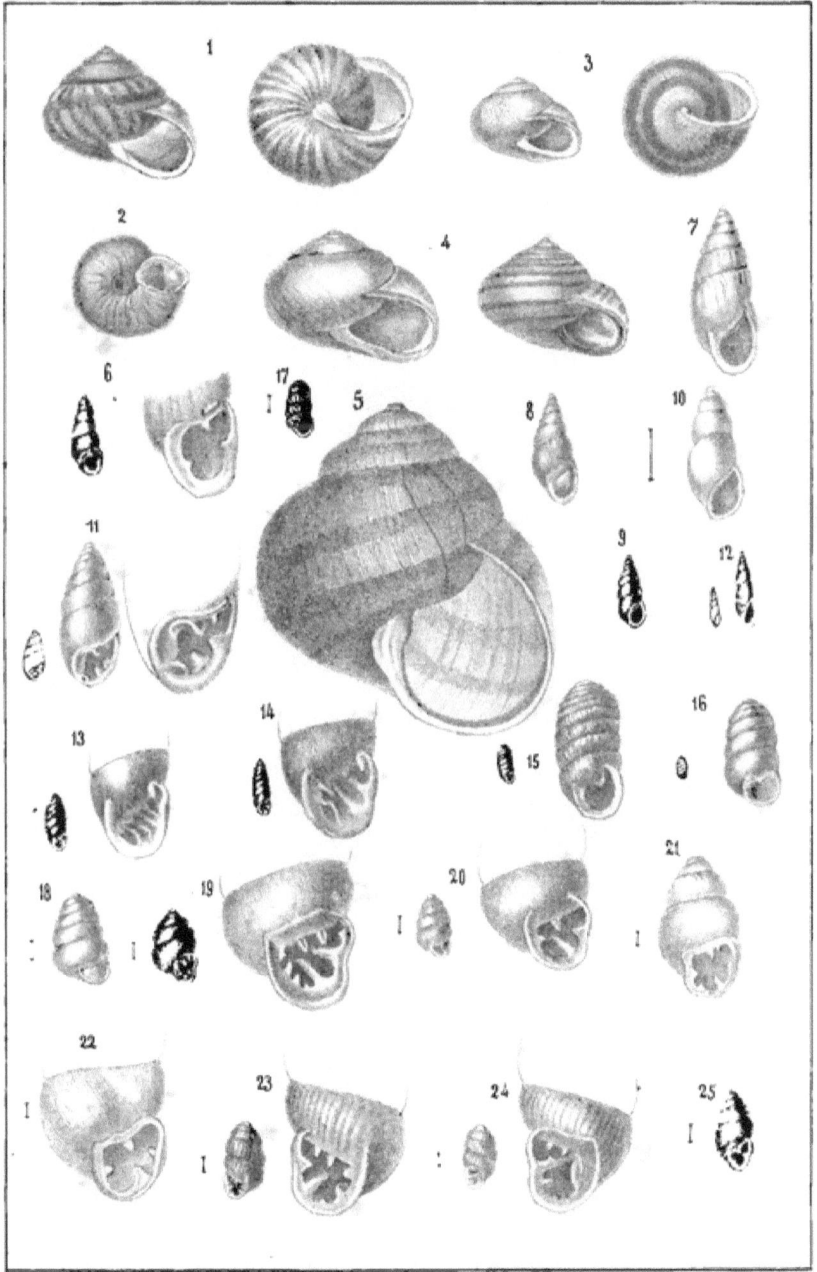

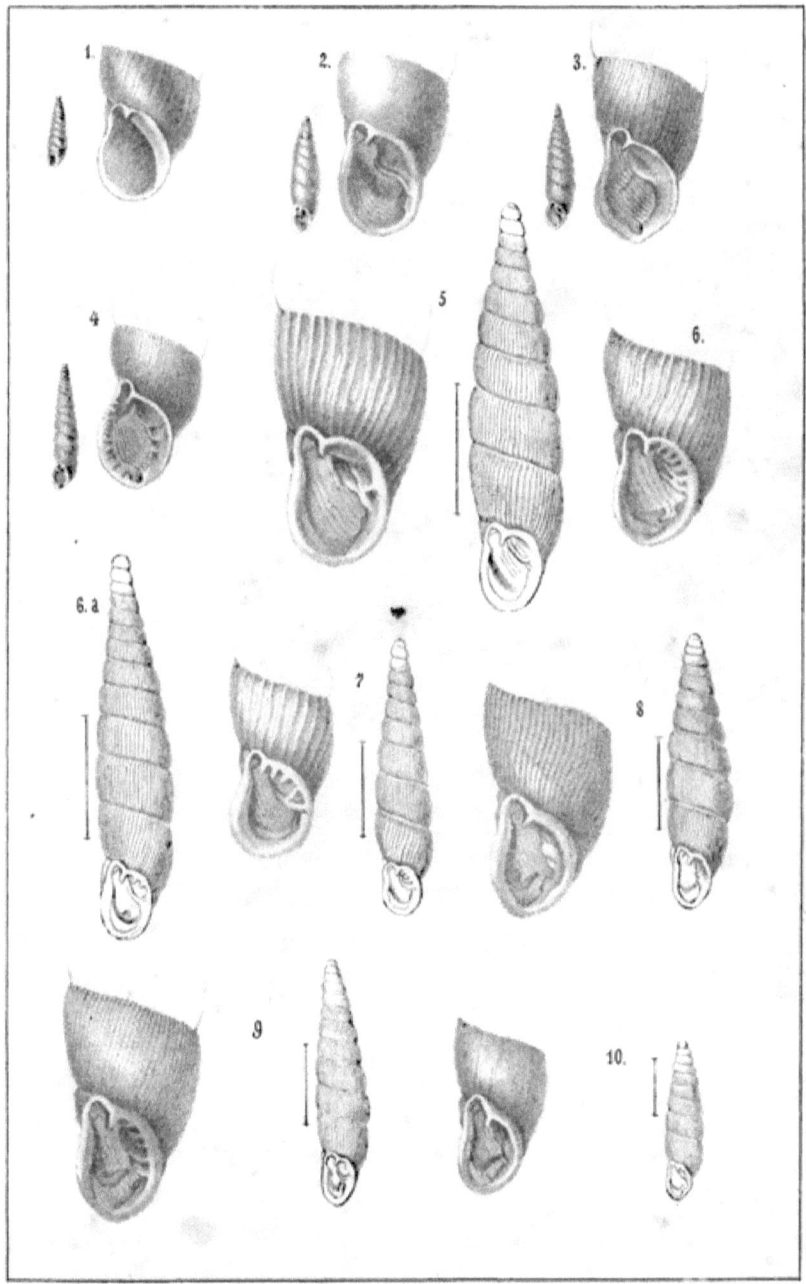

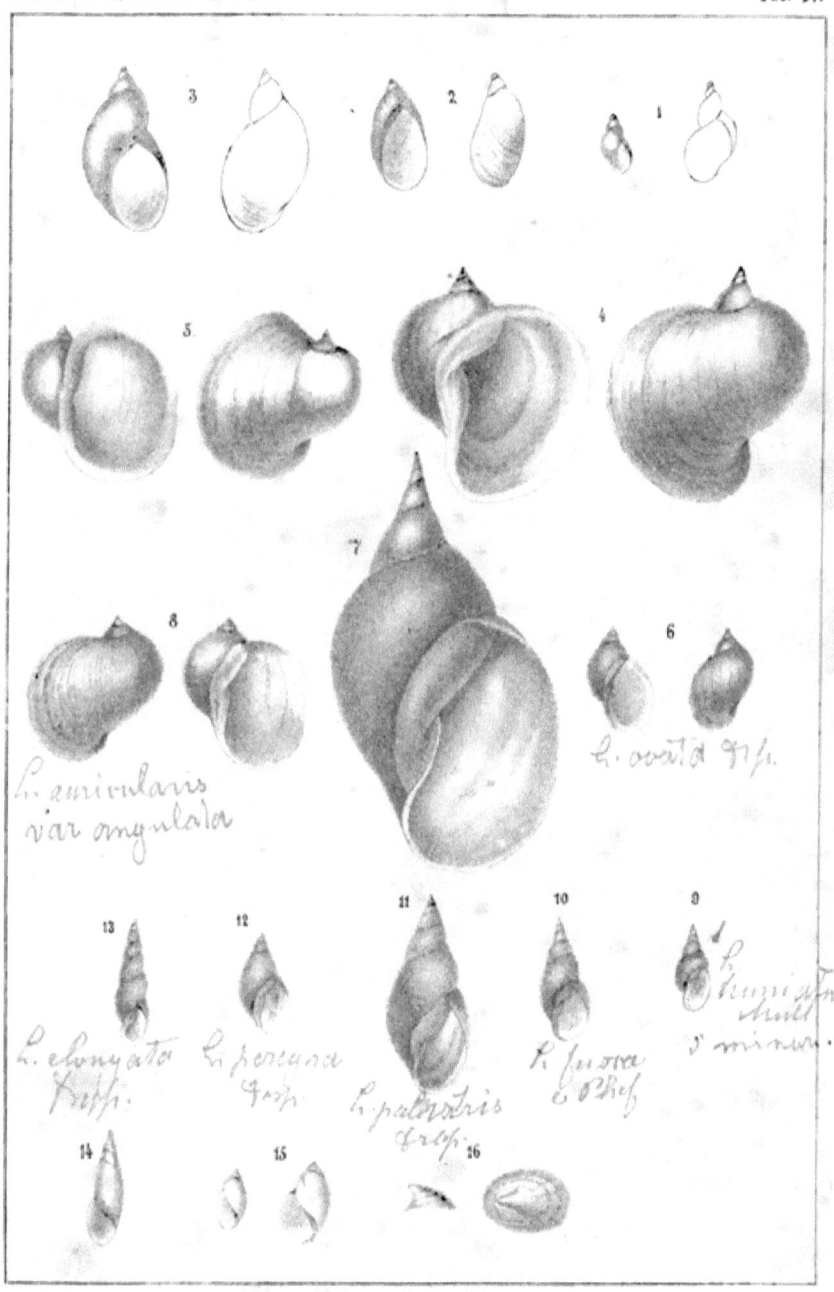

Jahrb. d. nass. V. f. Nat. XXV–XXVI. Taf. V.

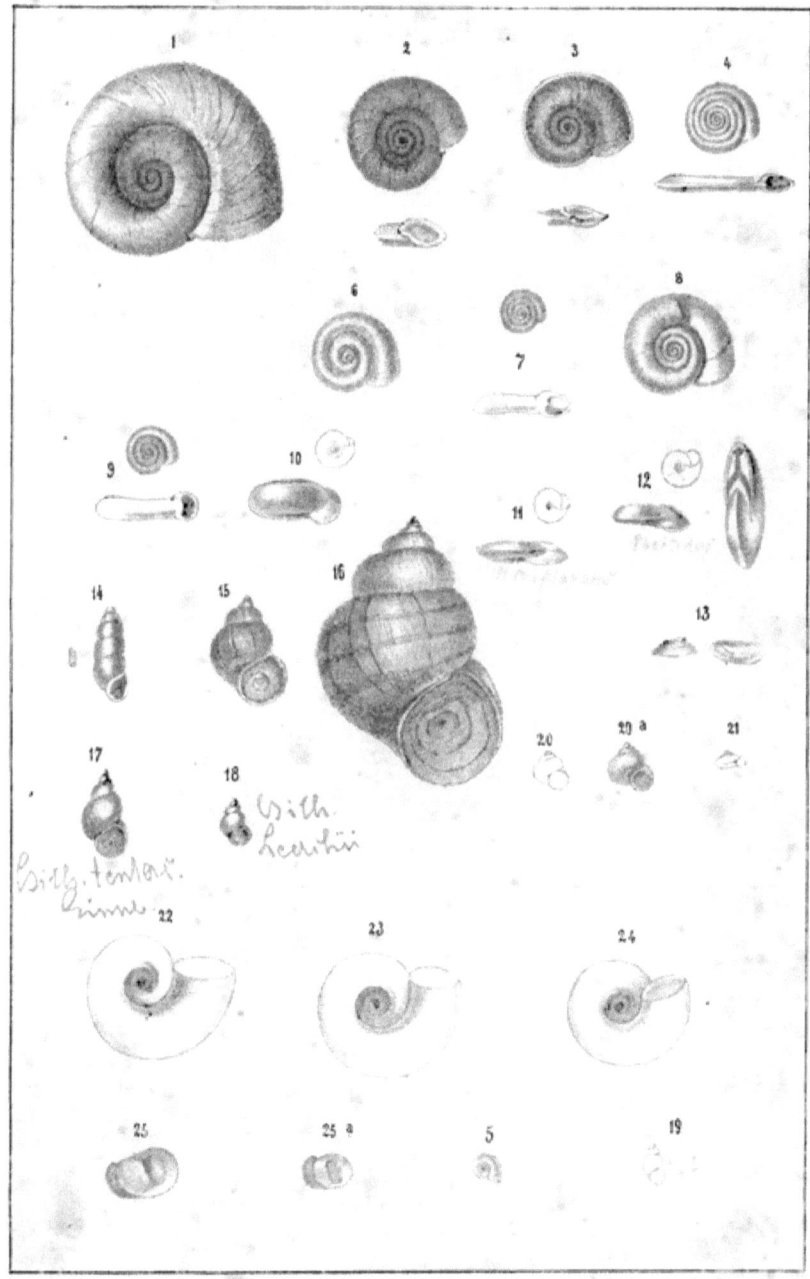

C. Groschwitz lith.

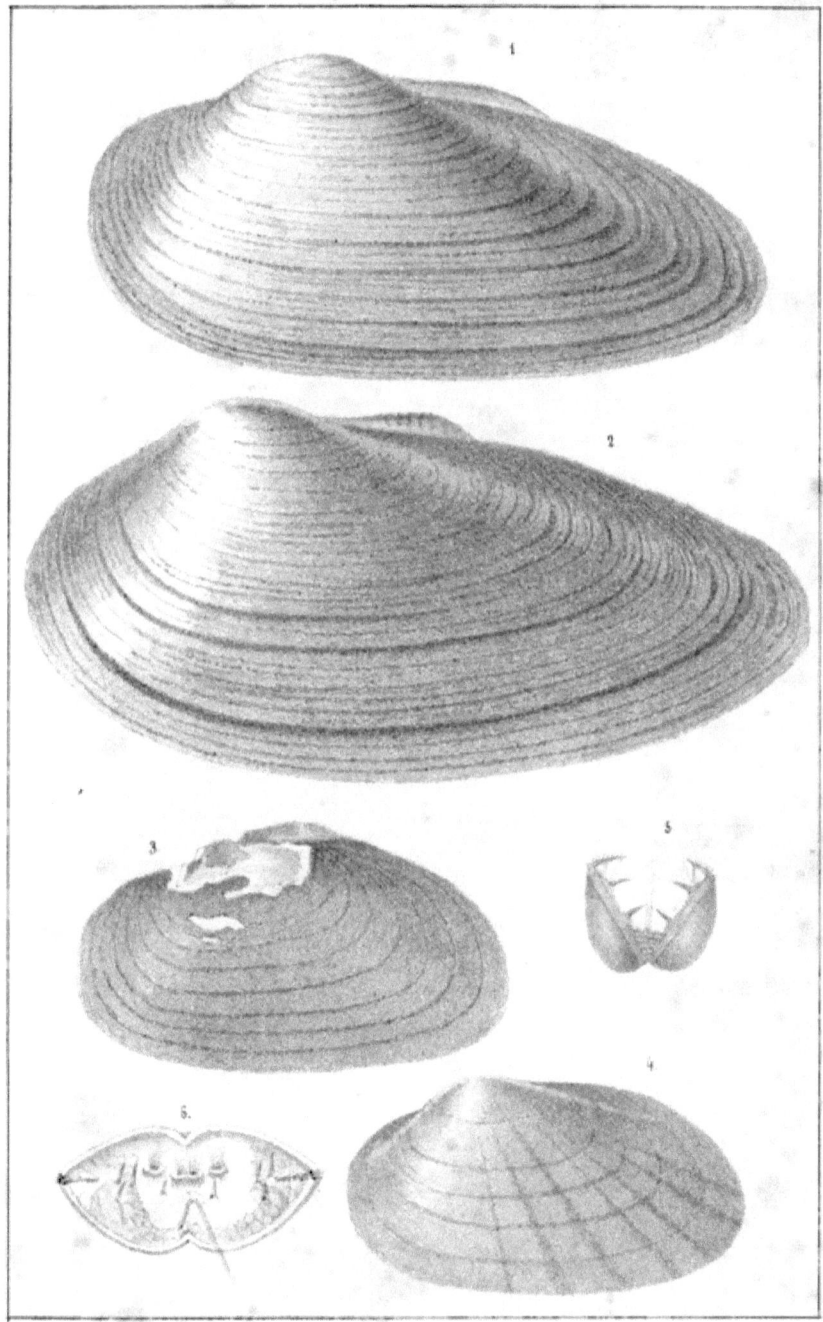

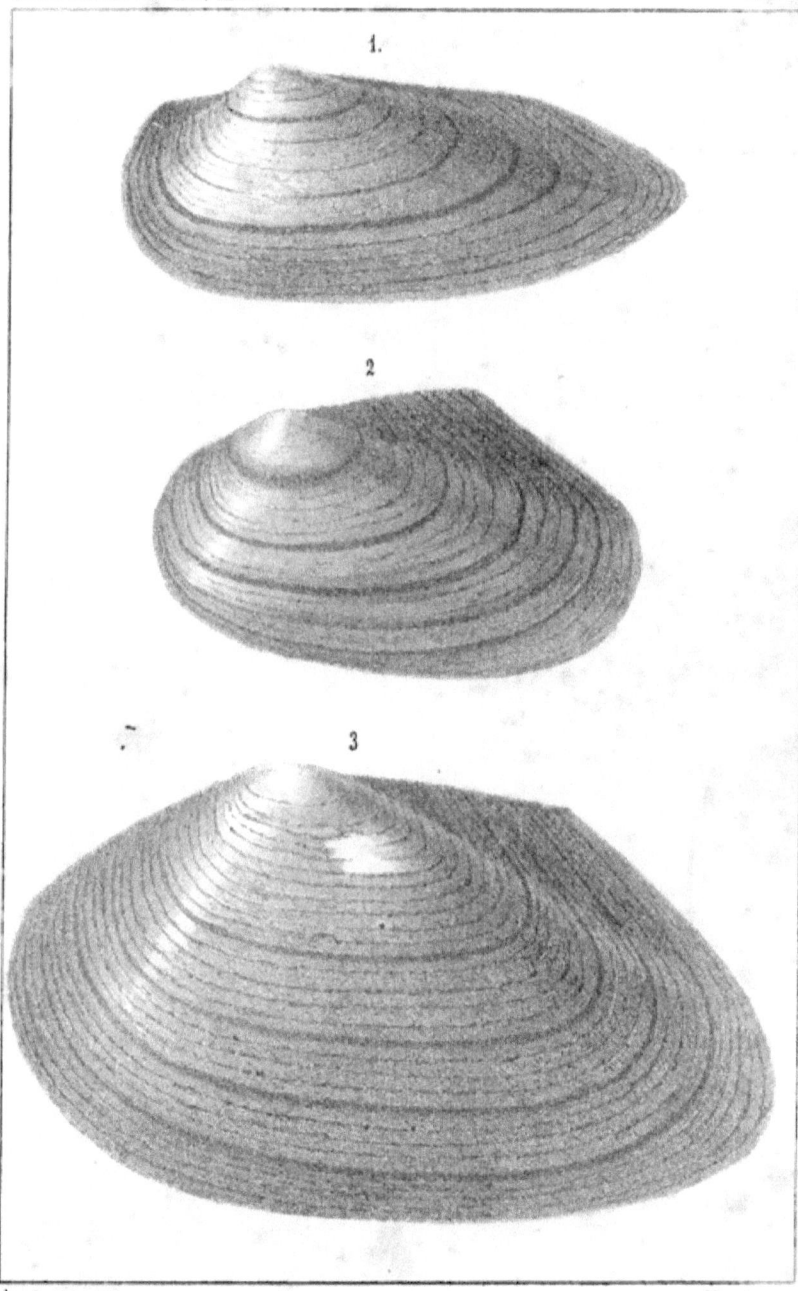

Amalie Kobelt ad nat.   Cöroschwitz lith.

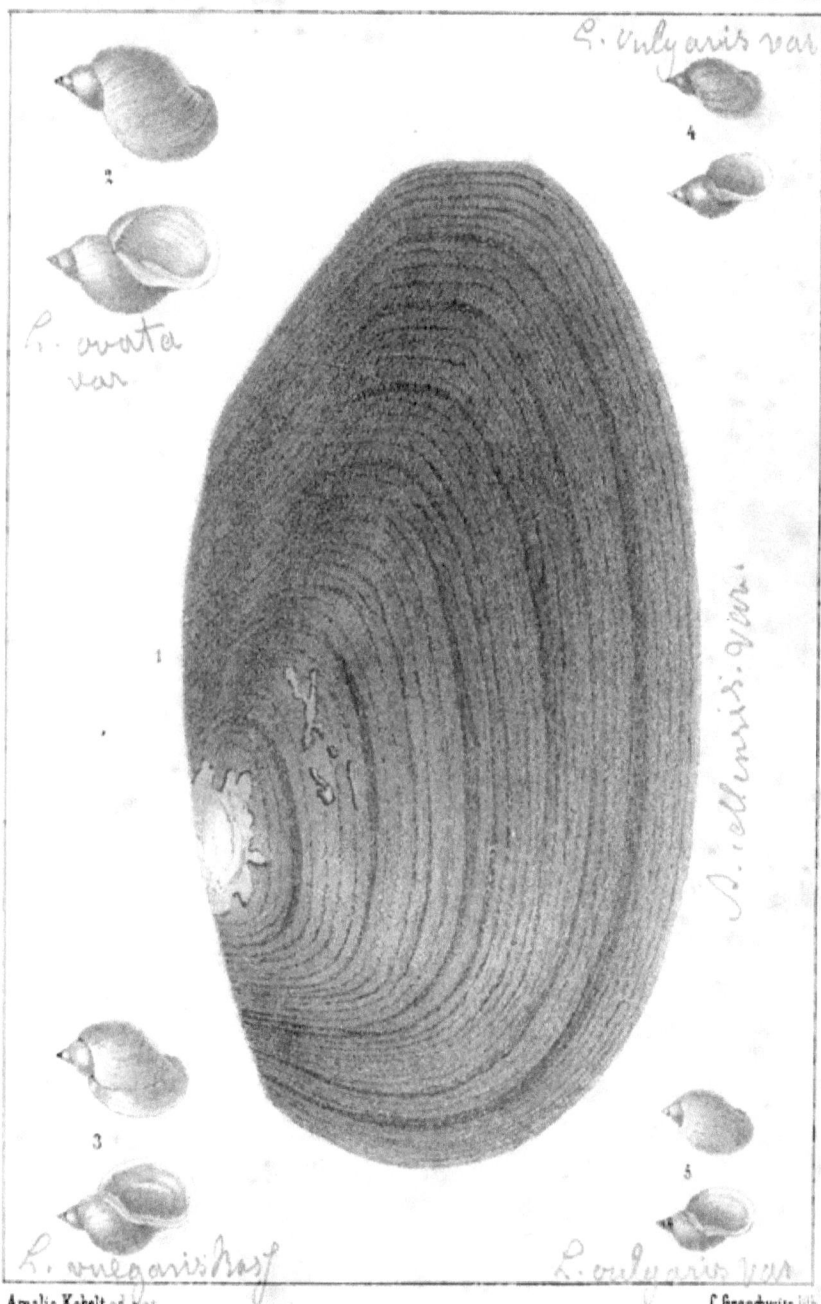

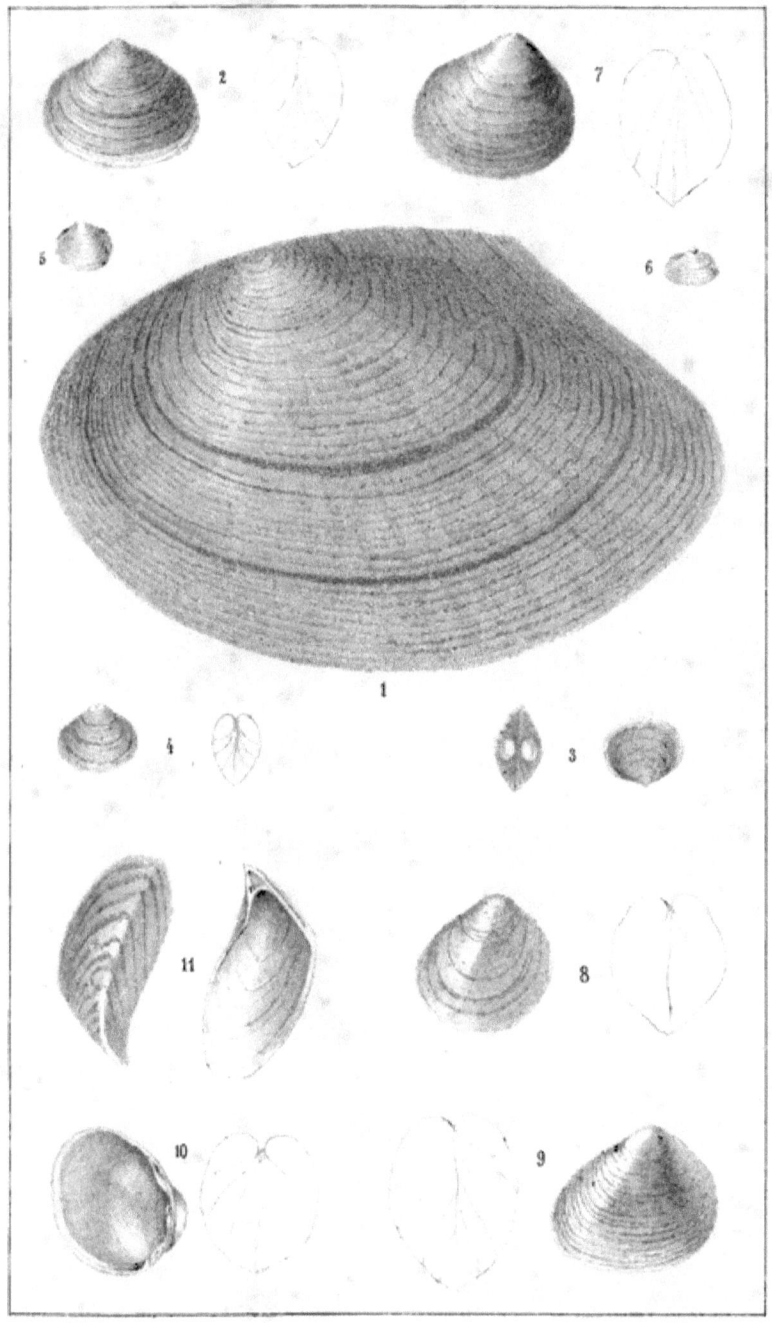

Amalie Kobelt ad nat. C. Groschwitz lith.

www.ingramcontent.com/pod-product-compliance
Lightning Source LLC
Chambersburg PA
CBHW030747250426
43672CB00028B/1257